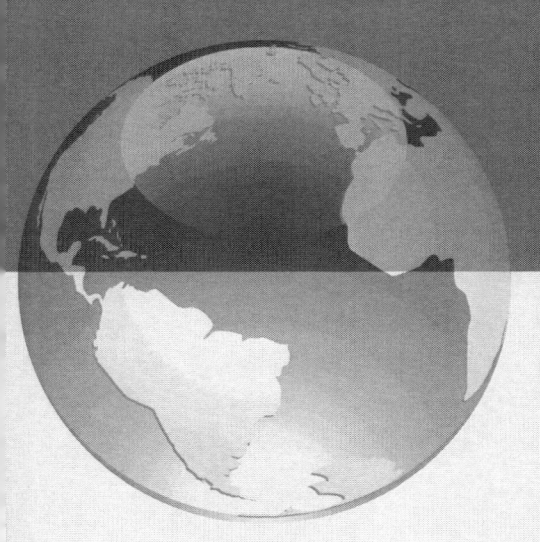

餐飲企業
倉儲管理實務

楊晗、高潔 編著

財經錢線

Foreword 前言

民以食為天。長期以來，餐飲業作為第三產業的重要組成部分，已成為國民經濟的重要組成部分和關係國計民生的重要產業。當前，餐飲業正處於轉型升級期，品牌化、規模化、連鎖化、跨區域經營的趨勢越發明顯，許多餐飲企業開始改變傳統經營方式，不斷引入中央廚房、集中採購、統一配送等現代經營方式，顯示出強勁的發展勢頭。毫無疑問，傳統餐飲業將逐漸被現代餐飲業替代，餐飲業對倉儲物流的要求將越來越高。

餐飲企業倉儲管理活動具有自身的特殊性。倉儲管理對象以食材為主，對溫度、濕度要求較為嚴格，對食品安全性要求較高。因此，餐飲企業倉儲管理活動需要專業的餐飲物流人才來支撐。據研究統計，中國目前餐飲物流人才非常緊缺，尤其是倉儲類餐飲物流人才。隨著現代餐飲業的發展，應用型倉儲類餐飲物流人才的緊缺程度將進一步加劇。因此，加強應用型倉儲類餐飲物流人才的培養成為助推現代餐飲業發展的重要保障。

主要面向應用型本科和高等職業技術教育的物流管理專業學生。在整個教材的編寫過程中力求做到說理簡明扼要、方法具體先進、案例典型實用，即本教材具有較強的可操作性。本書力爭凸顯餐飲業倉儲物流的特點，將餐飲企業倉儲管理的實踐與物流管理理論結合，體現行業標準與操作慣例。同時，教材在編寫體例上附有課前引導案例及分析、課後案例分析、實訓設計以及習題，以滿足應用型餐飲物流人才的培養需求。

本書包含了編者多年來的一些教學體會與研究成果。同時，在寫作的過程中，編者閱讀和參考了大量的圖書和文獻資料，這些資料對於本書的完成起了很大的作用，在此深表謝意！餐飲業倉儲管理是物流的新興細分領域，研究時間較短，有許多理論和方法還處於研究與探索中，再加上編者水平有限，儘管在整個教材的編寫過程中，我們盡了最大的努力，但錯誤和疏漏之處在所難免，衷心希望讀者批評指正。

編者

Contents 目錄

第一章　概論	1
學習目標	1
引導案例	1
第一節　倉儲管理的基礎知識	2
第二節　餐飲企業倉儲管理的特點	18
案例分析	26
實訓設計	27
思考與練習題	28
第二章　商品儲存規劃	30
學習目標	30
引導案例	30
第一節　儲存規劃	31
第二節　商品保管場所的布置	36
第三節　商品堆垛設計	42
第四節　商品保管秩序的建立	51
案例分析	52
實訓設計	54
思考與練習題	55

第三章　餐飲企業倉儲設施與設備　56

學習目標　56
引導案例　56
第一節　食品倉庫的分類與儲存條件　57
第二節　食品倉庫建設和保管要點　63
第三節　餐飲企業倉庫中常用的倉庫設備　70
第四節　倉儲設備的管理　75
案例分析　79
實訓設計　80
思考與練習題　80

第四章　食品原料的採購與入庫管理　82

學習目標　82
引導案例　82
第一節　食品原料採購管理　83
第二節　原料進貨驗收管理　93
第三節　貨物入庫作業組織　97
案例分析　103
實訓設計　104
思考與練習題　104

第五章　食品原料在庫管理　106

學習目標　106
引導案例　106
第一節　食品原料的保管與養護業務　107
第二節　盤點作業　132
第三節　貨物流通加工作業　141
案例分析　143

| 實訓設計 | 143 |
| 思考與練習題 | 144 |

第六章　食品原料的出庫管理　　146

學習目標	146
引導案例	146
第一節　食品原料出庫的依據	147
第二節　食品原料出庫的要求和形式	147
第三節　食品原料出庫的程序	149
第四節　食品原料出庫的問題處理	154
案例分析	156
實訓設計	156
思考與練習題	157

第七章　餐飲企業庫存控制與管理　　159

學習目標	159
引導案例	159
第一節　庫存控制與管理概述	160
第二節　庫存控制技術	166
第三節　庫存管理方法	172
案例分析	174
實訓設計	177
思考與練習題	180

第八章　餐飲企業倉儲管理信息技術　　182

學習目標	182
引導案例	182
第一節　倉儲信息技術概述	184

第二節 倉儲條形碼技術	186
第三節 無線射頻識別技術	196
第四節 倉儲銷售時點技術	202
第五節 電子訂貨技術概述	205
第六節 倉儲管理信息系統	208
案例分析	214
實訓設計	215
思考與練習題	216

第九章　餐飲企業倉儲安全管理　　217

學習目標	217
引導案例	217
第一節 倉儲安全作業	218
第二節 餐飲企業倉儲治安和消防	224
案例分析	234
實訓設計	234
思考與練習題	235

第十章　倉儲成本與績效管理　　237

學習目標	237
引導案例	237
第一節 倉儲成本管理	238
第二節 倉儲績效管理	248
案例分析	259
實訓設計	260
思考與練習題	261

第一章　概論

學習目標

◆ 瞭解倉儲的功能、倉庫的分類、食品原料的自身特性、食品原料儲藏的主要內容

◆ 掌握倉儲和倉儲管理的定義、倉儲管理的基本原則和主要工作內容、食品原料儲藏的基本概念及方法

引導案例

有效減少果蔬流通損耗

「長期以來，中國農產品產後損失嚴重，其中，水果和蔬菜倉儲損耗率平均達到 20%~30% 以上，為歐美發達國家的 4~5 倍。」在第四屆中國冷鏈產業大會上，與會專家呼籲上下游企業採取有效措施減少物流環節中的損耗，以幫助零售終端、餐飲企業等降低成本。

引例分析：

從表面上看，水果和蔬菜似乎在被採摘後就停止了生長，但實際上，它們仍然活著，仍然在持續地呼吸。同時，水果和蔬菜的生產有著強烈的季節性和地域性特點。因水果和蔬菜本身具有含水量高、組織脆嫩、被採摘後仍是活體、極易受到機械損傷而腐爛變質等特點，其腐爛率一直居高不下。

若在運輸和存儲中保鮮做得不好的話，水果和蔬菜的營養成分和食用質量便會

逐漸下降。要降低果蔬物流損耗，第一步就是切實掌握果蔬生鮮產品的特性，根據特殊的產品特性建立相應的果蔬物流體系。其中，餐飲企業內部應建立有效降低損耗的倉儲系統，以最大限度降低果蔬的物流成本。

（資料來源：佚名．中國果蔬流通環節損耗驚人，專家呼籲企業要有效應對［EB/OL］．（2010-12-11）［2014-08-10］．http：//news. foodmate. net/2010/12/172206. html.）

第一節　倉儲管理的基礎知識

一、倉儲的相關基本概念

（一）倉儲的定義

「倉」也稱為倉庫，為存放、保管、儲存物品的建築物和場地的總稱，可以是房屋建築、大型容器、洞穴或者特定的場地等，具有存放和保護物品的功能；「儲」即儲存、儲備，表示收存以備使用，具有收存、保管、交付使用的意思。「倉儲」是指在指定的場所（即倉庫）儲存和保管未即時使用的物品的行為。簡言之，倉儲就是在特定的場所儲存物品的行為。

物品在生產、流通過程中，常常因訂單前置或市場預測前置而需要暫時存放，倉儲是集中反應工廠或商業企業物資活動狀況的綜合場所，是連接生產、供應、銷售的中轉站，對促進生產、提高效率起著重要的輔助作用。

同時，圍繞著倉儲實體活動，清晰準確的報表、單據帳目、會計部門核算的準確信息也在同時進行，因此，倉儲是物流、信息流、單證流的合一。

（二）倉儲的功能

1. 基本經濟功能

倉儲的基本經濟功能有堆存、整合與裝運、分類與交叉、加工（延期）等四個方面：

（1）堆存。例如，家具全年生產，但主要是在非常短的一段市場營銷期內進行銷售。與此相反，農產品是在特定的時間內收穫的，但農產品的終端消費則在全年之中都在進行。這兩種情況都需要倉庫的堆存來支持市場營銷活動。堆存提供了存貨緩衝，使生產活動在受到材料來源和顧客需求的條件限制時提高效率。

（2）整合與裝運。倉庫接收來自一系列製造工廠指定送往某一特定目的地的產品或物品，然後把它們整合成單一的一票裝運。其好處是，有可能實現最低的運輸費率，並在物品的收發站臺處減少擁塞，提升裝運的效率。倉庫可以把從製造商到倉庫的內向轉移和從倉庫到顧客的外向轉移都整合成更大的裝運批次。為了提供有效的整合與裝運，每一個製造工廠將倉庫作為貨運儲備地點，或用作產品分類和組裝設施。

整合與裝運的倉庫可以由單獨一家廠商使用，也可以由幾家廠商聯合起來共同使用出租方式的整合服務。通過這種整合與整合方案的利用，每一個單獨的製造商或托運人都能夠享受到物流總成本低於其各自分別直接裝運成本的經濟利益。

（3）分類和交叉。除了不對產品進行儲存外，實施分類和交叉功能的倉庫作業與整合倉庫作業相類似。分類作業接收來自製造商的顧客組合訂貨，並把它們裝運到個別的顧客處去。分類倉庫或分類站把組合訂貨分類或分割成個別的訂貨、並安排當地的運輸部門負責遞送。由於長距離運輸轉移的是大批量裝運，所以運輸成本相對比較低，進行跟蹤也不太困難。除涉及多個製造商外，交叉站臺設施具有類似的功能。零售連鎖店廣泛地採用交叉站臺來補充快速轉移的商店存貨。在這種情況下，交叉站臺先從多個製造商處運來整車的貨物；收到產品後，如果有標籤，就按顧客進行分類，如果沒有標籤，則按地點進行分配；然後，產品就像「交叉」一詞的意思那樣，被裝上指定去顧客處的拖車；一旦該拖車裝滿了來自多個製造商的組合產品後，它就被放行運往零售店去。於是，交叉站臺的經濟利益，包括從製造商到倉庫的拖車的滿載運輸，以及從倉庫到顧客的滿載運輸。由於產品不需要儲存，降低了在交叉站臺設施處的搬運成本。此外，由於所有的車輛都進行了充分裝載，更有效地利用了站臺設施，站臺裝載利用率達到最大程度。

（4）加工（延期）（Processing/Postponement）。倉庫還可以通過承擔加工或參與少量的製造活動，被用來延期或延遲生產。具有包裝能力或粘貼標籤功能的倉庫可以把產品的最後一道生產工序一直推遲到確認該產品的需求時為止。例如，蔬菜可以在製造商處加工，制成罐頭「上光」。「上光」是指還沒有貼上標籤的罐頭產品，意味著該產品還沒被指定用於具體的顧客，或包裝配置還在製造商的工廠裡。一旦按照具體的顧客訂單分類，這些罐頭產品就可以在加工倉庫中，在廠商確認的時間貼上特定顧客的標籤，完成包裝前的最後一道工序，並最後進行包裝。

加工（延期）實現了兩個基本的經濟利益：第一，風險最小化，因為最後的包裝要等到敲定具體的訂購標籤和收到包裝材料時才完成；第二，通過對基本產品（如上光罐頭）使用各種標籤和包裝配置，可以降低存貨水平。於是，降低風險與降低存貨水平相結合，往往能夠降低物流系統的總成本。即使在加工倉庫的包裝成本要比在製造商的工廠處包裝成本更高一些，也仍然值得利用加工（延期）倉庫的這一項功能。

2. 基本服務功能

在物流系統中通過倉儲可以獲得服務功能。例如，在一個物流系統中安排一個倉庫來服務於某個特定的市場。當然，這種服務可能會增加成本，但也可能由此增加了市場份額、收入和毛利。

通過倉庫實現的五個基本服務功能分別是：現場儲備（Spot Stock）、配送分類（Assortment）、組合（Mixing）、生產支持（Production Support）以及市場形象（Market Presence）。

餐飲企業倉儲管理實務

（1）現場儲備。在實物配送中經常使用現場儲備，尤其是那些產品品種有限或產品具有高度季節性的製造商偏好這種服務。例如，農產品供應商常常向農民提供現場儲備服務，以便在銷售旺季把產品堆放到最接近關鍵顧客的市場中去，銷售季節過後，剩餘的存貨就被撤退到中央倉庫中去。

（2）配送分類。提供配送分類服務的倉庫為製造商、批發商或零售商所利用，他們按照對顧客訂貨的預期，對產品進行組合儲備。配送分類倉庫可以使顧客減少其必須打交道的供應商數目，並因此改善倉儲服務。此外，配送分類倉庫還可以對產品進行拼裝以形成更大的裝運批量，並因此降低運輸成本。

（3）組合。除了涉及幾個不同的製造商的裝運外，倉庫組合類似於倉庫分類過程。當製造工廠在地理上被分割開來時，通過長途運輸組合，有可能降低整個運輸費用和總的倉庫需要量。在典型的組合運輸條件下，從製造工廠裝運整卡車的產品到批發商所在位置，每次大批量的裝運可以享受盡可能低的運輸費率。一旦產品到達了組合倉庫，卸下從製造工廠裝運來的貨物後，就可以按照每一位顧客的要求或市場需求，選擇每一種產品的運輸組合。

通過運輸組合進行轉運，在經濟上通常可以得到特別運輸費率的支持，即給予各種轉運優惠。組合之所以被分類為服務功能，是因為存貨可以按照顧客的精確分類進行儲備。

（4）生產支持。生產支持倉庫可以向裝配工廠提供穩定的零部件和材料供給。由於較長的前置時間，或使用過程中的重大變化，對向外採購的項目進行安全儲備是完全、必要的。對此，大多數總成本解決方案都建議經營一個生產支持倉庫，以經濟而又適時的方式向裝配廠供應或「喂給」加工材料、零部件和裝配件等。

（5）市場形象。儘管市場形象的服務功能也許不像其他服務功能那樣明顯，但是它常常被營銷人員看做是地方倉庫的一個主要優點。市場形象因素基於這樣的觀點，即地方倉庫比起距離更遠的倉庫，對顧客的需求反應更敏感，提供遞送服務的回應速度也更快。因此地方倉庫將會提高市場份額，並有可能增加利潤。

（三）倉庫的分類

倉庫根據不同的標準可進行不同的分類。

常見的倉庫分類有以下幾種：

1. 技術分類

（1）專用倉庫：專用倉庫是一種配有冷藏、保溫等設施的倉庫，適用於儲存要求特殊的商品及需要具有一定技術裝備的商品。如食糖、果品、糧食、藥材、禽畜肉等商品容易融化、霉變、腐爛，需要冷藏或恒溫儲存。

（2）通用倉庫：又稱普通倉庫、綜合倉庫，一般是指具有常溫保管、自然通風、無特殊功能的倉庫。通用倉庫根據商品性能一致、保養措施一致的原則，對商品進行分區分類管理。這類倉庫不需要特殊的技術裝備，在商業倉庫中所占的比重最大。

第一章　概論

（3）危險品倉庫：危險品倉庫是一種配置有特殊裝備和相應消防手段，能對危險品起到一定防護作用的一種專用倉庫。由於危險品具有易燃、易爆、有毒、有腐蝕性或有放射性等特性，嚴禁與一般物品混放。危險品倉庫的主要任務就是要確保各類危險品安全儲存。

2. 職能分類

（1）個人倉庫：中國現階段出現了以寄存物品為業務的迷你倉雛形，一些大的倉庫提供小面積的存儲服務，這類服務是將物品堆放在大倉庫裡，物與物之間沒有明顯的間隔，因此缺乏安全性和隱密性。

例如，上海、北京、深圳地區已經出現了有一定規模、管理比較規範的個人倉庫，它們在硬件設施以及管理上都具有歐美國家的職業水準。安全的、私密的、先進的溫濕度控制的儲物空間非常適合存放高檔家具、裝修材料、任何個人物品。一人一倉一卡，24小時自助存取，恒溫恒濕，受到一些個人用戶的歡迎。

（2）儲備倉庫：主要用於儲存常年生產、季節性消費的商品，或季節性生產、常年消費的商品的倉庫。這類倉庫可以設在商品運輸的起點，也可以設在商品運輸過程的終點。儲備倉庫對商品的養護要求較高。

（3）批發倉庫：主要儲存商業批發部門收購進來的商品，然後向零售商品或其他商業批發部門陸續供應。根據要貨單位的要求，一般需要辦理商品的續配、拆零、分裝、改裝等業務。這類倉庫的業務特點是數量小、批次多、吞吐頻率高、大多設在產品的消費地。

（4）零售倉庫：許多零售商店由於短期存貨的需要而建立零售倉庫。零售部門從批發部門進貨後，一般要進行必要的拆包、檢驗、分類、分級、分裝、改裝等加工活動。這類倉庫一般附設在零售商店內，規模大的零售商店可以在附近專設零售倉庫，超級市場和大型零售商店還會建立較大規模的日常配送中心。

（5）中轉倉庫：主要是滿足商品在運輸途中，由於換裝運輸工具，需要暫時停留而產生的倉儲需要。這類倉庫一般都設在車站、碼頭等物流中轉點附近。

3. 隸屬分類

（1）商業企業附屬倉庫：這類倉庫由商業部門的批發企業和零售業直接領導。這種倉庫能密切配合銷售，有利於商業企業開展業務活動。但由於這類倉庫是由一個商業企業獨家使用，不利於充分發揮倉庫的作用。

（2）商業物流企業附屬倉庫：這類倉庫為多個商業批發企業和零售企業提供儲存商品服務，是商業部門集中管理倉庫的一種形似。由於統一使用倉庫，倉庫的利用率較高。

4. 構造分類

（1）平房倉庫：倉庫建築物是平房，結構簡單，高度一般不超過5~6米的倉庫。這類倉庫建築費用低，人工操作比較方便。中國現有大量的平房倉庫。

（2）樓房倉庫：建築結構在兩層或以上的倉庫。這類倉庫可以減少土地的使用

面積，進出庫作業可以採用機械化或半機械化，作業成本相對較高。

（3）高層貨架倉庫：以高層貨架為主而組成的倉庫。這類倉庫建築本身是平房結構，內部貨架層數較多，具有可以保管10層左右貨架或托盤的能力，這類倉庫一般配備揀選式巷道堆垛起重機等自動化設備，是一種發達國家普遍採用的先進倉庫，可實現機械化和自動化操作。

（4）柱式倉庫：構造呈柱形或球形，主要用來儲存石油、天然氣、液體化工產品等。

（5）簡易倉庫：構造簡單，造價低廉，包括一些固定或活動的簡易貨棚等，一般是提供臨時使用的一種倉庫。

（6）露天倉庫：即露天料場，以露天儲存為主。有的會設有圍牆或頂棚，有的沒有圍牆或頂棚。

（四）倉儲的一般業務程序

1. 採購入庫

在外採購的物資到廠後，供應商將送貨單交與倉管員，由倉管員引導供方將物資存放在待檢區。

2. 自制入庫

企業自制的半成品、成品入庫，須有品保部門出具的產品質量檢驗合格證明，並隨同半成品/成品入庫單由專人送交倉庫，倉管員依據實收數量進行簽收。

半成品/成品入庫單一式三聯，一聯由倉庫作為登記實物帳的依據，一聯交與生產車間作產量統計依據，一聯交與財務部作為成本核算和半成品、成品核算的依據。

3. 領用材料

領用保管人應填寫領料單，經部門主管復核、經理審核、總經理批准後，連同工具保管記錄卡到倉庫辦理領用保管手續。

領料單一式三聯，一聯退回車間作為其物資消耗的考核依據，一聯交與財務部作為成本核算依據，一聯由倉庫作為登記實物帳的依據。領料單必須寫明領用部門及用途，生產性物資領料單還須註明製造單號、產品型號、製造數量、領料日期及物料明細信息。

4. 退料

使用單位對於領用的材料，在使用時遇有材料質量異常、用料變更或使用節餘時，應註記於退料單內，經部門主管與主管檢驗員簽字確認後將物料整理、標示後方可連同料品繳回倉庫。

對於使用單位退回的料品，倉庫人員應依檢驗退回的原因，確定處理對策，如確定是由供應商所造成，應立即與採購人員協調，聯繫供應商做好相關處理工作。

5. 庫存物資的報廢

庫存物資因變質、失效等原因而失去使用價值的，由倉庫主管填報庫存物資報廢申請單，經部門經理、品保部經理和總經理審批後轉管理部處理。

6. 成品出庫

成品出庫依據業務部的出貨申請單，經總經理批准後倉庫方可辦理出庫手續，出庫時倉管員要認真核對其數量、配色、批次、均準確無誤後方可開出出庫單，經部門經理批准方可放行。

出庫單一式三聯，一聯由倉庫作為登記實物帳的依據，一聯交予財務部作為結算貨款依據，一聯用業務留存備查。

7. 庫存管理

倉管員每天按照入庫單、領料單、退料單、出庫單上所填寫的產品型號、物料名稱、數量在相應的帳、卡上進行登記，做到日清月結，數字準確、完整，便於抽查庫存。

倉管員必須定期對庫存原（物）料進行實物盤點，每月一小盤，每半年一大盤。財務人員予以抽查或監盤，並由倉管員填製盤點表，一式三份，一聯用於倉庫留存，一聯交予財務部，一聯交予公司資材部主管，並將實物盤點數與存貨計數帳核對，如損耗或溢出應編製盤點盈虧表，經財務部門核實，說明盈虧原因，報資材部經理、總經理簽署意見後方可進行帳務調整，以確保財務帳、存貨計數帳、存貨吊卡和實物相符合。

8. 報表的填報

倉管員於每月固定日期之前，結算出本月物料進出的合計、本年累計與結存數量，並在月底前編製原材料進出結存表，上報相關部門及人員（資材部經理及對應採購員、財務部、總經辦）。

9. 存檔

倉管人員應對物料訂購單、送檢入庫單、驗退單、生產表、生產排程、限、超領料單、領料單、半成品/成品入庫單、出貨申請單、出庫單等表單進行分類整理，按時間順序裝訂成冊，存檔一年。

倉儲出庫的方式主要有三種：第一種，客戶自提。客戶自己派人或派車來公司的庫房提貨。第二種，委託發貨。對於自己提貨有困難的客戶，倉管人員會委託公司去找第三方物流公司提供送貨服務。第三種，倉儲企業派自己的貨車給客戶送貨。

二、倉儲管理（Warehouse Management）的相關基本概念

（一）倉儲管理的定義

倉儲管理就是對倉庫及其庫存物品所進行的管理，是倉儲機構為了充分利用所具有的倉儲資源提供高效的倉儲服務所進行的計劃、組織、控制和協調過程。具體來說，倉儲管理包括倉儲資源的獲得、倉儲商務管理、倉儲流程管理、倉儲作業管理、保管管理、安全管理多種管理工作及相關的操作。

倉儲管理的內涵是隨著其在社會經濟領域中的作用不斷擴大而變化著的。倉儲

餐飲企業倉儲管理實務

管理是一門經濟管理科學，同時也涉及應用技術科學，故屬於邊緣性學科。

倉儲系統是企業物流系統中不可缺少的子系統。物流系統的整體目標是以最低成本提供令客戶滿意的服務，而倉儲系統在其中發揮著重要作用。倉儲活動能夠促進企業提高客戶服務水平，增強企業的競爭能力。現代倉儲管理已產生了根本性的變化，從靜態管理向動態管理轉變對倉儲管理的基礎工作也提出了更高的要求。

現代企業的倉庫已成為企業的物流中心。過去，倉庫被看成一個無附加價值的成本中心，而現在，倉庫不僅被看成是形成附加價值過程中的一部分，而且被看成是企業成功經營中的一個關鍵因素。倉庫被企業作為連接供應方和需求方的橋樑。從供應方的角度來看，作為流通中心的倉庫從事有效率的流通加工、庫存管理、運輸和配送等活動。從需求方的角度來看，作為流通中心的倉庫必須以最大的靈活性和及時性滿足種類顧客的需要。因此，對於企業來說，倉儲管理的意義重大。在新經濟新競爭形勢下，企業在注重效益、不斷挖掘與開發自己的競爭能力的同時已經越來越注意倉儲合理管理的重要性。精準的倉儲管理能夠有效控制流通和庫存成本，是企業保持優勢的關鍵助力與保證。

由於現代倉儲的作用不僅是保管，更多是物資流轉中心，對倉儲管理的重點也不再僅僅著眼於物資保管的安全性，更多關注的是如何運用現代技術，如信息技術、自動化技術來提高倉儲運作的速度和效益，這也是自動化立體倉庫大行其道的原因。

自動化立體倉庫由於大量採用大型的儲貨設備，如高位貨架；搬運械具，如托盤、叉車、升降機；自動傳輸軌道和信息管理系統，從而實現倉儲企業的自動化。

第三方物流企業的需求，將不簡單地停留在上述基本功能上，他們還將向客戶提供各類統計信息。如「保質期報告」「安全庫存報告」「貨位圖」「貨品流動頻率」等各類信息。其實在倉儲管理的過程中，這些信息已經被數據庫系統記錄下來，只需要根據每個客戶的特殊要求相應輸出便可以了。

（二）倉儲管理的十個基本原則

（1）先進先出原則。先入庫存放的物料，配發物料時優先出庫，減少倉儲物料質量風險，提高物料使用價值。

（2）鎖定庫位原則。某物料固定擺在某庫位，實物所放庫位必須與 ERP 系統中的一致。庫位編碼就像一個人的家庭地址一樣重要，沒有固定庫位，就無法快速地找到相關物料。

（3）專料專用原則：不得隨意挪用專用訂單物料。

（4）庫存的 ABC 管理原則：

A 類物料的數量可能只占庫存的 10%～15%，但貨值可占庫存價值的 60%～70%；

B 類物料的數量可能只占庫存的 20%～35%，但貨值可占庫存價值的 15%～20%；

C 類物料的數量可能占庫存的 50%～70%，但貨值可能占庫存價值的 5%～10%。

因此要嚴格控制關鍵的少數和次要的多數,也就是要嚴格控制好 A、B 兩類。

(5)「六不入」原則,即以下六種狀況不能辦理入庫手續:

①有送貨單而沒有實物的;

②有實物而沒有送貨單或發票原件的;

③來料與送貨單數量、規格、型號不一致的;

④IQC(來料質量控制)檢驗不通過的,且沒有領導簽字同意使用的;

⑤沒辦入庫而先領用的;

⑥送貨單或發票不是原件的。

(6)「五不發」原則,即以下五種狀況不能辦理發放出庫手續:

①沒有提料單的,或提料單是無效的;

②手續不符合要求的;

③質量不合格的物料,除非有領導批示同意使用,否則不能發放;

④規格不對、配件不齊的物料;

⑤未辦理入庫手續的物料。

(7)一次出庫原則:

物料出庫必須準確、及時、一次性完成。由於生產的需求,已領用的物料必須適當存放在相應生產線所屬的位置,不能再堆放在倉庫內,以免造成混亂或差錯。

(8)門禁原則:

①除物料管理人員和搬運人員因工作需要,其他人員未經批准,一律不得進入倉庫;

②嚴禁任何人在進出倉庫時私自攜帶物料;

③有來賓視察或參觀時,須在主管級以上人員陪同下方可進入倉庫。

(9)「日事日畢、日清日高」原則:

①每個倉管員在每日工作結束時,進行當天的相關帳物的自我確認和核查,確保帳目的平衡,找出不足,及時改進,第二天方可進步提高。

②庫管人員每日對所管的物料庫位至少巡查 1~2 次,確認在庫物料的品質、安全和 5S 狀態達標,確保物料有正確標示,該退的要退給供應商或放入退貨區,以免造成混亂或差錯。

③庫管人員每日的單據必須在當日規定時間之前傳給錄單員,錄單員必須在當日將當日的所有單據錄入系統。

(10)以舊換新原則:對有規定的物料,嚴格執行領新必先退舊的原則。

(三)倉儲管理的八個主要工作內容

倉儲管理屬於企業管理的一個重要組成部分,是保證企業生產過程順利進行的必要條件,是提高企業經濟效益的重要途徑。根據倉儲管理在企業管理中所處的地位及所起的作用,倉儲管理包括以下七個主要工作內容。

(1)是否能夠分配好人力資源,進行有效運作,是高效倉儲管理是否高效的重

要評判標準之一。

人力資源管理技術可以幫助那些被員工困擾的倉儲企業，輔助管理者決策所需倉儲員工的數目，並且可以採用工程勞動標準和支持系統評估倉儲工人的績效。另外，公司應該提供激勵措施給由員工組成的團隊而不是個人，發揮團隊的最大潛力。有不少倉儲管理系統缺少對人力資源管理如績效考核方面的考慮，或者是缺少對人力資源管理這一功能的銜接。

（2）倉庫佈局設計和設備的改進是整個物流系統的樞紐，倉庫的設計佈局是否合理直接影響整個庫內作業效率。

例如，可以把倉庫按產品類別分為不同的揀選區。這樣，整箱、拆箱、整盤分開作業，可以避免現場零亂，減低貨物掉落破損。對倉庫的設備改進還可以體現在對貨物物資的包裝上。先進的包裝不但可以為貨物提供有效的保護，吸引貨主（特別是那些較難保存的貨物），而且還能為倉儲機械化作業提供方便。另一方面，現代倉儲信息化的自動化收發不僅要求物資包裝的尺寸、規格整齊統一，而且還要求將物資信息通過條形碼等技術體現在包裝上，而這恰恰是物資包裝標準化所要實現的目標。因此，改善物資包裝，有利於倉儲管理自動化。

（3）建立健全倉庫質量保證體系。

倉庫質量管理就是「全面質量管理」的理論和方法在倉庫技術經濟作業活動中的具體運用，是提高企業經濟效果的必要途徑。全面質量管理倡導將管理的觸角深入到各個作業環節，並不厚此薄彼，企業管理者能通過其所提供的方法，發現影響倉儲物資質量的薄弱環節，以便採取改進措施，這對降低供應成本、提高企業經濟效益具有重要意義。企業管理者在質量保證體系運行過程中，人人都要牢固樹立「質量第一」的思想，工作積極主動，以達到供應好、消費低、效益高的要求。

（4）加強倉儲管理各個基本環節。

倉儲活動雖服務於生產，但又與生產活動不同，有它獨特的勞動對象和方式。在倉儲活動過程中，物資驗收、入庫、出庫等一些基本環節，是倉儲業務活動的主要內容，這些基本環節的工作質量直接關係到整個倉儲工作能否順利進行，直接影響整個倉儲工作質量的好壞。因此，加強對倉儲管理各個基本環節的管理，是全面做好倉儲工作的重要前提。

（5）物資保管、保養是倉儲管理的中心內容。

物資在入庫驗收時進行了一次嚴格的檢查驗收後，就進入了儲存階段。物資入庫後必須實行「四號定位」「五五擺放」，標示清楚，合理堆放，企業管理者要做好「三化」「五防」「5S」等工作，以上工作都是使物資在儲存中不受損失的必要措施。

由於物資自身的性質、自然條件的影響或人為的原因，易造成物資質量的降低，以及物資數量的損失。這些損耗有可以避免的，也有難以完全避免的，一般將難以完全避免的稱為自然損耗。要求倉儲管理的工作人員能夠掌握所儲存貨物的性質及

受到各種自然因素影響而發生質量變化，以及數量變化的規律，從根本上採取「預防為主，防治結合」的方針，做到早防早治，最大限度地避免和減少物資的損耗。

（6）開展額外的增值服務。

現今時代，倉儲的功能早已不僅限於單純的存儲功能。提供額外的增值服務，如流通加工、組合包裝、貼標籤等可以實現倉庫的額外增值功能，提高企業收益，提升客戶滿意度。

（7）倉庫內中樞指揮中心的管理。

倉庫內的中樞指揮中心可以是一個項目管理機構，指導庫存新帳的完成、報告執行結果以及各個部門的工作進展情況，同時維繫外部客戶聯繫。中樞指揮中心應該包括兩部分：人和系統。

（8）倉儲管理系統與企業其他職能系統之間的銜接。

倉儲管理系統除了能夠實現包括進出貨管理、庫存管理、訂單管理、揀選、復核、商品與貨位基本信息管理、補貨策略、庫內移動組合等「牆內」的系統功能之外，還要考慮倉儲管理系統和運輸管理、客戶管理、員工管理等其他職能系統之間的銜接，以最大限度提升企業不同職能部門之間合作的效率。

（四）倉儲管理制度的主要構成

倉儲管理是現代物流管理的一個重要環節，做好倉儲管理工作對於保證及時供應市場需要、合理儲備、加速週轉、節約物資、使用降低成本以及提高企業的經濟效益，都具有重要作用。倉儲管理制度已成為現代公司管理制度中的重要組成部分，主要由以下項目構成：

（1）公司倉庫規劃管理制度；
（2）庫存量管理工作細則；
（3）公司物資儲存保管條例；
（4）公司儲存管理辦法；
（5）公司物資編號辦法；
（6）倉庫管理辦法；
（7）公司產品領用細則；
（8）公司發貨管理規定；
（9）退換貨管理規定；
（10）進貨管理規定；
（11）調貨管理規定；
（12）出庫管理規定；
（13）商品進出庫管理規定；
（14）公司產品保管條例；
（15）倉庫安全管理辦法。

(五) 倉儲業的發展

1. 國外倉儲業的發展

第二次世界大戰以後，世界經濟得到了迅速的恢復和發展，貨物的物流量越來越大，物流中的矛盾也愈加突出。如何使物流更為暢通，如何使物流過程更為合理，已成為人們關心的問題。為此，國外出現了一批從事與物流相關的經濟活動的企業和一些專門研究物流的機構，特別是美國和日本。

隨著商品經濟的發展，商品流通費用在進入消費者手中之前所占總費用比例呈上升趨勢（目前一些國家的商品流通費用已占商品總成本的30%～60%），這就要求通過降低流通費用來提高經濟效益。西方國家已經在這方面做出了許多努力。例如，20世紀50年代始於美國、70年代在日本得到高速發展的自動化立體倉庫就是這種努力的結果。目前，歐美國家又在發展大型中轉倉庫，面積可達上萬平方米，單層高度達十多米，使貨物流轉更加暢通和迅捷。特別是近幾年在大型貨物配送中心方面發展很快，由此形成的配送網絡的覆蓋面越來越廣。配送中心的發展使傳統的倉儲功能發生了質的變化，進一步提升了倉庫在物流中的地位。

以日本為例，作為一個資源缺乏的發達國家，日本對倉庫的建設特別重視，而且現代化程度較高。在日本，倉儲主要是由獨立的企業承擔，政府對倉儲業的管理主要是通過法律的約束，如日本制定有專門的《倉庫法》。在倉儲企業經營方面，越來越多的日本倉儲企業從事拆、分、拼裝商品等多種經營業務，並出現眾多的為生產企業和商業連鎖點服務的配送中心，由此大大減少了各部門內自備倉庫中的貨物存儲量，從而減少了資金的積壓。

2. 中國倉儲業的發展

在中國，隨著1840年鴉片戰爭爆發以後，世界帝國主義列強侵入中國，並按照他們的方式開埠通商，使中國沿海運輸和商業活動驟增，從而也使與之相關的倉儲經營業務得到較快的發展。

近代中國的商業性倉庫也稱之為「堆棧」，即堆存和保管貨物的場所。堆棧經營者將資金投入堆棧業，並配備一定的設備，專門用於存放他人的貨物，收取棧租。在租用堆棧中，保管貨物的契約憑證是棧單。單上所列項目有寄托人姓名、住址、保管場所、受寄物種類、品質、數量和包裝種類、件數、記號、棧單填發地和填發年月日、保存期限、保管費用、受寄物及其保險情況等。當時的堆棧根據其服務性質可分為碼頭堆棧、鐵路堆棧、保管堆棧、廠號堆棧、金融堆棧和海關堆棧等幾類。

在中國工商業發展較快的地區，堆棧業也較發達。如東南沿海地區和沿江地區的主要工商業城市由於處於貨物的集散中心，其堆棧業發展較快。例如，1929年上海的大小倉庫已有40多家，庫房容量達到90多萬噸。

新中國成立以後，政府在接收了舊中國官僚買辦的堆棧，並對私營倉庫進行公私合營的基礎上，建立和發展了新中國的倉儲業。20世紀50年代，各地紛紛建立了國營的商業性倉儲公司，並成立了倉庫同業公會，對行業起領導作用。在1953年

第一章 概論

召開的全國第一屆倉儲會議上,明確了國營商業倉庫實行集中管理與分散管理相結合的體制,即對於較大型的倉庫由各地商業部門統一收回,撥交倉儲公司經營,並與中國商業流通的三級批發管理體制相一致,形成層次清楚、大小規模配套、集中與分散結合的物流系統的倉儲體系。20世紀60年代以後,隨著世界經濟發展和現代科學技術的突飛猛進,倉庫在中國倉儲業的性質發生了根本性的變化,從單純地進行儲存保管貨物的靜態儲存,一躍進入了多功能的動態儲存新領域,成為生產、流通的樞紐和服務中心。特別是大型自動化立體倉庫的出現,使倉儲技術上了一個新臺階。在發展過程中,倉儲活動取得了巨大的飛躍,為經濟發展起到了一定的後勤保障作用。就中國倉儲業的現狀講,具有如下五個特點:

(1) 具有明顯部門倉儲業的特徵。最初,中國各單位或企業建設倉庫的目的,是滿足本系統或本部門物資供應的需要,這些倉庫大多分佈在經濟發達的地區和城市,而且倉庫大部分是平房倉庫,占地面積大,儲存效率低。倉庫的重複建設不但加大了中國的基建投資,還占用了大量的土地。加之中國是一種部門倉儲業,因此,出現同城同類倉庫來回倒庫的嚴重問題,造成貨物中轉環節多、貨物旅行等不合理物流現象,浪費了大量的人力、物力和財力。而一些邊遠落後地區在發展經濟且急需建立倉庫時,又由於資金不足或其他原因,不能及時修建。倉庫佈局的這種不平衡,直接影響了地區經濟的發展,進而影響了城市或區域整體經濟發展規劃的實施。

(2) 倉庫的擁有量大,但管理水平較低。由於中國以行政部門為系統建立倉庫,不同部門、不同層次、不同領域為方便自身使用紛紛設立倉庫,這就使中國的倉庫擁有量居世界前列。但由於中國沒有一個統一的倉儲管理部門,尚未有過全國倉庫擁有量的全面統計。

中國的倉庫數目雖然很多,但是倉庫管理水平卻不高。究其主要原因,是在思想上對倉庫管理不夠重視。他們把主要精力放在如何爭取貨源上,一旦貨物到手,往倉庫裡一放,就以為是萬事大吉了,至於如何管理好庫存物資,就不太關心了。再加上中國社會上普遍對倉庫工作存在一種偏見,認為倉庫管理不需要知識,也不需要技術,致使倉庫人員的素質,尤其是文化素質不高;而且,倉儲機械設備也較少,因而倉儲管理水平較低。

(3) 倉儲技術發展不平衡。20世紀80年代以後,倉儲技術得到較大發展,但是,各地發展不均衡。改革開放以後,國外先進的倉儲技術傳入中國,中國的倉儲技術有了較大的提高,20世紀70年代開始建造自動化倉庫。與此同時,人們對倉儲工作的看法也發生了變化,逐漸重視倉儲管理工作,並注意引進先進的倉儲技術和提高倉儲工作人員的素質。但各地區發展不平衡,目前中國在倉儲技術方面還處在先進與落後並存的狀態。中國目前各倉庫所擁有的設備狀況不一,有的現代化倉庫擁有非常先進的倉儲設備,例如,各種先進的裝卸搬運設備、高層貨架倉庫,實行計算機管理,而有的倉庫卻還處在以人工作業為主的原始管理狀態,倉庫作業主要靠肩扛人搬,只有少量的機械設備和鐵路專用線,且利用率不高;有些設備已經

老化，有些已經陳舊，但由於資金不足，無力更新，只得「帶病」作業，隱藏著許多不安全因素。倉庫設備狀況相差懸殊，各倉庫作業效率不均衡，這些現象使中國的倉儲綜合效益難以提高。

（4）大部分倉儲業務人員素質較低，管理水平不能適應現代化的要求。中國倉儲部門工作人員的文化程度普遍較低，學歷層次不高，直接影響了管理水平的提高。

（5）倉儲管理方面的法規還不夠健全。建立健全以責任制為中心的規章制度是倉儲管理的一項基礎工作，嚴格的責任制是現代化生產的客觀要求，也是規範每個崗位職責的依據。近幾年以來，不少倉儲方面的規章制度得以建立，但隨著生產的發展和科學水平的提高，有些規章制度已經不適應今天的要求，需要進行修改和新建。在倉儲管理法制方面，中國的起步較晚，至今還沒有一部完整的倉庫法。同時，中國倉儲管理人員的法制觀念不強，不會運用法律手段來維護企業的利益。

通過幾十年的努力，中國倉儲業已形成了相當的規模。但是，這與高速發展的經濟和貨物流通的需求仍不相適應，倉儲能力和技術水平仍遠未滿足需要。例如，用於存放冷凍農副產品的專用倉庫的數量尚不能保證對貨物的及時收購。特別是與國外發達國家相比，中國倉儲業在規模和水平上所反應出的差距更大。在國外已普遍採用的一些倉儲形式在中國卻還鮮為人知。當然，隨著改革開放以來廣泛的國際交流，國外許多先進的倉儲技術和管理方法正在不斷地被引進，中國倉儲業的發展正逐步跟上世界發展的潮流。

（六）中國倉儲業的未來發展戰略

1. 中國倉儲業的發展趨勢

借鑑國際倉儲業的發展方向，未來中國倉儲業的發展將朝著倉儲社會化、倉儲產業化、倉儲標準化，以及倉儲現代化的目標發展。

（1）倉儲社會化。

中國倉儲的管理模式長期以來形成的條塊分割、地區分割、「小而全、大而全」的局面，造成了目前以部門或地區為核心的倉儲業，它們各自為政，自成系統。這樣不僅占用了大量土地，而且還占用了大量勞動力和設備。占用這麼多的資源，利用狀況卻並不樂觀。中國倉庫平均利用率還不到40%，但也有些部門的倉庫不夠用，如遇到農業豐收時，糧食、棉花等的倉庫就緊張。一方面倉庫閒置，一方面還要新建倉庫，這種不協調的狀況是舊體製造成的。這種小生產方式的倉儲業遠遠不能適應現代生產、流通發展的需要。

隨著改革開放和社會主義市場經濟的發展，有不少儲運公司以及倉庫相繼向社會開放，逐漸打破了系統內與系統外的界限，打破了生產資料的界限，相互展開競爭，基本形成了一個分散型的儲運市場。這種形式與條塊分割、地區分割的封閉型儲運市場相比有很大發展，打破了部門與地區的框框，使倉庫從附屬型向半經營型或經營型轉化，面向社會，開展競爭，優勝劣汰，使中國的倉儲業得以發展。

要真正解決倉儲業的社會化問題，應做好兩方面的工作：首先，解決體制問題，

第一章 概論

根據市場經濟的要求和倉儲業的特點，打破部門、條塊分割的管理局面，廣泛開展部門間倉儲企業的橫向聯合，實行倉儲全行業的管理系統，以避免由於按條塊管理只顧本部門經濟效益、忽視社會經濟效益的弊病，有利於全行業整體功能的發揮。同時，可以按專業分工原則統一規劃，合理佈局，形成全國統一的儲運市場，以有利於普及和推廣倉儲管理的「作業標準化、行業規範化、工作程序化、管理現代化」的原則，取得政策與制度上的統一，提高專業技術和管理水平。其次，建立多功能綜合性倉庫，發展物流技術，促使物流、商流達到協調運行與發展。為適應市場經濟發展的需要，倉庫應從單純儲存型向綜合型發展，從以物資的儲存保管為中心，轉變到以加快物資週轉為中心，集儲存、加工、配送、信息處理為一體的多功能綜合倉庫，成為能吞吐、高效率、低費用、快進快出的物流中心，全面提高倉儲運輸的服務水平。

（2）倉儲產業化。

倉儲活動要想真正同工業、農業一樣，成為一個獨立的行業，必須發展自己的產業。雖然，倉儲活動不能脫離保管業務單純地進行生產加工業務，但倉儲完全有條件利用自身的優勢去發展流通加工業務。國外的經驗告訴我們，倉儲發展流通加工是大有前途的，而中國恰恰在這方面很薄弱，大多數倉儲部門固守傳統的倉儲業務，思想不夠解放。

流通加工是商品從生產領域向消費領域流通過程中，為促進銷售、提高物流效率以及商品利用率而採取的加工活動，它是流通企業唯一創造價值的經營方式。世界上許多國家和地區的物流中心或倉儲經營中都大量存在著流通加工業務。例如，日本的東京、大阪、名古屋等地區的90家物流公司中有一半以上具有流通加工業務，它為企業帶來了巨大的經濟效益，也產生了較好的社會效益。倉儲部門儲存著大量的商品，又擁有一定的設備和技術人員，只要再增加一些流通加工設備和工具，就可從事流通加工業務，因此，倉儲較早發展流通加工是最有發展前途的。

（3）倉儲標準化。

倉儲標準化是物流標準化的重要組成部分。為了提高物流效率，保證物流的統一性與各種物流環節的有機聯繫，並與國際接軌，必須制定物流標準。

倉儲標準化是一項基礎性工作。由於倉儲分散在商業、物資、外貿、運輸等部門，因此，更有必要從標準入手，推進倉儲行業的整體發展。倉儲標準化內容很多，例如，全國性通用標準（倉庫種類與基本條件標準、倉庫技術經濟指標以及考核辦法標準、倉儲業標準體系、倉儲服務規範、倉庫檔案管理標準、倉庫單證標準、倉儲安全管理標準等）、倉儲技術通用標準（倉庫建築標準、貨物入出庫標準、儲存貨物保管標準、包裝標準、貨物裝卸搬運標準等）、倉庫設備標準、倉庫信息管理標準、倉庫人員標準等。

（4）倉儲現代化。

實現倉儲現代化的關鍵在於科學技術，而發展科學技術的關鍵在於人，沒有知

識、沒有人才，現代化就是一句空話。因此，應從以下幾個方面做起：

①倉儲人員的專業化。在生產力高度發展的今天，科學技術越來越進步，機器設備的數量和品種也越來越多，人在操縱現代化生產設備中的作用也就越來越大，要求有一大批既懂管理、又懂專業知識、並掌握現代化管理方法和手段的高素質的管理人才。而對倉儲業來講，普遍存在人員素質不高、技術和管理水平偏低的現象。因此，對倉儲人員的培訓就顯得迫切和重要。必須按現代化管理的要求，加強對倉儲人員的培養、教育和提高，盡快培養出一批具有現代科學知識和管理技術、責任心強、素質高的倉儲專業人員。

②倉儲技術的現代化。當前倉儲技術是整個物流技術中的薄弱環節，因此加強倉儲技術的發展與更新，是倉儲現代化的重要內容。倉儲現代化首先要解決信息現代化，包括信息的自動識別、自動交換和自動處理。當前大致應從以下幾個方面抓起：一是實現物資出入庫和儲存保管的機械化和自動化。從中國的國情出發，重點發展物資存儲過程中所需要的各種裝卸搬運機械、機具等，例如，研製並推廣作業效率高、性能好、能耗低的裝卸搬運機械；發展自動檢測和計量機具；提高分貨、加工、配送等作業手段和方法等。二是實現存儲設備的多樣化。存儲設備朝著省地、省力、多功能方向發展，推行集裝化、托盤化，發展各類集合包裝以及結構先進實用的貨架，實現包裝標準化、一體化。三是適當發展自動化倉庫，有重點地建設一批自動化倉庫；加強老庫的技術改造，盡快提高老庫的技術和管理水平，充分發揮老庫的規模效益。

③倉儲管理方法的科學化和管理手段的自動化。根據現代化生產的特點，按照倉儲客觀規律的要求和最新科學技術成就來進行倉儲管理，實現倉儲管理的科學化。在倉儲管理中，結合倉儲作業和業務特點，應用先進的科學技術，使用科學的管理方法，是促進倉儲合理化的重要步驟。運用電子計算機輔助倉儲管理，進行倉儲業務管理、庫存控制、作業自動化控制以及信息處理等，以達到快速、準確和高效的目的。

2. 我們倉儲企業未來戰略的制定

隨著中國社會主義市場經濟的發展，流通領域已逐步從賣方市場轉向買方市場，這就促使倉儲業的經營方式發生深刻的變化。如果不能適應這種市場經濟帶來的變化，則會在激烈的倉儲業務競爭中被淘汰。那麼，處於這種環境下的倉儲企業應如何制定自己的發展戰略呢？

（1）倉儲企業應盡可能地滿足客戶的需要。

倉儲業處於客戶市場的事實已迫使倉儲企業不得不向客戶提供良好的服務，以吸引客戶使用本企業的倉庫和其他服務。因此，注意客戶的需求，以及這種需求所帶來的變化，及時捕捉客戶（包括潛在客戶）的各項信息，尤其是需求信息，並加以分析是非常重要的。

第一章 概論

(2) 研究經營管理方法變化的新動向。

例如，日本豐田公司的大野先生在美國的超級市場上注意到，店員向商場貨架上補充的商品不是來自於商場的後倉。回國後，他消除了過去生產中中間倉庫大量儲存半成品的現象，確立了「必要時提供必要的零部件」的看板方式。這就是倉儲方式採用「即時」（Just in Time）思想的先導。類似這些新的經營管理方法是倉儲企業的經營者應該認真研究和及時吸取的。

(3) 瞭解周圍環境的變化。

土地價格的上漲、交通線路的變化、生產力佈局的改變、人們消費熱點的遷移等，都將引起倉儲業未來發展的變化。因此，倉儲企業應注意收集環境信息，發揮行業協會的作用和政府的信息渠道，直接進行調查，多方位獲取信息。

(4) 注意倉儲貨物的多品種、小批量的變化趨向。

隨著人們需求的多樣化，銷售部門相應採取更為「柔性」的進貨方式，使銷售行業自備大型倉庫的情況減少，取而代之的將是「即時」性的供貨方式。因此，倉儲企業面對這種變化，應該注意發展國外已有的「配送中心」經營模式。同時，由於多品種、小批量貨物的堆存面積利用率較低，因此，採用自動化立體倉庫是較好的方法。

(5) 擴大經營戰略。

在市場經濟條件下，倉儲企業應轉變觀念，突破傳統業務範圍，開拓新的服務市場。倉儲企業的市場拓展可以從以下四個方面著手。

①為某一特定的商品實行全過程的服務。即在從生產、批發、零售直到消費者的整個過程中，提供運輸、倉儲、配送以及有關這種商品的市場信息的收集和反饋等全過程的服務。

②擴大倉儲業的服務功能。為了向客戶提供全方位的服務，同時，也是為企業開闢更多的業務渠道，倉儲企業應著眼於向多功能的方向發展，使企業增強自己的市場競爭能力。這包括：向客戶提供信息服務，提供能促使銷售商擴大流通渠道、提高經營管理效率的新的服務項目；注意客戶的需求，充分利用自己的資源，謀求擴大市場，拓寬服務項目，提高經營能力等。

③建立區域性的倉儲信息網絡。商品從原材料經過生產環節、流通環節，進入消費，在這個過程中，商品的流動便形成了一個物流網絡，伴隨著物流的相關信息，由此形成一個信息網絡。物流信息的暢通有利於加速商品的合理流動。在物流過程中，倉儲企業則是承擔信息服務的最佳角色。因此，倉儲企業應建立為客戶服務的物流信息服務系統。

④擴大合作。為了擴大企業的客戶而與物流環節中的其他企業聯手合作是必要的，這有利於實現優勢互補。例如，與運輸企業、大型商業、生產企業的聯合，與國外同行的聯手等。

⑤推行標準化策略。倉儲企業在進入市場經濟環境後，由於激烈的競爭，害怕

合作，不願採用由全行業共同遵守的標準。但是，恰恰是倉儲企業的非標準化以及各自為政的發展，給客戶帶來諸多不便，進而影響到倉儲業本身的發展。因此，為了倉儲企業自身的利益以及社會的效益，在倉儲業推行標準化是非常必要的。例如，使托盤、包裝箱標準化，推行條形碼等。

第二節　餐飲企業倉儲管理的特點

一、食品原料保藏的內容和任務

食品原料保藏原理是一門研究食品原料腐敗變質的原因及其控制方法，解釋各種食品原料腐敗變質的機理並提出科學的、合理的防止措施，闡明食品原料保藏的基本原理和基本技術，從而為食品原料的保藏加工提供理論和技術基礎的科學。

從狹義上講，食品原料保藏是為了防止食品原料腐敗變質而採取的技術手段，因而是與食品原料加工相對應而存在的。同時，從廣義上講，保藏與加工是相互包容的。因為食品原料加工的重要目的之一就是保藏食品原料，而為了達到保藏食品原料的目的，必須進行科學的、合理的加工。

食品原料保藏原理的主要內容和任務歸納為以下幾個方面。

（1）研究食品原料保藏原理，探明食品原料加工、儲運和分配過程中腐敗變質的原因和控制方法。

（2）研究食品原料保藏過程中的物理特性、化學特性及生物學特性的變化規律，以及這些變化對食品原料質量和食品原料保藏的影響。

（3）解釋各種食品原料腐敗變質的機理，以及探明控制食品原料腐敗變質應採取的技術措施。

（4）通過物理的、化學的、生物的或兼而有之的綜合措施來控制食品原料質量變化，最大限度地保證食品原料的品質。

（5）研究食品原料保藏的種類、設備及關鍵技術。

二、食品原料保藏的方法

食品原料保藏的方法種類繁多，按保藏原理可以分為如下四類：

（一）維持食品原料最低生命活動的保藏方法

此類方法主要用於新鮮水果、蔬菜等有機食品原料的保藏。採摘後的果蔬，保持著旺盛的向分解方向進行的生命活動。因此，通過控制果蔬保藏環境的溫度、濕度及氣體組成等，抑制果蔬的呼吸作用，降低其生命活動，從而延長它們的保藏期。如冷藏、氣調儲藏等就是屬於這類保藏。

第一章 概論

（二）抑制食品原料生命活動的保藏方法

在某些理化因素的作用下，食品原料中微生物和酶的活性將會受到不同程度的抑制，從而延緩食品原料的腐敗變質。但是，這些因素一旦解除，微生物和酶即會恢復活動，導致食品原料腐敗變質。

屬於這類的保藏方法的有冷凍保藏、干藏、腌制、熏制及化學品保藏等。

（三）利用無菌原理的保藏方法

利用熱處理、微波、輻射、過濾、常溫高壓、脈衝等方法，將食品原料中腐敗微生物數量降低到無害的程度或全部殺滅，並長期維持這種狀況，從而達到長期保藏食品原料的目的。

罐藏、輻射保藏及無菌包裝技術等均屬於此類方法。

（四）利用生物發酵的保藏方法

借助於有益微生物的發酵產物（乳酸、醋酸、酒精等），建立起抑制腐敗微生物生長的環境，從而保持食品原料質的方法，如食品原料發酵。

三、引起食品原料品質改變的主要影響因素

（一）物理因素

物理因素引起的食品原料變質，經常伴隨有化學反應。物理因素包括溫度、水分、光等，是誘發和促進化學反應的原因。

1. 溫度

溫度升高引起食品原料的腐敗變質，主要表現在影響食品原料中發生的化學變化和酶催化的生物反應速度，以及微生物的生長發育程度等方面。

此外，由高溫加速反應的現象很多。如對果蔬進行加熱殺菌，引起果蔬質地的軟化，使其失去爽脆的口感。

澱粉含量多的食品原料，要通過加熱使澱粉糊化後才食用。若放置冷卻後，糊化的澱粉會老化，產生回生現象。米飯熱時好吃，變冷後難吃，就是澱粉老化的結果。澱粉老化在水分含量為30%～60%時最容易發生，而當水分含量在10%以下時基本上不發生；溫度在60℃以上不會發生，60℃以下慢慢開始老化，2℃～5℃老化速度最快。粳米比糯米容易老化，加入蔗糖或飴糖可以抑制老化。澱粉在80℃以上迅速脫水至10%以下，可防止老化，如加壓膨化的食品原料、油炸的食品原料就是利用此原理加工而成的。

2. 水分

水分不僅影響食品原料的營養成分、風味物質和外觀形態的變化，而且影響微生物的生長發育，因此食品原料的水分含量，特別是水分活度，與食品原料的質量有十分密切的關係。

食品原料所含的水分有結合水和遊離（自由）水分。只有遊離水分才能被微生

19

物、酶和化學反應所觸及，此即為有效水分，可用水分活度來估量。大多數化學反應必須在水中才能進行，離子反應也需要自由水進行離子化或水化作用，很多化學反應和生物化學反應還必須有水分子參與。對於許多由酶催化的反應，水除了起一種反應物的作用外，還作為底物向酶擴散並輸送介質，並且通過水化作用促使水和底物活化。因此，降低水分活度，可以減少如上所述的酶促反應、非酶反應、氧化反應等引起的劣變，使食品原料的質量更穩定。

水分的蒸發，會導致一些新鮮果蔬等食品原料的外觀萎縮，使鮮度和嫩度下降。一些組織疏鬆的食品原料，因干耗也會產生干縮僵硬或質量損耗。

原來水分含量和水分活度符合儲藏要求的食品原料在儲藏過程中，如果發生水分轉移，有的水分含量下降了，有的水分含量上升了，水分活度也發生了變化，不僅食品原料的口感、滋味、香氣、色澤和形態結構發生變化，而且對於超過安全水分含量的食品原料，這會導致微生物的大量繁殖和其他方面的質量劣變。

3. 光

光線照射也會促進化學反應。如脂肪的氧化、色素的消退、蛋白質的凝固等反應均會因光線的照射而加速。清酒等若被放置在光照的場所，會從淡黃色變成褐色。所以一般要求食品原料避光儲藏，或用不透光的材料包裝。紫外線能殺滅微生物，但也會使食品原料中的脂肪和維生素 D 發生變化。

(二) 化學因素

1. 酶的作用

酶是生物體的一種特殊蛋白質，具有高度的催化活性，能降低反應的活化能力。絕大多數食品原料來源於生物界，尤其是鮮活和生鮮食品原料，體內存在著具有催化活性的多種酶類，因此食品原料在加工和儲藏過程中，由於酶的作用，特別是氧化酶類、水解酶類的催化，會發生多種多樣的酶促反應，造成食品原料色、香、味和質地的變化。

表 1-1　　　　　　　　引起食品原料質量變化的主要酶類及其作用

酶	酶的作用
多酚氧化酶	催化酚類物質的氧化，褐色聚合物的形成
多聚半乳糖醛酸酶	催化果膠中多聚半乳糖醛酸殘基之間的糖苷鍵水解，導致組織軟化
果膠甲酯酶	催化果膠中半乳糖醛酸酯的脫酯作用，可導致組織軟化
脂氧合酶	催化脂肪氧化，導致臭味和異味產生
抗壞血酸氧化酶	催化抗壞血酸氧化，導致營養素的損失
葉綠素酶	催化葉綠素環從葉綠素中移去，導致綠色的丟失

酶的活性會受溫度、pH 值、水分活度等的影響。經過加熱殺菌的加工食品原料中，酶的活性被鈍化，可以不考慮由酶作用引起的變質。但一般食品原料中有酶存

第一章 概論

在，在原料處理階段就會發生酶引起的變化。與食品原料變質有關的主要酶類有以下幾種。

（1）氧化酶類。

酚酶：食品原料在加工和儲藏中常出現褐變或黑變，如蓮藕、馬鈴薯、香蕉、蘋果、桃、枇杷等果實，剝皮或切分後，出現褐色或黑色，這是果蔬中含有的單寧物質，在氧化酶類的作用下發生氧化變色的結果。目前已知參與酶褐變的氧化酶主要是酚酶或多酚氧化酶，底物是食品原料中的一些酚類、黃酮類化合物和單寧物質。酚酶和多酚氧化酶需要有銅作為輔基，並在有氧的參與下催化褐變反應。控制酶的活性（如熱燙處理、降低 pH 值）和採取隔氧措施，就可以減少或完全避免食品原料的酶褐變。比如：果蔬剝皮或切分後，浸泡在水中隔離空氣，在浸泡溶液中添加還原性物質如維生素 C 或抑制酶活性的物質，就可防止變色。

為了完全鈍化酶的活性，通常在熱水或蒸汽中漂燙 2~3 分鐘，這種工藝處理在果蔬食品原料干制、糖制、速凍、罐藏加丁中普遍採用。

脂肪氧合酶：存在於各種植物尤其是豆科植物中，以大豆的含量最高。由脂肪氧合酶的作用造成的食品原料變質主要表現為：破壞亞油酸、亞麻酸和花生四烯酸等必需脂肪酸；產生遊離基，損害某些維生素和蛋白質等成分。由於脂氧合酶在低溫下仍有活力，故未漂燙的冷凍青豆、蠶豆等長時間凍藏時仍會產生異味，造成色素的損失等。

其他氧化酶類，如過氧化物酶、抗壞血酸氧化酶等也會引起食品原料顏色和風味的變化及營養成分的損失。

（2）脂酶。

脂酶存在於所有含脂肪的組織中，如哺乳動物體內有胰脂酶。胰脂酶能將脂肪分解為甘油和脂肪酸。牛奶、奶油、干果類等含脂食品原料的變質常常是由於其中所含脂肪的作用使遊離脂肪酸增加所致。

（3）果膠酶。

果膠酶主要有多聚半乳糖醛酸酶和果膠甲酯酶。

果膠物質是所有高等植物細胞壁和細胞間隙的成分，也存在於細胞汁液中，對於水果、蔬菜的食用質量有很大影響。在香蕉、柿子、桃、番茄等果蔬成熟時，可以觀察到由於果膠酶類作用引起的果實軟化現象。這是存在於細胞壁及細胞間的果膠物質在酶的作用下，水解變成水溶性狀態的結果。要防止這種軟化是不容易的，用二氧化碳氣體處理可延緩這種變化。在番茄醬和柑橘汁等食品原料中，也常因果膠酶分解果膠物質，使產品的黏度和濁度降低，使原來分散狀態的固形物失去了依託而產生沉澱，降低了這些食品原料的質量。

2. 非酶作用

非酶褐變，主要有美拉德反應引起的褐變、焦糖化反應引起的褐變以及抗壞血酸氧化引起的褐變等。這些褐變常常由於加熱及長期的儲藏而發生。

由葡萄糖、果糖等還原性糖與氨基酸引起的褐變反應稱為美拉德反應，也稱為碳氨反應。發酵醬油的黑褐色即基於此反應。

美拉德反應所引起的褐變反應，與氨基化合物和糖的結構有密切關係。含氮化合物中的胺、氨基酸中的鹽基性氨基酸反應活性較強，糖類中凡具有還原性的單糖、雙糖（麥芽糖、乳糖）都能參加這一反應，其中反應活性以戊糖（木糖）最強，己糖次之，雙糖最低。褐變的速度隨溫度升高而加快，溫度每上升10℃反應速度增加3~5倍。食品原料的水分含量高則反應速度加快，如果食品原料完全脫水干燥則反應趨於停止。但干製品吸濕受潮時會促進褐變反應。美拉德反應在酸性和鹼性介質中都能進行，但在鹼性介質中更容易發生，一般是隨介質的pH值升高而反應加快，因此高酸性介質不利於美拉德反應進行。氧、光線及鐵、銅等金屬離子都能促進美拉德反應。防止美拉德反應引起的褐變可以採取如下措施：降低儲藏溫度，調節食品原料水分含量，降低食品原料pH值，使食品原料變為酸性；用惰性氣體置換食品原料包裝材料中的氧氣；控制食品原料轉化糖的含量；添加防褐變劑如亞硫酸鹽等。

抗壞血酸屬於抗氧化劑，對於防止食品原料的褐變具有一定的作用。但當抗壞血酸被氧化放出二氧化碳氣體時，它的一些中間產物又往往會引起食品原料的褐變，這是由於抗壞血酸氧化為脫氫抗壞血酸進而與氨基酸發生美拉德反應生成紅褐色產物，以及抗壞血酸在缺氧的酸性條件下形成糠醛並進一步聚合為褐色物質的結果。在富含抗壞血酸的柑橘汁和蔬菜中，有時會發生抗壞血酸氧化引起的褐變現象。抗壞血酸氧化褐變與溫度、pH值有較密切的關係，一般隨溫度的升高而加劇。pH值的範圍在2.0~3.5之間的果汁，隨pH值的升高氧化褐變速度減慢，反之則褐變加快；pH值為3~4的果汁不易發生褐變。防止抗壞血酸氧化褐變，除了降低產品溫度以外，還可以用亞硫酸鹽溶液處理產品，抑制葡萄糖轉變為5-羥甲基糠醛，或通過還原基團的絡合物抑制抗壞血酸變為糠醛，從而防止褐變。

3. 氧化作用

氧化作用會引起富含脂肪的食品原料酸敗，同時伴隨有刺激性或酸敗臭味產生，導致食品原料不能食用。若食用了這些變質的油脂，會引起腹瀉，嚴重者會出現肝臟病症。脂肪的氧化酸敗，主要是脂肪水解的遊離脂肪酸，特別是不飽和遊離脂肪酸的雙鍵容易被氧化，生成過氧化物並進一步分解的結果。這些過氧化物大多數是氫過氧化物，同時也有少量的環狀結構的過氧化物，若與臭氧結合則形成臭氧化物。它們的性質極不穩定，容易分解為醛類、酮類以及低分子脂肪酸類等，使食品原料帶有哈喇味。在氧化型酸敗變化過程中，氫過氧化物的生成是關鍵步驟，這不僅是由於它的性質不穩定，容易分解和聚合而導致脂肪酸敗，而且還由於一旦生成氫過氧化物後，氧化反應便以連鎖方式使其他不飽和脂肪酸迅速變為氫過氧化物，因此脂肪氧化型酸敗是一個自動氧化的過程。

脂肪自動氧化過程可分為誘發期、增殖期和終止期。對於脂肪自動氧化酸敗的

第一章 概論

防止，應該在誘發期、即自由基剛剛形成時，通過添加抗氧化劑將自動氧化的連鎖反應阻斷，才能收到良好的效果。否則，當大量自由基出現，脂肪自動氧化已進入增殖期時，採取防止措施也難以達到預期的效果。

脂肪的氧化受溫度、光線、金屬離子、氧氣、水分等因素的影響。因此，食品原料在儲藏過程中，採取低溫、避光、隔絕氧氣、降低水分、減少與金屬離子的接觸、添加抗氧化劑等措施，都可以防止或減輕脂肪氧化酸敗對食品原料產生的不良影響。

(三) 生物學因素

1. 微生物

地球上除了人類以外，還生活著成千上萬種生物，它們有的生活在江、河、湖、海裡，有的生活在陸地上，人類一天也離不開它們。糧食、蔬菜、水果、肉、魚、蝦、衣服、煤等幾乎都直接或間接來自各種動植物。自然界除了這些生物外，還有一些數量極為龐大、體形極其微小的生物，用肉眼是看不見的，只有借助顯微鏡或電子顯微鏡把它們放大到幾百倍、幾千倍才能看見。

微生物在日常生活中有很大的作用，許多微生物用於食品原料保藏工業。例如，酒精、葡萄酒、饅頭、麵包等就是利用酵母菌的作用制成的；醋酸、酪酸、丙酮、丁醇、乳製品等也需要借助於細菌的作用；檸檬酸、青黴素等是利用黴菌制成的。研究這類微生物的科學叫做工業微生物學，而食品原料微生物學則屬於工業微生物學範圍的一種。食品原料是微生物良好的培養基，有的微生物參與食品原料製造過程，如發酵微生物；有的微生物能破壞食品原料，如腐敗微生物；還有的微生物遠比腐敗性微生物更為危險，屬於病原菌，對人體危害大，可引起食物中毒。而病原菌的識別比較困難，病原菌中最危險的要屬肉毒桿菌，這種菌落到食品原料上，起初看不清腐壞徵象，但它可產生作用劇烈的毒素，因而引起食物中毒，甚至造成死亡。引起食品原料腐敗變質的微生物種類很多，一般可分為細菌、酵母菌和黴菌三大類。

(1) 微生物引起食品原料腐敗變質的特點。

①細菌：不管食品原料是否經過加工處理，在絕大多數場合，其變質主要原因是細菌引起的。細菌造成的變質，一般表現為食品原料的腐敗，是由於細菌活動分解食物中的蛋白質和氨基酸，產生惡臭或異味的結果。這種現象尤其容易在有空氣（氧氣）的狀態下發生，通常還會產生有毒物質，引起食物中毒。產芽孢細菌非常耐熱，如肉毒桿菌在中性環境下，以 100℃ 加熱數小時有時還不能被完全殺死。耐熱性細菌在土壤中存在較多，因此對於土壤中生長的蓮藕、芋頭、蘆筍、竹筍等塊根、塊莖類原料，在加工時要特別注意。

②酵母菌：在含碳水化合物較多的食品原料中容易生長發育；而在含蛋白質豐富的食品原料中一般不生長；在 pH 值 5.0 左右的微酸性環境中生長發育良好。容易受酵母菌作用而變質的食品原料有蜂蜜、果醬、果凍、醬油、果酒等。

23

③霉菌：霉菌易在有氧、水分少的干燥環境中生長發育，在富含澱粉和糖的食品原料中也容易滋生霉菌。出於霉菌的好氣性，無氧的環境可抑制其侵害，在水分含量15%以下，可抑制其生長發育。

食品原料的安全和質量依賴於微生物的初始數量、加工過程的除菌及防止微生物生長的環境控制。食品原料由碳水化合物（澱粉）、蛋白質等多種成分組成，所以食品原料的腐敗變質並非一種原因所致，大多數是由細菌、霉的或酵母菌同時污染、作用的結果。

（2）影響微生物生長發育的主要因子。

①pH值：微生物的生長發育需要適宜的酸鹼度環境。大多數細菌，尤其是病原細菌，易在中性至微鹼性環境中生長繁殖，在pH值4.0以下的酸性環境中，其生長活動會受到抑制。比如，果汁飲料等一些高酸性食品原料，可防止或減少細菌的生長。霉菌和酵母菌則一般能在酸性環境中生長發育。

對於耐酸性，霉菌>酵母菌>細菌。酸性越強，抑制細菌生長發育的作用越顯著。微生物對熱的抵抗性（耐熱性）在最適宜的pH值範圍內較強，但離開其適宜的pH值範圍則其耐熱性變弱。因此，使pH值降低至4.6以下，細菌的生長發育受抑制的同時，其耐熱性也變弱，即使是耐熱性極強的細菌芽孢，也容易被殺滅。一般以pH值4.6為界限，pH值4.6以上環境宜採用加壓高溫殺菌，在pH值4.5以下環境採用常壓（100℃以下）殺菌。pH值4.6以下環境，霉菌和酵母雖能生長發育，但其耐熱性較弱，在70℃~80℃就能將其殺滅。

②氧氣：微生物可分為好氧性微生物、微需氧微生物、兼性厭氧微生物和厭氧性微生物。好氧性微生物的生長發育需要有氧氣，無氧則不能生長發育，如產膜酵母菌、霉菌和部分細菌。利用真空包裝或用二氧化碳等置換包裝材料內的空氣，即可抑制好氧性微生物的活動。

微需氧微生物僅需少量的氧就能生長，如乳酸杆菌。

兼性厭氧微生物在有氧和無氧的環境中都能生長，如大多數酵母菌、細菌中的葡萄球菌屬等。

厭氧性微生物如肉毒梭狀芽孢杆菌，能在無氧的低酸性（pH值>4.6）環境中生長發育並產生毒素，引起食物中毒。

③水分：微生物生長發育需要自由水分。干製品由於脫去了自由水分，因而能防止細菌、酵母菌和霉菌的生長。通過控制水分活度可防止微生物的生長。水分活度是對微生物和化學反應所能利用的有效水分的估量指標。不同的微生物，其生長發育所要求的最低水分活度不同。一般情況下，大多數細菌要求最低水分活度>0.94，大多數酵母菌要求最低水分活度>0.88，大多數霉菌要求最低水分活度>0.75。微生物對最低水分活度的要求也有例外的情況，而且受環境條件影響。

中間水分食品原料中，通過添加大量糖或多元醇使水分活度降至0.85以下並包裝，可防止酵母菌和霉菌的生長。鹽腌和糖漬的原理就是利用鹽和糖溶液在高含量

時具有較高的滲透壓，降低了水分活度，從而抑制微生物的生長。微生物的生長發育與食鹽含量直接相關。

④營養成分：大部分食品原料含有足夠的營養物供微生物生長，尤其是含有發酵基質的碳水化合物和蛋白質。糖在低含量時不能抑制微生物的生長活動，故傳統的糖製品要達到較長的儲藏期，一般要求糖的含量在60%以上。

⑤溫度：適宜的溫度可以促進微生物的生長發育，不適宜的溫度能減弱其生命活動甚至引起生理機能異常或促使其死亡。根據微生物適應生長的溫度範圍，可將微生物分為嗜冷性、嗜溫性和嗜熱性三個類群。大多數致病菌是嗜溫性的。嗜冷微生物一般在-10℃~30℃的範圍內活動，最適合生長溫度在10~20℃；嗜溫微生物的生長溫度範圍在10℃~45℃之間，最適合生長溫度為25℃~40℃；嗜熱微生物，生長溫度範圍在25℃~80℃之間，最適合生長溫度在50℃~55℃。因此，在25℃~30℃時，各種微生物都有可能使食品原料腐敗變質。

2. 害蟲和齧齒動物

干制農產品及冷藏品等食品原料，常受害蟲和老鼠等的侵害而變質。

（1）害蟲。

害蟲對食品原料儲藏的危害性很大，不僅它是某些食品原料儲藏損耗加大的直接原因，而且害蟲的繁殖、遷移，以及它們所遺棄的排泄物、皮殼和屍體等還會嚴重污染食品原料，使食品原料喪失商品價值。害蟲的種類多，分佈廣，並且軀體小，體色暗，繁殖快，適應性強，多隱居於縫隙、粉屑或食品原料組織內部，所以一般食品原料的倉庫中都有可能有害蟲存在。對食品原料危險性大的害蟲主要有甲蟲類、蛾類、蟑螂類和蝸類。如危害禾谷類糧食及其加工品、水果蔬菜的干製品等的害蟲主要是象蟲科的米象、谷象、玉米象等甲蟲類。

防治害蟲的方法，可從以下幾個方面著手：加強食品原料倉庫和食品原料本身的清潔衛生管理，消除害蟲的污染和匿藏滋生的環境條件，通過環境因素中的某些物理因子（如溫度、水分、氧、放射線等）的作用達到防治害蟲的目的，如高溫、低溫殺蟲，高頻加熱或微波加熱殺蟲，輻射殺蟲，氣調殺蟲等；利用機械的人員和振動篩或風選設備使因震動呈假死狀態的害蟲分離出來，達到機械除蟲和殺蟲的目的；利用高效、低毒、低殘留的化學藥劑或熏蒸劑殺蟲。

（2）齧齒動物。

鼠類是食性雜、食量大、繁殖快和適應性強的齧齒動物。鼠類對食品原料的危害很大，鼠類有咬嚙物品的特性，對包裝食品原料及其他包裝物品均有危害。鼠類還能傳播多種疾病。鼠類排泄的糞便、咬食物品的殘渣也能污染食品原料和儲藏環境，使之產生異味，影響食品原料衛生，危害人體健康。

防治鼠害要將防鼠和滅鼠相結合。

防鼠的方法有：

①建築防鼠法，即利用建築物本身與外界環境的隔絕性能，防止鼠類進入庫內

使食品原料免受鼠害；

②食物防鼠法，是通過加強食品原料包裝和儲藏食品原料容器的密封性能等，斷絕鼠類食物的來源，達到防鼠的目的的方法；

③藥物及儀器防鼠法，是利用某些化學藥物產生的氣味或電子儀器產生的聲波，刺激鼠類的避忌反應，達到防鼠的目的的方法。

滅鼠的方法有：

①化學藥劑滅鼠法，是利用滅鼠毒餌的滅鼠劑、化學絕育劑、熏蒸劑等毒殺或驅避鼠類的方法；

②器械滅鼠法，是利用力學原理以機械捕殺鼠類的方法，如捕鼠夾等。

（四）其他因素

1. 機械損傷：果蔬在採收、儲運、加工前等環節處理不當，會產生機械性損傷，如表面損傷、碰傷擦傷、震動擦傷等，機械傷害不僅使外觀受影響，而且還會加速水分損失，刺激較高的呼吸和乙烯產生率，促成腐爛的發生。例如，香蕉在採收時由於操作不慎碰傷，成為酶催化多酚類物質氧化的基礎，很快發生相變。機械損傷還使微生物的侵染更容易。

2. 乙烯：乙烯是促進食品原料成熟和衰老的一種植物激素，控制食品原料生長、衰老的許多方面，低量就有生理活性。乙烯的產生率，通常在下列情況下增加：成熟採收、物理傷害、病害入侵、溫度升高到30℃、水分脅迫等。而且，當新鮮水果儲藏於低溫、低氧和高二氧化碳環境中，乙烯的產生率降低。

3. 外源污染物：近年來，外源污染物影響食物的質量，引起食品原料的安全問題，受到全球性的高度重視。外源污染物包括環境污染、農藥殘留、濫用添加劑、包裝材料等多個方面。

綜上所述，引起食品原料腐敗變質的原因是多方面的，而且常常是多種因素作用的結果。重要的是對各種因素瞭解清楚，掌握其特性，找出相應的防止措施，應用於不同的產品及其加工食品原料。

案例分析

生鮮倉庫管理辦法的指定

生鮮商品的進（送貨）、銷（銷售）、存（庫存）、損（損耗）四大環節中，生鮮倉庫管理關係到進、存、損三大環節，因此倉庫管理的好壞直接影響到庫存值與訂貨作業，進而也會影響損耗值大小。制定倉庫管理制度，使生鮮人員在庫存存放或整理倉庫時有章可循，且可提高盤點效率，既節省時間，也可使數字更準確化。

以下是某餐飲企業的「生鮮倉庫管理辦法」：

（1）生食、熟食品須分開儲存，以免相互交叉污染。

（2）冷藏、冷凍商品要分別存放在冷藏、冷凍庫內，隔牆離地 10~20cm，貨架不可緊貼牆壁、地面墊隔板。

（3）分類擺放，務必貼上「商品庫存單」。從倉庫中拿出商品時，要在庫存單上減去相應數量，並註明入庫時間、保質期限等。碼放時體積小、重量輕的商品放在上方，體積大、重的商品放在下方，並交叉疊放。

（4）相同品項且保質期長的存放在內部、下層；反之保質期短的商品存放在外部、上層，務必遵守先進先出原則。

（5）對促銷品與退貨品、報損商品應分別規劃存放區。促銷品量大、週轉快，要有單獨區域保證快速出入貨。退貨要在專門區域集中，不要與正常商品混淆，這樣既節省退貨時間，也避免庫存混亂。報損商品切勿放入冷凍、冷藏庫，要及時填寫報損申請單，核准後迅速出庫。

（6）各組員工應經常檢查品項，發現變質、過期時及時挑出處理。易失水的生鮮產品（如葉菜類）放入冷庫時，先將產品保持覆蓋狀態，以免冷風直吹，水分流失。

（7）庫房內嚴禁存放私人用品、非食品，有毒有害物品嚴禁放在生鮮庫房。搬運商品出入庫時，員工要穿工服，避免踐踏商品，必要時應備專用靴鞋。

（8）建立衛生檢查制度，定期（每週一次）清洗、整理冷庫，隨時保持冷庫內無冰渣、無血水，每月進行冷庫消毒。干貨庫每日清掃乾淨，保持通風、干燥，一般環境相對濕度低於 70%，溫度在 10℃ 以下可防止霉菌繁殖。

（9）庫房應有良好的通風、照明、防塵、防鼠、防蠅蟲、防濕、防盜設施。

（資料來源：佚名. 生鮮倉庫管理［EB/OL］.（2002-09-11）［2014-08-10］. http：//www.doc88. com/p-6981158704271. html.）

分析與思考：

請針對這家餐飲企業的「生鮮倉庫管理辦法」，提出你的修改意見，並選擇其中的一項條款，進一步完善其細則。

實訓設計

［實訓項目］

實地參觀四川旅遊學院大唐酒店管理有限公司的龍庭大酒店中的幾種典型倉庫。

［實訓目的］

帶領學生參觀龍庭大酒店的幾種典型倉庫，使學生對常見的幾種倉庫，尤其是餐飲企業常見的幾種倉庫有更直觀的認識。

［實訓內容］

（1）學生收集龍庭大酒店倉庫的相關資料（主要是圖片和數據、文字信息）。

（2）學生聽取酒店相關負責人關於餐飲企業倉庫的相關介紹，並提出自己的問

題，聽取相關工作人員的解答。

(3) 學生對相關資料進行整理和存檔，並完成和提交實訓報告。

［實訓要求］

(1) 實訓時間為4課時。

(2) 引導學生做好參觀前基礎知識的儲備，並提出自己的相關疑問，即「帶著問題去實訓」。

(3) 有序進入酒店參觀，收集好資料。

(4) 參觀後，做好資料的整理和存檔，按要求完成實訓報告，補充、完善課堂教學。

［實訓步驟］

(1) 布置任務，讓學生提前瞭解所參觀酒店的相關情況，做好參觀前的準備工作。

(2) 帶領學生實地參觀。

(3) 與酒店相關負責人進行專業方面的交流，引導學生提問。

(4) 學生撰寫並上交實訓報告。

思考與練習題

一、名詞解釋

1. 倉儲
2. 專用倉庫
3. 高層貨架倉庫
4. 先進先出原則
5. 機械損傷

二、單項選擇

1. 以下（　　）屬於倉儲的基本經濟功能。
   A. 整合與裝運　　　　　　B. 生產支持
   C. 市場形象　　　　　　　D. 組合

2. 將倉庫分為專用倉庫、通用倉庫和危險品倉庫，是屬於倉庫的（　　）分類。
   A. 職能　　　　　　　　　B. 技術
   C. 隸屬　　　　　　　　　D. 構造

3. 根據庫存的ABC管理原則，佔庫存數量最大的是（　　）。
   A. A類物料　　　　　　　B. B類物料
   C. C類物料　　　　　　　D. 都有可能

4. 根據庫存的ABC管理原則，佔庫存價值最大的是（　　）。

第一章 概論

    A. A類物料　　　　　　　　B. B類物料
    C. C類物料　　　　　　　　D. 都有可能

三、思考題

1. 簡述倉儲和倉儲管理的意義。
2. 舉例說明日常生活中常見的倉庫分類。
3. 簡述食品原料保藏的概念，並說明其基本方法。
4. 分析食品原料品質在儲藏過程中的變化規律。
5. 根據食品原料不同的保藏原理，舉例說明食品原料保藏方法的分類。

29

第二章　餐飲企業儲存保管規劃

學習目標

◆ 理解倉庫儲存規劃的方法、原則
◆ 掌握倉庫中常用的規劃佈局和空間利用
◆ 熟悉堆碼、襯墊和苫蓋等方法

引導案例

「聯華」生鮮食品加工配送中心案例分析

聯華生鮮食品加工配送中心是中國國內目前設備最先進、規模最大的生鮮食品加工配送中心，總投資 6000 萬元，建築面積 35,000 平方米，年生產能力 20,000 噸，其中肉製品 15,000 噸，生鮮盆菜、調理半成品 3000 噸，西式熟食製品 2000 噸，產品結構分為 15 大類約 1200 種生鮮食品。生鮮商品按物流類型分為儲存型、中轉型、加工型和直送型，按儲存運輸屬性分為常溫品、低溫品和冷凍品，按商品的用途可分為原料、輔料、半成品、產成品和通常商品。

引例分析：

生鮮商品大部分需要冷藏，所以其物流流轉週期必須很短，節約成本；生鮮商品保質期很短，客戶對其色澤等要求很高，所以在物流過程中需要快速流轉。

倉庫儲存規劃是倉庫作業過程空間組織的重要內容之一，其合理性直接影響到倉庫效率以及物流速度。

第二章　餐飲企業儲存保管規劃

（資料來源：佚名.「聯華」生鮮食品加工配送中心案例分析［EB/OL］.（2006-05-09）［2014-08-10］. http://china.53trade.com/news/detail_51343.htm.）

第一節　儲存規劃

所謂倉庫的儲存規劃，是根據倉庫總平面布置和物品儲存任務，對倉庫生產作業區的庫房、貨棚、貨物進行合理分配，並對其內部空間進行科學的布置。其主要內容有：物品保管場所規劃，倉庫庫存能力的核定，庫房（貨棚、貨物）的平面布置。倉庫儲存規劃是倉庫作業過程空間組織的重要內容之一，其合理性直接影響到倉庫效率以及物流速度。

一、儲存規劃的基本原則

倉庫一旦建成就很難再做大的改動，所以，在規劃設計時，必須切實掌握以下幾點原則。

（一）適應商品原則

倉庫的主要功能是儲存，而其對象基本上是各類的商品，因此商品的理化性質成為制約倉庫儲存規劃的首要因素。在倉庫儲存規劃過程中，必須保證適應商品的基本性質，才能盡可能發揮倉庫的各種功能。

（二）系統工程原則

倉庫儲存規劃包括對倉庫生產作業區的庫房、貨棚、貨物進行合理分配，並對其內部空間進行科學的布置等多項內容，如何協調均衡的安排是極為重要的，倉庫儲存規劃必須有效協調倉庫儲存過程中的各個子系統，以實現系統整體優化為目標，制定布景合理的儲存規劃。

（三）價值工程原則

在激烈的市場競爭中，供應商、用戶會對倉庫儲存要求越來越高。在保證商品安全的同時，又必須考慮提供有效的增值服務，特別是大型倉庫的儲存規劃建設，必須進行可行性分析，並對多個方案的技術、經濟進行比較，力求以最小的投入獲得最大的經濟效益和社會效益。

（四）發展的原則

規劃倉庫儲存系統時，無論是貨位的安排還是保管場所的劃分，都要考慮到使其具有較強的應變能力、較高的柔性化程度，以適應儲存量增加、經營範圍拓展的需要。在倉儲規劃的初期，就應充分考慮到擴建業務工作的需要是否能夠得到滿足。

二、分區分類規劃

(一) 分區分類規劃的含義

分區分類規劃是指按照庫存物品的性質（理化性質或使用方向）劃分出類別，根據各類物品儲存量的計劃任務，結合各種庫房、貨場、起重運輸設備的具體條件，確定出各庫房和貨場的分類儲存方案，使「物得其所，庫盡其用」，它是進行貨位管理的前提條件。

(二) 分區分類規劃的方法

1. 按庫存物品理化性質不同進行規劃

這種方式就是按照庫存物品的理化性質進行分類管理，例如化工品區、金屬材料區、紡織品區、冷藏區、危險品區等。在這樣的分區分類方法下，理化性質相同的物品集中存放，便於倉庫對庫存物品採取相應的養護措施，同時還便於對同種庫存物品進行清查盤點。從空間利用情況看，同種物品集中存放時可以進行集中堆碼，便於提高倉庫貨位的利用率。

2. 按庫存物品的使用方向或按貨主不同進行規劃

在倉庫中經常有同樣的物品卻分居於不同客戶的情況，如果此時依然按照物品的性質來進行貨位規劃，串貨的可能性就非常大。所以，在這樣的情況下，就需要根據物品的所有權關係來進行分區分類管理，以便於倉庫發貨或貨主提貨。但是這種方式的缺點也是顯而易見的，即非常容易造成貨位的交叉占用，以及物品間相互產生影響。

3. 混合貨位規劃

由於按庫存物品理化性質不同進行規劃和按庫存物品的使用方向或按貨主不同進行規劃都有明顯的優點和缺點，因此，通常情況下，通用物品多按理化性質分類保管，專用物品則按使用方向分類保管，這就是所謂的混合貨位規劃。

(三) 分區分類規劃的原則

1. 存放在同一貨區的物品必須具有互容性。也就是說性質互有影響和相互抵觸的不能同庫保存。

2. 不應混存保管條件不同的物品。當物品保管要求的溫濕度等條件不同時，不宜把它們存放在一起，因為在一個保管空間同時滿足兩個或多個保管條件是不經濟的，更是不可能的。

3. 不應混存作業手段不同的物品。這是指當存放在同一場所中的物品體積和重量懸殊時，將嚴重影響該貨區所配置設備的利用率，同時還增加了作業組合的複雜性和作業難度，使作業風險增加。

4. 決不能混存滅火措施不同的物品。滅火方法不同的物品存放在一起，不僅使安全隱患大大增加，也增加了火災控制和補救的難度和危險性。

第二章　餐飲企業儲存保管規劃

三、貨位管理

　　進入倉庫中儲存的每一批物品在其理化性質、來源、去向、批號、保質期等各方面都有獨自的特性，倉庫要為這些物品確定一個合理的貨位，既要保證保管的需要，更要便於倉庫的作業和管理。倉庫需要按照物品自身的理化性質與儲存要求，根據分庫、分區、分類的原則，將物品存放在固定區域與位置。此外還應進一步在定置區域內，依物品材質和型號規格等系列，按一定順序依次存放，並進行「四號定位」（也可以用「六號」或「八號」，甚至更多），這樣才能保證「規格不串、材質不混、先進先出」。貨位管理的基本步驟如圖 2-1 所示。

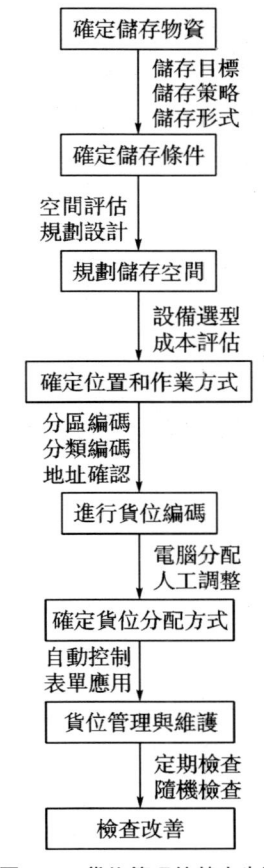

```
       確定儲存物資
            │
            │ 儲存目標
            │ 儲存策略
            │ 儲存形式
            ▼
       確定儲存條件
            │
            │ 空間評估
            │ 規劃設計
            ▼
       規劃儲存空間
            │
            │ 設備選型
            │ 成本評估
            ▼
     確定位置和作業方式
            │
            │ 分區編碼
            │ 分類編碼
            │ 地址確認
            ▼
       進行貨位編碼
            │
            │ 電腦分配
            │ 人工調整
            ▼
     確定貨位分配方式
            │
            │ 自動控制
            │ 表單應用
            ▼
       貨位管理與維護
            │
            │ 定期檢查
            │ 隨機檢查
            ▼
         檢查改善
```

圖 2-1　貨位管理的基本步驟

四、貨位的存放方式

（一）貨物存放的基本原則

1. 分類存放

分類存放是倉庫保管的基本要求，是保證貨物質量的重要手段。分類存放包括不同類別的貨物分類存放，甚至需要分庫存放；不同規格、不同批次的貨物也要分位、分堆存放；殘損貨物要與原貨分開。對於需要分揀的貨物，在分揀之後，應分位存放，以免又混合。分存還包括不同流向貨物、不同經營方式的貨物分類分存。

2. 適當的搬運活性

為了減少作業時間、次數，提高倉庫週轉速度，根據貨物作業的要求，合理選擇貨物的搬運活性。對搬運活性高的入庫存放貨物，也應注意擺放整齊，以免堵塞通道，浪費倉容。

3. 盡可能碼高、貨垛要穩固

為了充分利用倉容，存放的貨物要盡可能碼高，使貨物占用地面最少面積。盡可能碼高包括採用碼垛碼高和使用貨架在高處存放，充分利用空間。貨物堆垛必須穩固，避免倒垛、散垛，要求疊垛整齊，必要時採用穩固方法，只有在貨垛穩固的情況下才能碼高。

4. 面向通道、不圍不堵

面向通道包括兩方面意思，一是垛碼、存放的貨物的正面，盡可能面向通道，以便察看，貨物的正面是指標註主標誌的一面。二是所有貨物的貨垛、貨位都有一面與通道相連，處在通道旁，以便能對貨物進行直接作業。只有在所有貨位都與通道相通時，才能保證不圍不堵。

（二）選擇貨位存放方式的依據

1. 根據貨物的尺度、貨量、特性、保管要求選擇貨位

（1）貨位的通風、光照、溫度、排水、防風、防雨等條件應滿足貨物保管的需要。

（2）貨位尺度與貨物尺度匹配，特別是大件、長件貨物能存入所選貨位，大件、長件貨物的貨位周圍應有足夠的裝卸空間；貨位的容量與貨量接近。

（3）選擇貨位時要考慮相近貨物的情況，防止受到相忌貨物的影響。

（4）對需要經常檢查的貨物，存放在能經常檢查的貨位，如靠近入口的貨位。

2. 根據保證「先進先出」「緩不圍急」的原則選擇貨位

「先進先出」是倉儲的重要原則，能避免貨物超期存儲而引起的變質。在貨位安排時要避免後進貨物圍堵先進貨物。對於存期較長的貨物，不能圍堵存期短的貨物。

第二章　餐飲企業儲存保管規劃

3. 據出入庫頻率高低和儲存期的長短來選擇貨位

出入庫頻率高的貨物,應安排在靠近出口的貨位,以方便出入。流動性差的貨物,可以離出入口較遠。同樣道理:存期短的貨物應安排在出入口附近。

4. 據「小票集中」「大不圍小」「重近輕遠」的原則選擇貨位

多種小批量貨物,應合用一個貨位或者集中在一個貨位區,避免夾存在大批量貨物的貨位中,以便查找。重貨應離裝卸作業區最近,減少搬運作業量或者直接採用裝卸設備進行作業。重貨放在貨架或貨垛的下層,輕貨則放於上層。

5. 據操作的便利性原則來選擇貨位

所安排的貨位能保證搬運、堆垛、上架的作業方便,有足夠的機動作業場地和裝卸空間,能使用機械進行直達作業。

6. 據作業量分佈均勻的原則來選擇

所安排的貨位盡可能避免同作業線路上有多項作業同時進行,以免相互妨礙。盡量實現各貨位的同時並行裝卸作業,以提高效率。

(三) 貨位存放方式的確定

為了方便作業和充分利用倉容,根據貨物的特性、包裝方式和形狀、保管的要求以及倉庫的條件確定存放方式。倉庫貨物存放的方式有:地面平放式、托盤平放式、直接碼垛式、托盤堆碼式、貨架存放式。

五、貨位的使用方式

存儲貨位是倉庫內具體存放貨物的位置。通常根據倉庫的結構、功能、常規業務中存儲貨物的特點將倉庫存貨位置進行分塊分位,形成貨位,每一個貨位都使用一個編號表示,以示區別,貨位確定並進行標示後,一般不隨意改變。貨位可大可小,大至幾千平方米的散貨貨位,小至僅有零點幾平方米的櫥架貨位,具體根據所存貨物的情況確定。貨位分為場地貨位、貨架貨位,有的相鄰貨位可以串通合併使用,有的預先已安裝地坪,無需墊垛。

貨位的存放方式主要有以下幾種;

(一) 固定貨物的貨位

貨位只用於存放確定的貨物,嚴格的區分使用,決不混用、串用。對於長期貨源的計劃庫存等大都採用固定方式。固定貨位具有貨位固定用途,便於揀選、查找貨物,但是倉容利用率較低。由於存放的是固定貨物,對貨位可以有針對性地進行裝備,這有利於提高貨物保管質量。

(二) 不固定貨物的貨位

貨物任意存放在有空的貨位,不加分類。不固定貨位有利於提高倉容利用率,但是倉庫內顯得混亂,不便查找和管理。對於週轉鬆快的專業流通倉庫和大型的配送中心,貨物保管時間極短,大都採用不固定方式。不固定貨物的貨位管理一般採

用計算機管理方式。採用不固定貨位的方式，仍然要遵循倉儲的分類安全原則。

（三）分類固定貨物的貨位

對貨位進行分區、分片，同一區內只存放一類貨物但在同一區內的貨位則採用不固定使用的方式。這種方式既有利於貨物保管也較方便查找貨物，倉容利用率可以提高，大多數儲存倉庫都使用這種方式。分類固定貨物的貨位管理常採用計算機管理方式，以便於查找和提高效率。

第二節　商品保管場所的布置

一、商品保管場所的內部布置

商品保管場所布置的主要任務就是如何合理地利用庫房面積。在庫房內不但要儲存商品，而且需要進行其他作業。如果為了提高庫房儲存能力，就必須盡可能增加儲存面積，而且如果為了方便庫內作業，又必須盡可能適應作業要求，相應地安排必要的作業場地。但是，庫房內部的面積總是有限的，在作業場地和作業通道上的大量占用，就必然大大減少商品儲存面積。在如何安排庫房面積的問題上，商品儲存與庫內作業往往產生相互矛盾的要求。設法協調這兩種不同的需要，保證庫房面積得到充分的利用，就成為庫房合理布置所要解決的中心問題。

倉庫內部布置就是根據庫區場地條件、倉庫的業務性質和規模、商品儲存要求以及技術設備的性能和使用特點等因素，對倉庫主要和輔助建築物、貨場、站臺等固定設施和庫內運輸路線進行合理安排和配置，以最大限度地提高倉庫的儲存和作業能力，並降低各項倉儲作業費用。倉庫的內部佈局和規劃是倉儲業務和倉庫管理的客觀需要，其合理與否直接影響到倉庫各項工作的效率和儲存商品的安全。商品從入庫到出庫要經過一系列業務環節。在這個過程中，倉庫的每項業務都有其不同的內容，各項倉儲作業要求按一定的程序進行。為了保證按客觀需要和規律使倉庫各個作業環節形成合理的相互聯繫，使商品有次序地經過裝卸、搬運、檢驗、儲存保管、挑選、整理、包裝、加工、運輸等環節完成整個倉儲過程，就必須進行倉庫內部的合理布置。倉庫內部布置主要包括倉庫總平面布置、倉庫作業區布置和庫房內部布置。

（一）倉庫總平面布置

倉庫總平面布置不只包括庫區的劃分以及建築物、構築物平面位置的確定，還包括運輸線路的組織與布置、庫區安全防護以及綠化和環境保護等內容。

對於倉庫總平面布置，首先要進行功能分區。根據倉庫各種建築物性質、使用要求、運輸聯繫以及安全要求等，將性質相同、功能相近、聯繫密切，對環境要求一致的建築物分成若干組，再結合倉庫用地內外的具體條件，合理地進行功能分區，

第二章　餐飲企業儲存保管規劃

在各個區中布置相應的建築物。

倉庫總平面一般可以劃分為倉儲作業區、輔助作業區、行政生活區，除了上述區域之外，還包括鐵路專用線和庫內道路。

倉儲作業區是倉庫的主體。倉庫的主要業務和商品保管、檢驗、包裝、分類、整理等都在這個區域裡進行。主要建築物和構築物包括庫房、貨場、站臺，以及加工、整理、包裝場所等。

在輔助作業區內進行的活動是為主要業務提供各項服務的，例如設備維修、加工製造、各種物料和機械的存放等。輔助作業區的主要建築物包括維修加工以及動力車間、車庫、工具設備庫、物料庫等。

行政生活區由辦公室和生活場所組成，具體包括辦公樓、警衛室、化驗室、宿舍和食堂等。行政生活區一般布置在倉庫的主要出入口處並與作業區用隔牆隔開。這樣既方便工作人員與作業區的聯繫，又避免非作業人員對倉庫生產作業的影響和干擾。另外，如果作業區內來往人員過雜也不利於倉庫的安全保衛工作。倉儲作業區與輔助作業區分開的目的是避免在輔助作業區內發生的災害事故危及存貨區域。

在劃定各個區域時，必須注意使不同區域所占面積與倉庫總面積保持適當的比例。商品儲存的規模決定了主要作業場所規模的大小。同時，倉庫主要作業的規模又決定了各種輔助設施和行政生活場所的大小。各區域的比例必須與倉庫的基本職能相適應，保證商品接收、發運和儲存保管場所盡可能占最大的比例，提高倉庫的利用率。

在倉庫總面積中需要有庫內運輸道路，對於大型倉庫還要包括鐵路專用線。商品出入庫和庫內搬運要求庫內、外交通運輸線相互銜接，並與庫內各個區域相貫通。這些交通運輸道路構成了倉庫內部四通八達的交通運輸網。倉庫交通運輸網布置得是否合理，對於倉庫組織倉儲作業和有效利用倉庫面積都產生很大的影響。

運輸道路的配置應符合倉庫各項業務的要求，方便商品入庫儲存和出庫發運，還應適應倉庫各種機械設備的使用特點，方便裝卸、搬運、運輸等作業操作。庫內道路的規劃必須與庫房、貨場和其他作業場地的配置相互配合，減少各個作業環節之間的重複裝卸、搬運，避免庫內迂迴運輸。各個庫房、貨場要有明確的進出、往返路線，避免作業過程中相互干擾和交叉，以防止因交通阻塞影響倉庫作業。

為了方便倉庫業務和作業，需要增加庫內道路，但這又與有效地利用倉庫面積相矛盾。因此，必須平衡兩方面的要求，在滿足各項作業需要的前提下，盡可能減少道路占用的面積。

總之，在進行倉庫總平面布置時應滿足如下要求：
（1）方便倉庫作業和商品儲存安全；
（2）最大限度地利用倉庫面積；
（3）防止重複搬運、迂迴運輸和避免交通阻塞；
（4）有利於充分利用倉庫設施和機械設備；

(5) 符合安全保衛和消防工作要求；

(6) 綜合倉庫當前需要和長遠利益，減少將來倉庫擴建對正常業務的影響。

(二) 倉庫作業區的布置

倉庫作業區的布置要求以主要庫房和貨場為中心對各個作業區域加以合理布置。特別在有鐵路專用線的情況下，專用線的位置和走向制約著整個庫區的佈局。如何合理地安排各個區域，力求最短的作業路線，減少庫內運輸距離和道路占用面積，以降低作業費用和提高面積利用率是倉儲作業區布置的主要任務。布置時應該主要考慮以下幾個方面：

(1) 商品吞吐量。在倉儲作業區內，各個庫房、貨場儲存的商品品種和數量不同，並且，不同商品的週轉快慢也不同，這些都直接影響庫房、貨場的吞吐作業量，或出入庫作業量。在進行作業區布置時應根據各個庫房和貨場的吞吐量確定它們在作業區內的位置。對於吞吐量較大的庫房和貨場，應使它們盡可能靠近鐵路專用線或庫內運輸干線，以減少搬運和運輸距離。但也要避免將這類庫房過分集中，造成交通運輸相互干擾和組織作業方面的困難。

(2) 機械設備的使用特點。根據儲存商品的特點和裝卸搬運要求，礦物貨場要適當配備各種作業設備，例如輸送帶、叉車、橋式起重機以及汽車等。為了充分發揮不同設備的使用特點，提高作業效率，在布置庫房、貨場時就需要考慮所配置的設備情況。每種設備各有其不同的使用要求和合理的作業半徑，因此，必須從合理使用設備出發，確定庫房、貨場在作業區內以及與鐵路專用線的相對位置。

(3) 庫內道路。庫內道路的配置與倉庫主要建築設施的布置是相互聯繫、相互影響的。在進行庫房、貨場和其他作業場地布置的同時就應該結合對庫內運輸路線的分析，制定不同方案，通過調整作業場地和道路的配置，盡可能減少運輸作業的混雜、交叉和迂迴。另外，在布置時還應根據具體要求合理確定干、支線的配置，適當確定道路的寬度，最大限度地減少道路的占地面積——減少道路所占面積，即使不增加倉庫面積也可以相應擴大儲存面積。

(4) 倉庫業務以及作業流程。倉庫業務工程可以歸納為兩種形式：一種形式是整進、整出，商品基本按原包裝入庫和出庫，其業務過程比較簡單；另一種形式是整進零出、零進整出，商品整批入庫，拆零付貨或零星入庫，成批出庫，其業務過程比較複雜。除了接收、保管、發運外，還需要拆包、挑選、編配和再包裝等業務。為了以最小的人力、物力耗費和在最短的時間完成各項作業，就必須按照各個作業環節之間的內在聯繫對作業場地進行合理布置，使作業環節之間密切銜接，環環相扣。

倉庫作業區布置的基本任務是：

(1) 減少運動的距離，力求最短的作業路線。從整個倉庫業務過程來看，始終貫穿著商品、設備和人員的運動，合理布置作業場地可以減少設備和人員在各個設施之間的運動距離，節省作業費用。

第二章　餐飲企業儲存保管規劃

（2）有效地利用時間。不合理的布置必然造成人員設備的無效作業，增加額外的工作量，從而延長作業時間。合理布置的主要目的之一就是避免各種時間上的浪費。合理布置可以避免因阻塞等原因造成的作業中斷，並且由於方便作業，減少各個環節上人員和設備的閒置時間。這些都有利於縮短作業時間，提高作業效率。

（3）充分利用倉庫面積。通過對不同布置方案的比較和選擇，減少倉庫面積的浪費，使倉庫佈局緊湊、合理。

（三）庫房內部布置

庫房內部布置的主要目的是提高庫房內作業的靈活性和有效利用庫房內部的空間。庫房內部布置應在保證商品儲存需要的前提下，充分考慮到庫內作業的合理組織，協調儲存和作業的不同需要，合理地利用庫房空間。

商品保管和出入庫作業是在庫房內進行的兩種基本作業形式。按照庫房作業的主要內容，庫房可以分為儲備型和流通型兩大類。這兩類庫房由於主要作業內容不同，對於庫房的布置要求也就不同。

（1）儲備型庫房的布置特點

儲備型庫房是以商品保管為主的庫房。在儲備型庫房中儲存的商品一般週轉較為緩慢，並且以整進整出為主。例如，在採購供應倉庫、戰略儲備倉庫和儲運公司以儲運業務為主的庫房中，商品的儲存時間較長，兩次出入庫作業之間的間隔時間也較長。對於儲備型倉庫來說，由於主要矛盾是增加商品儲存量，因此，庫房布置的重點就應該是在盡可能壓縮非儲存面積的基礎上，增加儲存面積。

在儲備型庫房內，除需要劃出一定的商品檢驗區、商品集結區以及在儲存區內留有必要的作業通道之外，庫房的主要面積應用以儲存商品。檢驗區是為了滿足對入庫商品進行驗收作業的需要，集結區是為了滿足對商品出庫時進行備貨作業的需要，根據庫房內貨位的布置以及商品出入庫的作業路線，在儲存區內還需要規劃出必要的作業通道。

儲備型庫房的布置特點是提高儲存面積占庫房總面積的比例。為此，就必須嚴格核定各種非儲存區域的占用面積。庫房內非儲存面積一般包括商品出入庫作業場地、作業通道、牆距和垛距。在核定作業場地，即檢驗區和集結區時，要根據庫房平時出入庫的商品數量來核定。一般來說，庫房出入庫作業量增大，這些區域也應該相應地擴大，以保證及時、有效地組織商品出入庫作業。如果庫房一次收發貨量較少，可利用主通道作為收發貨場地時就不需要另外開闢場地。核定作業通道所需面積時，一方面，應該注意在合理安排出入庫作業路線的基礎上，適當減少作業通道的數量和長度；另一方面，應合理確定作業通道的寬度，確定作業通道的寬度時主要應考慮使用機械設備的類型、尺寸、靈活性以及操作人員的熟練程度等。

（2）流通型庫房的布置特點

流通型庫房是以商品收發為主的庫房，例如批發和零售倉庫、中轉倉庫和儲運公司以組織商品運輸業務為主的庫房等。在這類庫房中，儲存商品一般週轉較快，

餐飲企業倉儲管理實務

頻繁地進行出入庫作業。

對於流通型庫房來說，為了適應庫房內大量商品的、經常性的收發作業的需要，在進行庫房布置時必須充分考慮提高作業效率的要求。

與儲備型庫房相比較，流通型庫房的布置有不同的特點。主要區別是縮小了儲存區，而增加了檢貨以及出庫準備區。在流通型庫房裡，備貨往往是一項既複雜、工作量又大的作業。檢貨以及出庫準備區的作用就是為了方便商品出庫作業。在這個區域內，各種商品按一定次序分別安排在各個貨位上。進行備貨作業時，作業人員或機械在貨位間的通道內巡迴穿行，將需要的商品不斷檢出，送往集結區發運。

在流通型庫房中，商品經過驗收後首先進入儲存區。在儲存區內，按一定要求進行密集堆碼。隨著商品出庫，檢貨區的商品不斷減少，然後從儲存區向檢出貨位上進行補充。通過設置一個檢貨及出庫準備區就能較好地協調儲存與作業的需要。商品在儲存區集中保管，然後經檢貨以及出庫準備區出庫，以提高作業效率和靈活性。

確定檢貨以及出庫準備區面積的大小主要考慮商品出庫作業的複雜程度和作業量的大小。作業越複雜，作業量越大，作業區域也應該擴大，以避免作業過程中作業場地過於擁擠，相互干擾，降低作業效率。

對於流通型庫房來說，庫房布置不是以提高面積利用率為主，而要綜合考慮各種需要。實際上，庫房儲存的商品週轉越快，儲存面積相對也越小。這是促使庫房向空間發展，以爭取儲存空間的主要原因之一。

二、商品分區、分類存放與貨位編號

倉庫對儲存商品進行科學管理的一種重要方法是實行分區、分類和定位保管。分區就是按照庫房、貨場條件將倉庫分為若干貨區；分類就是按照商品的不同屬性將儲存商品分割為若干大類；定位就是在分區、分類的基礎上固定每種商品在倉庫中具體存放的位置。商業倉庫經常要儲存成千上萬種商品，實行分區、分類和定位保管，使每種商品都有固定的貨區、庫房或貨場、貨位存放，不但有利於加強對商品的科學保管和養護，而且有利於加快商品出入庫作業的速度和減少差錯。

（一）商品分類和倉庫分區的方法

在進行商品分類時，倉庫一般按商品自然屬性劃分。根據不同商品對溫度、濕度、氣味、光照、蟲蝕等的適應程度，將商品劃分為幾大類。分類的目的主要是將不同性能的商品分別儲存在不同保管條件的庫房或貨場，以便在儲存過程中有針對性地進行保管與養護。

在某些以運輸業務為主的倉庫中，主要按商品流向分類。按照運輸方式，首先將商品按公路、水路、航班或鐵路線劃分。在發運量較大的倉庫中，可以進一步按收貨地點或到站分類。按照運輸要求分類的目的主要是在組織商品發運過程中，使

第二章 餐飲企業儲存保管規劃

商品直接在各個貨位備貨，以減少在倉庫中經過的中間環節。

倉庫分區是指根據倉庫建築形式、面積大小、庫房、貨場和庫內道路的分佈情況，並結合考慮商品分類情況和各類商品的儲存量，將倉庫劃分為若干區，確定每類商品儲存的區域。貨區的劃分一般在庫房、貨場的基礎上進行。多層庫房分區時也可按照樓層劃分貨區。

進行商品分類和倉庫分區時應注意劃分適當。劃分過粗不利於管理，劃分過細不利於倉容利用，應根據倉庫的具體管理需要合理地劃分。

（二）貨位規劃

確定商品在倉庫中具體存放的位置應注意以下幾項原則：

（1）為了避免商品在儲存過程中相互影響，性質相同或所要求保管條件相近的商品應集中存放，並相應安排在條件適宜的庫房或貨場。

（2）根據商品週轉情況和作業要求合理選擇貨位。對於出入庫頻繁的商品應盡可能安排在靠近出入口或專用線的位置，以加速作業和縮短搬運距離。對於體大笨重的商品應考慮裝卸機械的作業是否方便。

（3）應當根據商品儲存量的多少，比較準確地確定每種商品所需的貨位數量。一種商品的儲存貨位超過實際需要，不利於倉容的充分利用。

（4）在規劃貨位時應注意保留一定的機動貨位，以便當商品大量入庫時可以調劑貨位的使用，避免打亂貨位安排。

（三）貨位編號

貨位編號就是將商品存放場所按照位置的排列，採用統一標記編上順序號碼，並做出明顯標誌。貨位編號在保管工作中有重要的作用。在商品收發作業過程中，按照貨位編號可以迅速、方便地進行查找，不但提高了作業效率，而且有利於減少差錯。

倉庫貨位的多少主要取決於管理的需要。一般來說，倉庫規模越小，儲存的商品品種、規模越複雜，相應的貨位劃分就越需要細緻。反之，倉庫規模較大，每一庫房、貨場儲存的品種、規格較為單一，貨位的劃分就相對比較簡單。根據倉庫貨位的多少，進行貨位編號所採用的方法可以有所不同。

貨位編號應按照統一的規則和方法進行。首先，要確定編號先後順序的準則，規定沿著什麼方向，用怎樣的順序進行編號。編排貨位的順序號碼應按照便於掌握的原則加以選擇。在同一倉庫內，編號規則必須相同，以便於查找和防止錯亂。其次，應採用統一的方法進行編號。每一貨位的號碼必須使用統一的形式、統一的層次和統一的含義編排。所謂統一的形式是指所用的代號和連接符號必須一致；統一的層次是指貨位編號中每種代號的先後順序必須固定；統一的含義是指貨位編號中的每個代號必須代表特定的位置。

在商業倉庫中，一種既簡單又實用的貨位編號方法是採取四組數字來表示商品存放的位置。通常，在採用貨架存放商品的倉庫裡，四組數字依次代表庫房的編號、

貨架的編號、貨架層數的編號和每一層中各格的編號。例如，四組數字 2-11-3-5，它們順序表示第 2 號庫房，第 11 個貨架，第 3 層中的第 5 個格。根據貨位編號就可以迅速地確定某種商品具體存放的位置。

貨位編號的方法很多，應根據具體情況和使用上的習慣加以選擇。貨位編號確定之後，應做醒目的標記。

另外，為了方便管理，貨位編號和貨位規劃可以繪製成平面布置圖。通過圖板管理不但可以全面反應庫房和貨場的商品儲存分佈情況，而且也可以及時掌握商品儲存動態，便於倉庫調整安排。

第三節　商品堆垛設計

一、堆垛的基本要求

（一）對堆垛商品的要求

商品在正式堆垛前，須達到以下要求：

（1）商品的名稱、規格、數量、質量已全查清；

（2）商品外包裝完好、清潔、標誌清楚；

（3）商品已根據物流的需要進行編碼；

（4）受潮、銹蝕以及已經發生某些質量變化或質量不合格的部分恢復或者已經剔出另行處理，與合格品不相混雜；

（5）為便於機械化作業，準備堆碼的商品已進行集裝單元化。

（二）對堆垛操作的要求

1. 合理

商品堆垛合理是指對於不同性質、品種、規格、等級、批次的貨物和不同客戶的貨物，應分開堆放。貨垛形式適應貨物的性質，有利於貨物的保管，能充分利用倉容和空間；貨垛間距符合作業要求以及防火安全要求；大不壓小，重不壓輕，緩不壓急，不會圍堵貨物，特別是後進貨物不堵先進貨物，確保先進先出。

2. 定量

定量是指每一貨垛的貨物數量保持一致，採用固定的長度和寬度，且為整數，每層貨量相同或成固定比例遞減，能做到過目知數。每垛的數字標記清楚，貨垛牌或料卡填寫完整，排放在明顯位置。

3. 牢固

堆放穩定結實，貨垛穩定牢固，不偏不斜，必要時採用襯墊物料固定，不壓壞底層貨物或外包裝，不超過庫場地坪承載能力。貨垛較高時，上部適當向內收小。易滾動的貨物，使用木契或三角木固定，必要時使用繩索、繩網對貨垛進行綁扎

固定。

4. 整齊

貨垛堆放整齊，貨垛上每件貨物都排放整齊，垛邊橫豎成列，垛不壓線；貨物外包裝的標記和標誌一律朝垛外。

5. 節約

為了節約貨位，節約倉容，提高倉庫利用率，貨物應盡可能堆高；應該妥善組織安排，做到一次作業到位，避免重複搬倒，節約勞動消耗；合理使用苫墊材料，避免浪費。

6. 方便

選用的垛形、尺度、堆垛方法應方便堆垛、搬運裝卸作業，提高作業效率；垛形方便理數、查驗貨物，方便通風、苫蓋等保管作業。

（三）對堆垛場地的要求

（1）露天堆垛。堆垛場地應該堅實、平坦、乾燥、無積水以及雜草，場地必須高於四周地面，垛底還應該墊高40厘米，四周必須排水暢通。

（2）貨棚內堆垛。貨棚需要防止雨雪滲透，貨棚內的兩側或者四周必須有排水溝或管道，貨棚內的地坪應該高於貨棚外的地面，最好鋪墊沙石並夯實。堆垛時要墊垛，一般應該墊高30~40厘米。

3. 庫內堆垛。垛應該在牆基線和柱基線以外，垛底需要墊高。

（四）對堆垛的基本要求

1. 貨垛的「五距」要求

垛距、牆距、柱距、頂距和燈距統稱為貨垛的「五距」。疊堆貨垛必須留有一定的間距，不能依牆、靠柱、碰頂、貼燈；不能緊挨旁邊的貨垛。

（1）垛距。貨垛與貨垛之間的必要距離，稱為垛距，常以支道作為跺距。垛距能方便存取作業，起通風、散熱的作用，方便消防工作。庫房一般為0.5米~1米，貨場一般不少於1.5米。

（2）牆距。貨垛必須留有牆距，這主要是為了防止庫房牆壁和貨場圍牆上的潮氣對商品產生影響，也為了開啟通風、消防工、建築安全、收發作業。牆距分為庫房牆距和貨場牆距，其中，庫房牆距分為內牆距和外牆距。內牆是指牆外沒有建築物相連，因而潮氣相對少些；外牆則是指牆外有建築物相連，所以牆上的濕度相對大些。庫房：外牆距0.3米~0.5米；內牆距0.1米~0.2米；貨場：只有外牆距，一般為0.8米~3米。

（3）柱距。為了防止庫房柱子的潮氣影響貨物，也為了保護倉庫建築物的安全，必須留有柱距，一般為0.1米~0.3米。

（4）頂距。貨垛堆放的最大高度與庫房、貨棚屋頂間的距離，稱為頂距。頂距能便於裝卸搬運作業，能通風散熱，有利於消防工作，有利於收發、查點。頂距一般作如下規定：平房庫：0.2米~0.5米；人字形庫房：以屋架下弦底為貨垛的可堆

高度；多層庫房：底層與中層為 0.2 米~0.5 米，頂層須大於或等於 0.5 米。

（5）燈距。貨垛與照明燈之間的必要距離，稱為燈距。為了確保儲存商品的安全，防止照明發出的熱量引起靠近商品燃燒而發生火災，貨垛必須留有燈距。

2. 基本要求

（1）燈距嚴格規定不少於 5 米。

（2）貨垛必須牢固，不偏不斜，不歪不倒，不壓壞底層物資和場地。

（3）定量。每行每層的數量力求為整數，不成整數時每層要明顯分隔清點發貨。

（4）整齊。貨垛要有一定的規格，排列整齊有序，包裝標誌一律朝外。

（5）節約。堆垛時要考慮節省倉位，提高倉庫利用率。

二、堆垛的基本形式

堆垛有很多種方式，常見的對多方式有重疊式堆垛、縱橫交錯式堆垛、仰伏相間式堆垛、壓縫式堆垛、通風式堆垛等。

（一）重疊式堆垛

重疊式堆垛又稱直堆法，是逐件、逐層向上重疊堆碼，一件壓一件的堆碼方式。為了保證貨垛穩定，在一定層數後（如 10 層）改變方向繼續向上，或者長寬各減少一件繼續向上堆放（俗稱四面收半件）。該方法是機械化作業的主要形式之一，適於硬質整齊的物資包裝，如集裝箱、鋼板等的存放。該方法較方便作業、計數，但穩定性較差。

（二）縱橫交錯式堆垛

每層貨物都改變方向向上堆放。此法適用於管材、捆裝、長箱裝等貨物。該方法較為穩定，但操作不便。

（三）仰伏相間式堆垛

對於鋼軌、槽鋼、角鋼等商品，可以一層仰放、一層伏放，仰伏相間而相扣，使堆垛穩固。也可以伏放幾層，再仰放幾層，或者仰伏相間組成小組再碼成垛。但是，角鋼和槽鋼仰伏相間碼垛，如果是在露天存放，應該一頭稍高，一頭稍低，以利於排水。該垛極為穩定，但操作不便。

（四）壓縫式堆垛

將底層並排擺放，上層放在下層的兩件貨物之間。如果每層貨物都不改變方向，則形成梯形形狀；如果每層都改變方向，則類似於縱橫交錯式。上下層件數的關係分為「2 頂 1」「3 頂 2」「4 頂 1」「5 頂 3」等。

（五）通風式堆垛

貨物在堆碼時，每件相鄰的貨物之間都留有空隙，以便通風。層與層之間採用壓縫式或者縱橫交叉式，此法適用於需要通風量較大的貨物堆垛。

第二章 餐飲企業儲存保管規劃

（六）栽柱式堆垛

碼放貨物前在貨垛兩側栽土木樁或者鋼棒（如 U 形貨架），然後將貨物平碼在樁柱之間，幾層後用鐵絲將相對兩邊的柱拴住，再往上擺放貨物。此法適用於棒材、管材等長條狀貨物。

（七）襯墊式堆垛

碼垛時，隔層或隔幾層鋪放襯墊物，襯墊物平整牢靠後，再往上碼，適用於不規則且較重的貨物，如無包裝電機、水泵等。

（八）寶塔式堆垛

寶塔式堆垛與壓縫式堆垛類似，但壓縫式堆垛是在兩件物體之間壓縫上碼，寶塔式堆垛則在四件物體之中心上碼，逐層縮小，例如電線、電纜。

（九）「五五化」堆垛

「五五化」堆垛就是以五為基本記數單位，堆碼成各種總數為五的倍數的貨垛，即大的商品堆碼成五五成方；小的商品堆碼成五五成包；長的商品堆碼成五五長行；短的商品堆碼成五五成培；帶眼的商品堆碼成五五成串。該法便於清點，收發快，適於按件記數的物資。

（十）架式堆垛

架式堆垛是利用貨架存放商品，主要用於存放零星和怕壓的物品。可以用可移動式貨架，這種貨架可沿軌道做水平移動，這樣可減少貨架間的通道，以提高倉庫利用率。

（十一）托盤堆垛

托盤堆垛是近年來迅速發展的一種堆碼方式。其特點是商品直接放在托盤上存放。商品從裝卸、搬運入庫，到出庫運輸，始終不離開托盤，這樣可以大大提高機械化作業的程度，減少搬倒次數。包裝整齊不怕壓的物品可以使用平托盤，散裝的物品可以使用箱式托盤，怕壓和不規則的物品可以使用立柱式托盤。

三、堆碼設計的內容

在貨物堆碼過程中，要分別對垛基、垛形進行合理的設計，並採取科學的碼垛方法，具體內容如下：

（一）垛基

垛基承受整個貨垛的重量，將物品的垂直壓力傳遞給地坪；將物品與地面隔離，起防水、防潮和通風的作用；垛基空間為搬運作業提供條件。垛基分為固定式和移動式兩種。移動式又可分為整體式和組合式。組合式垛基機動靈活，可根據需要進行拼裝。

垛基是貨垛的基礎，因此垛基要符合以下要求：

1. 將整垛物品的重量均勻地傳遞給地坪

垛基本身要有足夠的抗壓強度和剛度。為了防止地坪被壓陷，應擴大垛基同地

坪的接觸面積，襯墊物要有足夠的密度。

2. 保證垛基上存放的物品不發生變形

露天場地應平整夯實，襯墊物應放平擺正，所有襯墊物要同時受力，而且受力均勻。大型設備的重心部位應增加襯墊物。

3. 為防潮和通風，垛基應為敞開式

為保證空氣流通，可適當增加垛基的高度，特別是露天貨場的垛基，其高度應在300~500毫米之間。必要時可增設防潮層。露天貨場的垛基為了利於排水還應保持一定的坡度。

在進行堆碼作業時必須參照物品的倉容定額、地坪承載能力、允許堆積層數等因素。倉容定額是某種物品單位面積上的最高儲存量，單位是噸/平方米。不同物品的倉容定額是不同的，同種物品在不同的儲存條件下其倉容定額也不相同。倉容定額的大小，受物品本身的外形、包裝狀態、倉庫地坪的承載能力和裝卸作業手段等因素的影響。

(二) 垛形與碼垛

垛形是指貨物碼放的外部輪廓形狀，垛形的確定需要根據物品的特性、保管的需要，能實現作業方便、迅速和充分利用倉容的原則。倉庫常見的垛形有：

1. 平臺垛

平臺垛是指先在底層以同一個方向平鋪擺放一層貨物，然後垂直繼續向上堆積，每層貨物的件數、方向相同，垛頂呈平面，垛形為長方體。如圖2-2所示。當然在實際堆垛時並不是採用層層加碼的方式，往往從一端開始，逐步後移。平臺垛適用於包裝規格單一的大批量貨物，包裝規則、能夠垂直疊放的方形箱裝貨物、大袋貨物、規則的軟袋成組貨物、托盤成組貨物。平臺垛只是用在倉庫內和無須遮蓋的堆場堆放的貨物碼垛。

平臺垛具有整齊、便於清點、占地面積小、堆垛作業方便的優點。但該垛形的穩定性較差，特別是小包裝、硬包裝的貨物有貨垛端頭倒塌的危險，所以在必要時 (如太高、長期堆存、端頭位於主要通道等) 要在兩端採取加固措施。對於堆放很高的輕質貨物，往往在堆碼到一定高度後，向內收半件貨物後再向上堆碼，以保證貨垛穩固。

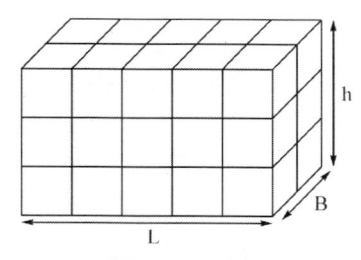

圖2-2 平臺垛

第二章　餐飲企業儲存保管規劃

2. 起脊垛

先按平臺垛的方法碼垛到一定的高度，以卡縫的方式逐層收小，將頂部收尖成屋脊形。起脊垛是用於堆場場地堆貨的主要垛型，貨垛表面的防雨遮蓋從中間起向下傾斜，便於雨水排泄，防止水打濕貨物。有些倉庫由於陳舊或建築簡陋有漏水現象，倉內的怕水貨物也採用起脊垛堆垛並遮蓋。

起脊垛是平臺垛為了遮蓋、排水的需要而產生的變形，具有平臺垛操作方便、占地面積小的優點，適用平臺垛的貨物都可以採用起脊垛堆垛。但是起脊垛由於頂部壓縫收小、形狀不規則，無法在垛堆上清點貨物，頂部貨物的清點需要在堆垛前以其他方式進行。另外，由於起脊的高度使貨垛中間的壓力大於兩邊，因而採用起脊垛時庫場使用定額要以脊頂的高度來確定，以免中間底層貨物或庫場被壓損壞。

3. 立體梯形垛

立體梯形垛是指在最底層以同一方向排放貨物的基礎上，向上逐層同方向減數壓縫堆碼，垛頂呈平面，整個貨垛呈下大上小的立體梯形形狀。立體梯形垛用於包裝松軟的袋裝貨物和上層面非平面而無法垂直疊碼的貨物的堆碼，如橫放的桶裝、卷形、捆包貨物。立體梯形垛極為穩固，可以堆放得較高，倉容利用率較高。對於在露天堆放的貨物採用立體梯形垛，為了排水需要也可以在頂部起脊。為了增加立體梯形垛的空間利用率，在堆放可以立直的筐裝、矮桶裝貨物時，底部數層可以採用平臺垛的方式堆放，在一定高度後才用立體梯形垛。如圖 2-3 所示。

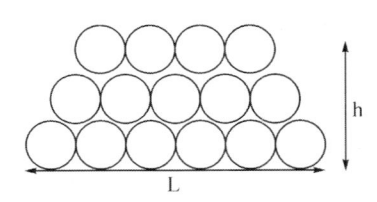

圖 2-3　立體梯形垛

4. 行列垛

行列垛是將每票貨物按件排成行或列排放，每行或列一層或數層高，垛形呈長條形。如圖 2-4 所示。行列垛用於存放批量較小貨物的庫場碼垛，如零擔貨物。為了避免混貨，每批獨立開堆存放。長條形的貨垛使每個貨垛的端頭都延伸到通道邊，可以直接作業而不受其他貨物阻擋。但每垛貨量較少，垛與垛之間都需留空，垛基小而不能堆高，使得行列垛占用庫場面積大，庫場利用率較低。

5. 井形垛

井形垛用於長形的鋼材、鋼管及木方的堆碼。如圖 2-5 所示。它是在以一個方向鋪放一層貨物後，再以垂直的方向鋪放第二層貨物，貨物橫豎隔層交錯，逐層堆散。垛頂呈平面，井形垛垛形穩固，但層邊貨物容易滾落，需要捆綁或者收進。井形垛的作業較為不便，需要不斷改變作業方向。

餐飲企業倉儲管理實務

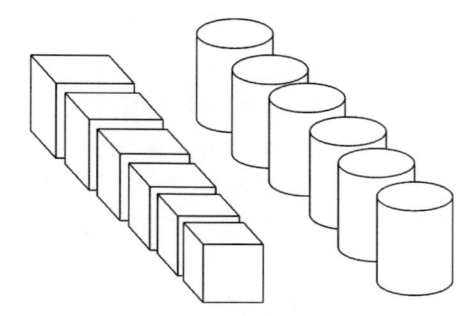

圖 2-4　行列垛

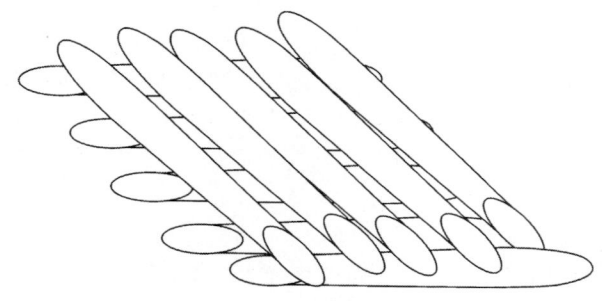

圖 2-5　井形垛

6. 梅花形垛

對於需要立直存放的大桶裝貨物，將第一排（列）貨物排成單排（列），第二排（列）的每件靠在第一排（列）的兩件之間卡位，第三排（列）同第一排（列）一樣，爾後每排（列）依次卡縫排放，形成梅花形垛。如圖 2-6 所示。梅花形垛貨物擺放緊湊，充分利用了貨件之間的空隙，節約庫場面積。對於能夠多層堆碼的桶裝貨物，在堆放第二層以上時，將每件貨物壓放在下層的三件貨物之間，四邊各收半件，形成立體梅花形垛。

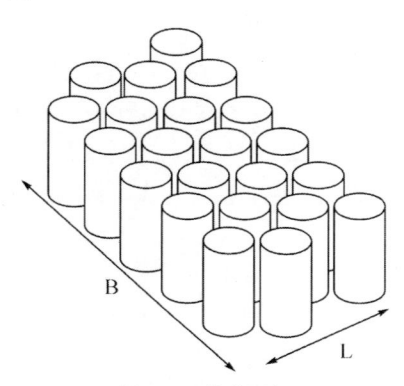

圖 2-6　梅花形垛

(三) 貨垛參數

貨垛參數是指貨垛的長、寬、高，即貨垛的外形尺寸。通常情況下要先確定貨垛的長度，例如長形材料的定尺長度就是其貨垛的長度，包裝成件物品的垛長應為包裝長度或寬度的整數倍。貨垛的寬度應根據庫存物品的性質、要求的保管條件、搬運方式、數量多少以及收發制度等確定，一般多以兩個或五個單位包裝為貨垛寬度。貨垛的高度主要根據庫房高度、地坪承載能力、物品本身和包裝物的耐壓能力、裝卸搬運設備的類型和技術性能以及物品的理化性質等來確定。在條件允許的情況下應盡量增加貨垛高度，以提高倉庫的空間利用率。

三個參數決定了貨垛的大小，要注意的是每個貨垛不宜太大，以利於先進先出和加速貨位的週轉。

四、墊垛和苫蓋

(一) 墊垛

墊垛是指在貨物碼垛前，在預定的貨位地面位置，使用襯墊材料進行鋪墊。常見的襯墊物有：枕木、廢鋼軌、木板、帆布、蘆席、鋼板等。

1. 墊垛的目的

墊垛可以使地面平整；堆垛貨物與地面隔離，防止地面潮氣和積水浸濕貨物；通過強度較大的襯墊物使重物的壓力分散，避免損害地坪；地面雜物、塵土與貨物隔離；形成垛底通風層，有利於貨垛通風排濕；貨物的泄漏物留存在襯墊之內，不會流動擴散，便於收集和處理。

2. 墊垛的基本要求

所使用的襯墊物與擬存貨物不能發生不良影響，具有足夠的抗壓強度；地面要平整堅實、襯墊物要擺平放正，並保持同一方向；襯墊物間距適當，直接接觸貨物的襯墊面積與貨垛底面積相同，襯墊物不伸出貨垛外；要有足夠的高度，露天堆場要達到0.3米~0.5米，庫房內0.2米即可。

3. 襯墊物數量的確定

一些單位質量大的物品在倉庫中存放時，如果不能有效分散物品對地面的壓強，則會對倉庫地面造成損傷，因此需要考慮在物品底部和倉庫地面之間襯墊木板或鋼板。

確定襯墊物的使用量除考慮將壓強分散在倉庫地坪載荷的限度之內，還需要考慮這些庫用消耗材料所產生的成本，因此，需要確定使壓強小於地坪載荷的最少襯墊物數量。計算公式為：

$$n = \frac{Q_{物}}{l \times w \times q - Q_{自}}$$

式中：

n——襯墊物數量；

$Q_物$——物品重量；

l——襯墊物長度；

w——襯墊物寬度；

q——倉庫地坪承載能力；

$Q_自$——襯墊物自重。

4. 墊垛方法

（1）碼架式。即採用若干個碼架，拼成所需貨垛底面積的大小和形狀，以備堆垛。碼架，是用墊木為腳，上面釘著木條或木板的構架，專門用於墊垛。碼架規格不一，常見的有：長2米、寬1米、高0.2米或0.1米。在不同儲存條件下，所需碼架的高度不同：樓上庫房使用的碼架，高度一般為0.1米；平房庫使用的碼架，高度一般為0.2米；貨棚、貨場使用的碼架高度一般在0.3米~0.5米。

（2）防潮紙式。即在垛底鋪上一張防潮紙作為垛墊，適用於地面干燥的庫房。常用蘆席、油氈、塑料薄膜等防潮紙，同時當儲存的商品對通風要求又不高時，可在垛底墊一層防潮紙防潮。

（3）墊木式。即採用規格相同的若干根枕木或墊石，按貨位的大小、形狀排列，作為垛墊。枕木和墊石一般都是長方體的，其寬和高相等，約為0.2米，枕木較長約2米左右，而墊石較短約0.3米左右。這種墊垛方法最大的優點是，拼拆方便，不用時節省儲存空間。此法適用於底層庫房及貨棚、貨場墊垛。

此外，若採用貨架存貨，或採用自動化立體倉庫的高層貨架存貨，則貨垛下面可以不用墊垛。

（二）苫蓋

苫蓋是指為減少自然環境中的陽光、雨雪、風沙、塵土等對貨物的侵蝕、損害，並使貨物因自身理化性質所造成的自然損耗盡可能減少，保護貨物在儲存期間的質量而採用專用苫蓋材料對貨垛進行遮蓋。常用的苫蓋材料有：帆布、蘆席、竹席、塑料膜、鐵皮、鐵瓦、玻璃鋼瓦、塑料瓦等。

1. 苫蓋的方法

（1）就垛苫蓋法。該法適用於起脊垛或大件包裝貨物。直接將大面積苫蓋材料覆蓋在貨垛上遮蓋。一般採用大面積的帆布、油布、塑料膜等。就垛苫蓋法操作便利，但基本不具有通風條件。

（2）活動棚苫蓋法。將苫蓋物料製作成一定形狀的棚架，在貨物堆垛完畢後，移動棚架遮蓋貨垛，或者採用即時安裝活動棚架的方式苫蓋。活動棚苫蓋法較為快捷，具用良好的通風條件，但活動棚本身需要占用倉庫位置，成本較高。

（3）魚鱗式苫蓋法。將苫蓋材料從貨垛的底部開始，自下而上呈魚鱗式逐層交疊圍蓋。該法一般使用面積較小的席、瓦等材料苫蓋。魚鱗式苫蓋法具有較好的通風條件，但每件苫蓋材料都需要固定，操作比較繁瑣複雜。

第二章　餐飲企業儲存保管規劃

2. 苫蓋的要求

總的來說，苫蓋要滿足貨物遮陽、避雨、擋風、防塵的要求，另外苫蓋還要做到以下具體要求：

（1）選擇合適的苫蓋材料。選用的苫蓋材料要安全、無害、防火，同時不會與貨物發生不利影響；且成本低廉，不宜損壞，能重複使用，沒有破損和霉爛。

（2）苫蓋牢固。要做到每張苫蓋材料都牢固固定住，必要時在苫蓋物外用繩索、繩網綁扎或者採用重物鎮壓，確保刮風揭不開。

（3）苫蓋的接口要有一定深度的互相疊蓋，不能迎風疊口或留空隙；苫蓋必須拉挺、平整，不得有折疊和凹陷，防止積水。

（4）苫蓋的底部與墊垛平齊，不騰空或拖地，並牢牢地綁扎在墊垛外側或地面的繩樁，襯墊材料不露出垛外，以防雨水順延、滲入垛內。

（5）使用舊的苫蓋物或在雨水豐沛季節，垛頂或者風口需要加層苫蓋，確保雨淋不透。

● 第四節　商品保管秩序的建立

商品保管工作是伴隨物資儲運全過程的技術性措施，是保證儲存物資安全的重要環節。它是一個活動過程，貫穿於整個物流的各個環節，所以建立合理的保管秩序，對於整個倉儲作業，直至整個物流的順利進行都具有重要意義。商品保管秩序以商品存放得有條理、方便收發清點作業、能夠節省工時、降低作業成本、提高作業效率為總原則。下面分別從存料秩序、存料方式、料位或料架標號三方面簡要介紹一下商品保管秩序。

1. 存料秩序

對於存料秩序的安排，首先要確定存料次序。存料次序一般應按商品目錄順序安排料位。對所有的商品，應按照類別、品種、規格，依照商品的目錄次序，指定料位，依次存放。有些商品如果按照目錄存放，在作業上確有不便而在保管上又不符合要求時，可考慮另行安排。

從商品用途上看，各種商品之間，有的有關係，有的沒關係，有的關係密切，有的關係比較疏遠。因此，庫存商品除了按照規格、品種分別安排外，還要考慮它們在應用上的系統性。在規劃存料次序時，必須將各種商品之間的關係摸清，應盡可能地把使用時關係密切的商品放在相互接近的地方。這是因為關係較為密切的商品往往同時發放，或為同一用料單位所需要，將它們放在一處，可以省去發料前的集中工作。

在安排存料秩序時，還應該注意笨重、移動困難的貨物應堆放在收發料地點附

近和存入料架的底層；大量常發的貨物，應放在發料地點附近；較輕的商品，可存入料架中層或上層；不常發且較輕的商品，則可放在離發料區較遠的料架頂部。這樣，既便於收發作業，又可充分利用儲存設備或倉庫面積。

2. 存料方式

存料方式是指對各個料位的利用策略：

（1）固定料位。即按照一定的規則確定每一個料位存放商品的品種規格，每一種商品都有固定的存放地點，商品入庫存放時嚴格「對號入座」。按照商品目錄安排料位的方法即屬於固定料位。採用固定料位，由於各種商品的存放位置固定不變，便於保管員熟悉料位，節省收發料時的查找時間。但採用固定料位時，由於料位之間不能互相調整，更不能互相占用，這樣當各種商品的最高儲備量不能同時達到時（多數情況下是如此），就會出現有的料位空間不用，有的料位則不能存放新的商品，料位得不到充分利用，影響倉庫的儲存能力。

（2）自由料位。自由料位與固定料位相反，各個料位可以存放任何一種商品，只要料位空閒，入庫的各種商品均可存入。自由料位又稱隨機料位。自由料位能夠充分利用每一個料位，提高倉庫的儲存能力。但各種商品的存料地點經常變動，沒有固定的位置，收發作業和盤點時查找商品比較困難。

從上面的論述可見，固定料位與自由料位都有一定的局限性，實際運用中，應根據不同情況靈活採用。

3. 料位或料架標號

為了便於收發作業和檢查盤點，建立良好的保管秩序，應對料位給予一定的標號。中國倉庫多採用「四號定位」方法。

所謂「四號定位」，就是由庫房號、料架（垛）號、料架（垛）層號和料位順序號組成一組數碼來表示一個貨位，並盡可能與帳頁編碼一致。由標號可以方便地得知某種商品所在的庫房、料架以及料架的層數和該層的貨位，尋找商品變得十分方便。

料位標號的表示方法一般以字母（A、B、C、D…）和阿拉伯數字（0、1、2、3、…、9）混合表示。例如，要表示2號庫房、3號料架、4層、12號料位，可以表示為B3D12。顯然，這裡約定：用字母表示庫房和層號，除了採用字母數碼混合表示外多配有文字說明。料架或料垛標號，應登入料簽和相應的商品卡片。若存料位置變更，必須將料簽和卡片標號同時變更。

案例分析

倉儲貨位規範之「完全手冊」

對於藥品經營企業來說，倉儲藥品品種繁多，批量不一，性能各異，在倉儲作

第二章　餐飲企業儲存保管規劃

業過程中，有著不同的工作內容。倉儲管理人員如果能夠對藥品儲存貨位進行科學規劃，不僅能夠有效防止藥品在儲存過程中的污染和混淆，而且能為藥品在庫養護工作的開展打好基礎。

一、貨位的區劃

企業一般根據庫房（區）的建築形式、面積大小、庫房樓層或固定通道的分佈和設施設備狀況，結合儲存藥品需要的條件，將儲存場所劃分為若干貨庫（區），每一貨庫（區）再劃分為若干貨位，每一貨位固定存放一類或幾類數量不多、保管條件相同的藥品。貨庫（區）的具體劃分，通常以庫房為單位，即以每一座獨立的倉庫為一個活庫（區）。在多層建築中也有按樓層劃分貨庫（區）的，自動化的高位立體倉庫在電腦中進行分區。

藥品經營企業的倉庫通常有藥品、器械、輔料、試劑四大類物品。這四大類醫藥商品中需要特殊保管條件的藥品應單獨分出，以便存放於各自專設的庫房區，如需冷藏、防凍、控濕的藥品和危險品、特殊藥品、貴重藥品等。藥品按照劑型分類，如粉、片、針、酊、水等；器械按製造材料的性質分類，如金屬、玻璃、搪瓷、塑料、橡膠等。每一類醫藥商品要規定統一的排列順序，如藥品一般先按藥物學上的用途排列，同種用途的再按拉丁名稱、字母順序排列，同種藥品按批號先後排列等。器械按醫療器械目錄或醫療器械的樣本編號排列。但這種排列順序只是一般性的。具體排列貨位時，還要考慮藥品的數量、性質、垛位條件、庫房面積等因素。

儲存藥品分區分類要適度。若分類過細，給每種藥品都留出貨位，卻往往由於存放不滿而浪費倉容。某種物品數量增加，而原貨位存不下時，發生「見空就塞」的弊病，結果等於沒有分類。若分類過粗，就是在一個貨區類存多種藥品，勢必造成管理上的混亂。

貨位的區分還要結合實際，隨時調整，做到「專而不死，活而不亂」。在各類藥品貨位基本固定的情況下，當分區範圍劃定的品種在數量上有較大的變化時，盡量在同一大類其他分類貨區內調劑儲存，必要時還可調整分區分類。這樣可使分類儲存的藥品既有相對的穩定性，又有可調劑的靈活性。此外，為應付特殊情況，庫房還要預留一定的機動貨位，以避免固定貨區因超額儲存不能安排而到處亂放的問題，以便能夠隨時接受計劃外入庫。

二、貨位的編號

貨位編號，也稱方位制度。它是在貨位區劃和貨位規劃的基礎上，將存放藥品的場所，按儲存地點和位置排列，採用統一的標記，編上順序號碼，做出明顯標誌，並繪製分區分類、貨位編號平面圖或填寫方位卡片，以方便倉儲作業。貨位編號是一項複雜而細緻的工作，倉庫規模越大，編號也越複雜。貨位編號的方法很多，貨位區段劃分和名稱很不統一，採用的文字代號也多種多樣。因此，各倉庫要根據自身的實際情況，統一規定出本庫的貨位劃分及編號方法，以達到方便作業的目的。

藥品倉庫大多採用「四號定位」法，即將庫房號、區號、層次號、貨位號，或

庫房號、貨架號、層次號、貨位號這四者統一編號。編號可以用英文、羅馬及阿拉伯數字來表示，例如：以3-8-2-3來表示3號庫房8區2段3貨位，以4-5-3-15來表示4號庫房5號貨架3層15格。貨位編號可標記在地坪或柱子上，也可以在通道上方懸掛標牌。貨架可直接在架上標記，規模較大的倉庫要求建立方位卡片制度，即將倉庫所有藥品的存放位置記入卡片，發放時即可將位置標記在出庫憑證上，使保管人員迅速找到貨位。

三、堆垛

堆垛是搞好貨位規劃工作的重要內容。堆垛也稱碼垛，是指將入庫的藥品在指定的貨位（區）上向上和交叉堆放，以增加藥品在單位面積上的堆放高度和堆放數量，減少藥品堆放所需的面積，提高倉容使用率。堆垛工作的合理與否對倉儲藥品的質量有較大影響。藥品應按批號堆垛，如果批量比較小，也可按出廠日期堆垛。

藥品堆垛總的要求是根據藥品性質、包裝形式及庫房條件（如荷重定額和面積大小）而定，盡量做到合理、牢固、定量、整齊及節省。

安全：包括人身、藥品和設備三方面的安全。堆垛時，要做到「三不倒置」，即輕重不倒置、軟硬不倒置、標誌不倒置；要留足「五距」，使儲存藥品做到「五不靠」，即四周不靠牆、柱，頂不靠頂棚和燈；要保持「三條線」，即上下垂直，左右、前後成線，使貨垛穩固、整齊、美觀。

方便：堆垛要保持藥品進出庫和檢查盤點等作業方便。要保持走道、支道暢通，不能有阻塞現象。堆垛編號要利於及時找到貨物。要垛垛分清，盡量避免貨垛之間相互占用貨位。要垛垛成活（一貨垛不被另一貨垛圍成「死垛」），以利於先進先出、快進快出，有利於盤點養護等作業。

節約：節約是指對倉容的節約。藥品堆垛，必須在安全的前提下，盡量做到「三個用足」，即面積用足、高度用足、荷重定額用足，充分發揮倉庫儲存能力。但實際上，不可能所有貨垛同時都達到「三個用足」，因此，堆垛時一定要權衡得失，側重考慮面積與高度或面積與荷重。堆垛前一定要正確選擇貨位，合理安排垛腳，堆垛方法和操作技術也要不斷改進和提高。

問題：

說一說上述案例中的做法都體現了本章所講的哪些儲存規劃的要求？

（資料來源：梁毅. 倉儲貨位規範之「安全手冊」[N]. 中國藥店，2003-08-10.）

實訓設計

[實訓項目]

調查其倉庫，畫出其倉庫貨區位置圖。

[實訓目的]

帶領學生參觀某餐飲企業，使學生對餐飲企業的儲存規劃有更直觀的認識。

第二章　餐飲企業儲存保管規劃

［實訓內容］
（1）學生調查某倉庫。
（2）畫出所調查倉庫的貨區位置圖。
（3）將調查的結果進行匯總，並將觀察到的情況進行分析。
［實訓要求］
（1）實訓時間為 2 課時。
（2）引導學生有序進入企業參觀，做好參觀前基礎知識的儲備。
（3）做好參觀後活動的總結，補充、完善課堂教學。
［實訓步驟］
（1）布置任務，讓學生提前瞭解所參觀企業的相關情況。
（2）帶領學生實地參觀。
（3）與公司負責人進行專業方面的交流，引導學生提問。
（4）學生撰寫參觀報告。

思考與練習題

一、名詞解釋

倉儲分區分類　墊垛　苫蓋

二、多項選擇

1. 倉庫分區分類儲存商品原則是（　　）。
　　A. 商品的自然屬性、性能應一致　　B. 商品的養護措施應一致
　　C. 商品的消防方法應一致　　　　　D. 商品的體積與重量要求一致
2. 商品碼垛的基本要求是（　　）
　　A. 合理　　　　　　　　　　　　　B. 牢固
　　C. 定量　　　　　　　　　　　　　D. 節省

三、思考題

1. 簡述儲存規劃的基本原則。
2. 簡述商品保管場所的內部布置方法。
3. 如何進行商品的定位管理？
4. 堆垛有哪些基本要求？

第三章　餐飲企業倉庫設施與設備

學習目標

- ◆ 掌握餐飲企業倉庫的類型與儲存條件
- ◆ 瞭解餐飲企業倉庫建設的要點
- ◆ 掌握食品保管的要點
- ◆ 熟悉餐飲企業倉庫中常用的倉儲設備
- ◆ 瞭解餐飲企業倉庫倉儲設備的管理

引導案例

冷鏈物流案例分析——麥當勞

1990年中國第一家麥當勞餐廳在深圳開業，至此麥當勞將世界上最先進的物流模式帶入中國。為了滿足冷鏈物流的要求，麥當勞將冷鏈物流業務外包給了夏暉公司。夏暉公司在北京地區投資5,500多萬元人民幣，建立了一個占地面積達12,000平方米、擁有世界領先的多溫度食品分發物流中心，其中干庫容量為2,000噸，裡面存放麥當勞餐廳用的各種紙杯、包裝盒和包裝袋等不必冷藏冷凍的貨物；凍庫容量為1,100噸，設定溫度為零下18攝氏度，存儲薯條、肉餅等冷凍食品；冷藏庫容量超過300噸，設定溫度為1℃~4℃，用於生菜、雞蛋等需要冷藏的食品。冷藏和常溫倉庫設備都是從美國進口的設備，設計細緻而精心，目的是為了最大限度地保鮮。在干庫和冷藏庫、冷藏庫和冷凍庫之間，均有一個隔離帶，用自動門控制，以

第三章　餐飲企業倉庫設施與設備

防止干庫的熱氣和冷庫的冷氣互相干擾。干庫中還設計了專用卸貨平臺，使運輸車在裝卸貨物時能恰好封住對外開放的門，從而防止外面的灰塵進入庫房。該物流中心並配有先進的裝卸、儲存、冷藏設施，5℃~20℃多種溫度控制運輸車40餘輛，中心還配有電腦調控設施用以控制所規定的溫度，檢查每一批進貨的溫度。從設立至今，夏暉設在北京的物流中心已向麥當勞餐廳運送貨物近1,000萬箱。

引例分析：

通過上述案例可以看出，餐飲物流倉儲管理對象具有自身的特性，大部分食材對溫度、濕度要求較高，因而必須選擇與之匹配的倉儲物流設施、設備。麥當勞位於北京的多溫度分發物流中心，設有干庫、凍庫、冷藏庫等滿足不同溫度需要的倉儲場所，以及相應的冷藏、常溫設備，這成為提升麥當勞競爭力的關鍵。

（資料來源：佚名. 冷鏈物流案例分析——麥當勞［EB/OL］.（2014-08-05）［2014-08-10］. http://www.clb.org.cn/print/InfoPrint.aspx?ID=31481.）

第一節　食品倉庫的分類與儲存條件

餐飲食品原料根據其易腐性能的不同，需要有不同的儲存條件；餐飲原料按要求使用的時間不同，應分別存放在不同的地點；餐飲原料往往處於不同的加工階段，例如新鮮的生馬鈴薯、切削好的馬鈴薯、煮熟的半成品馬鈴薯和加工成成品的馬鈴薯，需要不同的儲存條件和設備。為此，餐飲企業需要設置不同類型的倉庫。通常倉庫的類別有以下幾種。

(1) 按地點分類：
①中心倉庫；
②各廚房儲存處。
(2) 按儲存條件分類：
①普通倉庫；
②陰涼儲存庫；
③冷藏庫；
④冰凍庫。
(3) 按用途分類：
①食品庫；
②飲料和酒庫；
③非食用物資庫。

一、中心倉庫和廚房儲存處

餐飲企業一般都有中心倉庫和各廚房儲存原料的地方。將需要立即使用的原料

餐飲企業倉儲管理實務

直接發送廚房可節省時間和人力。中心倉庫一般儲存保存期較長、體積較大的物資。管理人員要決定中心倉庫和廚房儲存處的相對儲存面積的大小。一般來說，廚房儲存的原料不宜太多，其儲存面積只要夠存放每日用的貨品（如調料等）和一天使用的原料即可。究其原因，一是因為廚房儲存的原料較難受到嚴格的控制，容易丟失；二是因為廚房加工烹調的工作環境不利於食品的保護，原料容易變質。

每日需用的原料用小車從中心倉庫運到廚房。為使運貨車能順利通過，要求通道的地面平整，門和通道的寬度能允許貨車順利通行。廚房儲存處的溫度和濕度要適當。廚房儲存原料的儲藏室、儲藏櫃等要注意加鎖保管。

中心倉庫一般由專職管理員管理，需要一套完整的管理、清點、進貨、發料的制度，並要求有全面的建卡記帳制度，以確保貨品不丟失。中心倉庫具有保存食品飲料及其他物資的合適的儲存條件和設備，使原料不易變質。

二、普通干貨倉庫

普通干貨倉庫存放的干燥食品類別比較複雜，為便於管理，原料要按其屬性分類，每個類別、每種原料要有固定的存放位置。干藏食品原料的主要類別有：

①米、面粉、豆類食品、粉條、果仁等；
②調料：食油、醬油、醋等液體作料以及鹽、糖、花椒等固體調料；
③罐頭、瓶裝食品：包括罐頭和瓶裝的魚、肉、禽類；
④食品、水果和蔬菜；
⑤糖果、餅干、糕點等；
⑥干果、蜜餞、脫水蔬菜等。

餐飲企業一般比較注意鮮貨類食品原料的儲藏環境，但對干藏食品原料的儲存條件往往少加考慮。不少餐飲企業的倉庫多是暖氣管、排水管交接的場所，致使倉庫溫度過高或水管由於冷凝作用產生滴水，影響庫房濕度，破壞原料的儲藏環境。眾所周知，除了極少例外，幾乎所有食品原料都只有一定的有效儲存期，它們的質量隨著時間流逝而自然降低直至變質。即使罐頭食品，也經歷同樣的變質過程，只不過其保存期較其他原料稍長而已。倉庫溫度對維持食品原料質量有著極大的影響，儲存溫度過高，或溫度時高時低，溫差過大，會加劇食品原料的質變過程。

食品原料干藏倉庫應保持相對涼爽，溫度應保持在15℃~21℃之間，但如果能保持在10℃，對大部分原料來說則更能保持其質量。有人曾經做過試驗，結果表明，食品原料的有效保存期在21℃環境中比在38℃的環境中長三倍。同時還表明，隨著儲存溫度升高，原料質量下降加快。干藏倉庫的相對濕度應保持在50%~60%之間，穀物類原料則可稍低，以防霉變。如果餐飲企業倉庫相對濕度過高，應設法使用機械或化學方法除濕，反之則應增濕。因此，倉庫應該安裝溫度計、濕度計，並且經常檢查溫、濕度是否符合儲存要求。

第三章　餐飲企業倉庫設施與設備

倉庫通風良好有利於保持適宜的溫、濕度。按照標準,食品干藏倉庫的空氣每小時應交換四次。通風設備必須妥善安裝,如果安裝不合理,則可能引起鼠害、蟲害或灰塵倒灌等現象。

倉庫如有玻璃門窗,應盡量使用毛玻璃,以防止陽光直接照射而使得某些原料的溫度高於周圍室溫,引起食品原料質量下降。倉庫內照明,一般應以每平方米2W～3W為宜。具體環境條件如倉庫高度、貨架高度及其遮光範圍都是影響倉庫照明的因素。

干貨庫的面積應適當。管理人員根據企業的經營方式、貨源地的遠近、採購間隔天數、菜單的類別和營業面積的大小來確定儲存面積的需要量。一般干貨倉庫應至少有儲備兩週原料的儲存面積。以兩週原料的需要量來計算倉庫實際的儲存面積,且40%～60%的通道、貨架等非儲存面積也屬於干貨庫的面積。

普通庫房中還存放一些非食用物資。餐飲企業和飯店通常需儲備下列物資:
①清潔劑、清潔用品和用具;
②餐具:瓷器、玻璃器皿、刀叉、筷子等;
③炊具:各種鍋、勺、鏟等;
④紙品、布件、餐巾紙、桌布、餐巾以及其他用品。

清潔劑和清潔用品往往有低度毒性和腐蝕性,要單獨存放,不能與食用原料和用品存放在一起,並且要標明貨名以免被誤用到食物之中。清洗用品最好存放在接近需清潔的地方,例如洗碗間旁的清潔用品儲藏間。

存放瓷器、玻璃器皿的庫房應使用木頭貨架。使用金屬架,餐具容易破損。餐具的儲備量至少應該為目前正在週轉使用量的20%。

三、陰凉儲存庫

在陰凉儲存庫中儲存短期存放的新鮮蔬菜和水果。一般儲存溫度為常溫,不需要供熱或制冷設備。但某些地區在一年中太冷或太熱的氣候條件下,有時需要調節一下溫度。新鮮蔬菜和水果需要在涼爽和較暗的倉庫中儲存。最適宜的溫度一般為10℃～15℃。這些原料一般儲存2～3天。對於一些需要放熟的蔬菜和水果,如香蕉、西紅柿、蘋果、梨等,儲存溫度應高些,最好為18℃～34℃。需要立即使用的馬鈴薯可在10℃以上儲存,不需當時使用的馬鈴薯最好低於5℃儲存,但在使用前三周要放到10℃的溫度以上儲存,使馬鈴薯中的葡萄糖擴散到澱粉中去。

新鮮蔬菜和水果儲存的相對濕度應大些,最好相對濕度為85%～90%。庫內應保持通風,貨物放在金屬架上最利於通風。大袋蔬菜要注意交叉堆放。45千克裝的馬鈴薯約需0.085立方米的體積(包括通道體積),口袋堆放高度不要超過1.8米。

四、冷藏庫

冷藏的功能是利用低溫抑制細菌繁殖的原理來延長食品、飲料的保存期,提高保

存質量。餐飲業常用冰箱、冷藏室對食品進行低溫儲存。在冷藏庫儲存的物資有：
①新鮮的魚、肉、禽類食品；
②新鮮的蔬菜和水果；
③蛋類和奶製品；
④加工後的成品、半成品，包括糕點、冷菜、熟食品、剩菜；
⑤需要使用的飲料、啤酒等。

冷藏庫面積與企業經營方式、菜單類別、使用新鮮原料的多少、剩菜的處理方法等相關。一般來說，普通餐館和飯店應設有的冷藏面積如表3-1所示。

表3-1　　　　　　　　餐飲冷藏面積的需要量和分配

每日供應餐數	冷藏容量(m^3)	各類原料冷藏面積比例(%)
70~150	0.6~1	魚、肉、禽(0~35)
150~250	1~1.5	蔬菜、水果(30~35)
250~350	1.5~2	蛋、乳製品(15~20)
350~500	2~3	半成品和成品(15~20)

不同的食品原料需要不同的儲存溫度和濕度，如表3-2所示。

表3-2　　　　　各類食品原料冷藏溫度和相對濕度的要求

食品原料	溫度(℃)	相對濕度(%)
新鮮肉類、禽類	0~2	75~85
新鮮魚、水產類	-1~1	75~85
蔬菜、水果類	2~7	85~95
奶製品類	3~8	75~85
廚房一般冷藏	1~4	75~85

餐飲工作人員要注意控制冷藏室和冰箱的溫度和濕度，冷藏室的溫度計應安放在溫度容易提高之處。如果制冷設備發生故障應立即修理。需要冷藏的原料，在驗收後應盡快冷藏。溫熱的成品和半成品在冷藏前應先冷卻再儲藏，否則制冷設備容易損壞。

儲存成品和半成品的冷藏庫更應保持清潔衛生。生食和熟食要分開儲存。在冷藏前要檢查食物是否已變質，變質的食物以及臟的食物會污染空氣和儲存設備，切忌放入冷藏室或冰箱中儲存。魚、肉、禽類原包裝盒往往粘有污泥及細菌，要拆除包裝盒後儲存。有強烈和特殊氣味的食物(魚蝦)應在密封的容器中冷藏以免影響其他食物。已加工的半成品和熟食應密封冷藏以免干縮和染上其他氣味。冰箱中如有污水沉積應立即擦掉，以免變質污染空氣。

第三章　餐飲企業倉庫設施與設備

良好的空氣循環是冷藏室或冷藏箱有效發揮作用的重要條件。要使冷藏室內空氣循環良好,儲藏的食物原料必須堆放有序,物與物之間應有足夠的空隙,原料不能直接堆放在地上或緊靠牆壁,以保證冷空氣自始至終都包裹在每一原料的四周。如果在冷藏期間食物表面變得黏滑,說明冷藏溫度過高、通風不良,這可能由於制冷導管凝冰太厚或揮發器堵塞。在一般情況下,制冷管外凝冰達 0.5 厘米時,應考慮解凍處理,使制冷系統工作正常。如果食物干縮過快,說明濕度過低或空氣循環太快,也應採取相應措施。

冷藏室通常與冰庫連在一起,即外間是冷藏室,內間是冰庫。它們的位置應鄰近廚房加工區和原料驗收場地,以減少搬運距離和時間。廚房內各種冷藏箱櫃應設在各工作臺下方或附近,以便使用。

五、冷凍庫

冷凍庫是用來儲存保存期較長的凍肉、魚、禽、蔬菜類食品以及已加工的成品和半成品等食物。冷凍儲存對節約餐飲工作的人工時具有很大意義。

冷凍技術能夠延長食物的儲存時間,這使企業可以大批量購買原料,節約採購、驗收、運輸的工作量。食品冷凍後易於運輸和儲存,使食品在加工、處理、銷售過程中不易變質。速凍的成品和半成品,如漲發好的速凍干貝、速凍餃子、春卷等,能減少餐飲的加工時間,節省人工雇傭數。現在,冷凍技術正在國內外餐飲行業中得到越來越廣泛的應用。

但是,任何食品原料都不可能無限期地儲藏,其營養成分、香味、質地、色澤隨時間的推移都會逐漸下降。冷凍儲存保質良好的關鍵有四個:

1. 掌握儲藏食品的性質

不同的食品需要不同的冷凍條件,只有掌握各種食品的儲存性能,才能保存良好。

2. 冷凍速度要迅速

食品冷凍儲可分為三個步驟,即降溫—冷凍—儲存。為保持食品質量鮮美,要求食品降溫和冷凍的速度十分迅速。食品在速凍的情況下,內部結晶的顆粒細小,不易損壞食品結構。

為使食品降溫和冷凍迅速,要求冷凍設備溫度很低,要低於一般冷凍儲存的溫度。為此有必要使用速凍設備,速凍設備能使溫度迅速降至零下 30℃ 以下,強低溫能使食品迅速降溫。由於冷凍儲存的食品要求溫度穩定,因此食品的速凍過程不要與儲存過程在同一設備中進行。

3. 冷凍儲存溫度要低

許多食品在在 0℃ 溫度下已經冰凍,但是微生物並沒有死亡。有資料證明,食品在 -18℃ ~ 1℃ 的溫度下儲存時,溫度每升高 5℃ ~ 10℃,質量下降的速率增加 5 倍。食物冷凍儲存的一般溫度適宜在 -17℃ ~ 18℃ 以下。食品冷凍可儲存時間較長,但這並

餐飲企業倉儲管理實務

不等於食品可無限制儲存。一般食品的冰凍儲存不要超過三個月。各類食品冷凍儲存的最長時間如下：

（儲存溫度：-18℃）

食品原料	最長儲存期
香腸、肉末、魚類	1~3月
豬肉	3~6月
羊肉、小牛肉	6~9月
牛肉、禽、蛋類	6~12月
水果、蔬菜類	一個生長間隔期

冷凍儲存的溫度要穩定，而且越低越好。這就要求冷凍食品的驗收要十分迅速，不能讓食品解凍後再儲存。冷凍食品一經解凍，特別是魚、肉、禽類食品應盡快使用，不能再次儲存，否則復甦了的微生物將引起食物腐敗變質。而且再次速凍會破壞食物的組織結構，影響食物的外觀、營養成分和食物香味。

4. 食品解凍處理應適當

魚、肉、禽類食品宜解凍後再使用。解凍應盡量迅速，在解凍過程中不可受到污染。各類食品應分別解凍，不可混在一起進行解凍，食品的解凍切忌在室溫下過夜進行，以免引起細菌微生物的急速繁殖，一般應放在冷藏室裡解凍，在低於8℃的溫度下進行解凍。如果時間緊迫，可將食物用潔淨的塑料袋盛裝，放在冷水池中浸泡或用冷水沖洗以助解凍。冷凍的蔬菜、春卷、餃子等食品不用經過解凍便可直接烹調，這些食品不經解凍使用反而能保持色澤和外形。

六、飲料和酒水庫

飲料和酒水庫存放各種軟飲料、啤酒等。有些酒水如上等的法國白蘭地、蘇格蘭威士忌等，需要相應的儲存條件。

酒水庫應設在陰涼之處，庫內光線不能太強，更不能有陽光直接照射或輻射。酒水不可與其他有特殊氣味的物品一起儲存，以免酒品受到污染並產生異味。酒水的儲存應避免經常震動，否則酒味會發生變化。一般的酒水可以在常溫下儲存。有些酒水需要穩定的溫度，若在溫度變化比較大的條件下應使用空調自動調節溫度。酒水庫中有許多酒品價值昂貴，而且酒水最容易丟失，因此應採取更嚴格的保安措施。庫房要隨時上鎖，並設專人保管。

不同的酒類需要不同的儲存條件，宜採取不同的保存方法。

1. 啤酒

啤酒是唯一愈新鮮愈好的酒類，購入後不宜久藏，最佳保質期在三個月以內，最長不能超過六個月，啤酒保存溫度應低些，溫度若超過16℃，儲存時間長了會導致啤酒變質，但溫度過低也不行，低於-10℃會使酒液混濁不清。如果條件許可，將快要使用

第三章　餐飲企業倉庫設施與設備

的啤酒和軟飲料儲存在接近 4℃ 的溫度下,這樣向顧客服務時可減少冷卻時間和冰塊的使用量。啤酒的儲存要避免劇烈的震動和冷熱劇烈的變化。

2. 葡萄酒類

一般葡萄酒可在常溫下儲存。名貴的紅葡萄酒最好在 12℃～15℃ 的溫度下儲存,名貴的白葡萄酒的儲存溫度宜更低些,最佳溫度為 10℃～12℃。紅、白葡萄酒可在同一倉庫中儲存。但要放在不同的盛器中,並採用不同的空氣流通方法和冷卻方法。葡萄酒應平躺在酒架上,這樣可使軟木塞長期浸泡在酒液中而不至於干縮,瓶塞干縮會使空氣進入酒瓶,而與裡面的酒液發生化學反應,從而導致酒液變色,或產生危害酒質的細菌,使酒液變質。

3. 香檳酒

特別是一些名貴的香檳酒,其生產經過兩次發酵並在酒廠裡存放二至五年後才出廠銷售。香檳酒中含有大量二氧化碳氣體,儲存期間一定要避免強烈震動。香檳酒存放時也要注意平躺或瓶口向下傾斜,使軟木塞保持濕潤。香檳酒與葡萄酒一樣要在溫度較涼快的條件下儲存,溫度太高會使酒液老化。儲存時濕度不宜太大,濕度太大會使瓶塞和酒標霉變,影響酒品的質量和形象。

4. 烈性酒

普通的烈性酒不需要特殊的儲存條件。因為烈性酒受空氣影響不大,可以儲存很長時間,但要注意防止金屬瓶蓋生鏽和發生變化。

第二節　食品倉庫建設和保管要點

一、食品倉庫建設的要點

通過本章第一節的學習,從不同的角度認識,餐飲企業的倉庫有不同的類型。隨著餐飲業的重心向大眾餐飲轉移,方便快捷、營養衛生、價格實惠的大眾餐飲將會蓬勃發展。餐飲企業將通過建立食品統一加工配送中心,發展連鎖經營,開發中式快餐等形式,進一步提高大眾餐飲工業化、規模化水平。近年來中央廚房的出現及伴隨的大型餐飲物流中心恰恰能滿足這一發展趨勢。所以,本部分以餐飲物流中心為例介紹餐飲物流中心規劃建設的要點。

(一) 倉庫的選址

倉庫選址是指在一個具有若干供應點及若干需求點的經濟區域內,選一個地址建立倉庫的規劃過程。合理的選址方案應該使食品原料通過倉庫的匯集、中轉、分發,達到需求點的全過程的效益最好。因為倉庫的建築物及設備投資太大,所以選址時要慎重,如果選址不當,損失不可彌補。

餐飲企業倉儲管理實務

1. 倉庫選址的原則

食品倉庫的選址過程應充分考慮倉儲產品自身的特性,包括對溫度、濕度的要求,遵守適應性原則、協調性原則、經濟性原則、戰略性原則和可持續發展的原則。

(1)適應性原則。

倉庫的選址要與國家及地區的產業導向、產業發展戰略相適應,與國家的區域需求分佈相適應,與國民經濟及社會發展相適應。

(2)協調性原則。

倉庫的選址應將國家的物流網絡作為一個大系統來考慮,使倉庫的設施設備在區域分佈、物流作業生產力、技術水平等方面相互協調。

(3)經濟性原則。

選址的結果要保證建設費用和物流費用最低,如選定在市區、郊區、或靠近港口或車站等,故選址既要考慮土地費用,又要考慮將來的運輸費用。

(4)戰略性原則。

要有大局觀,一要考慮全局,二要考慮長遠。要有戰略眼光,局部利益要服從全局利益,眼前利益要服從長遠利益,要用發展的眼光看問題。

(5)可持續發展原則。

在環境保護上,充分考慮長遠利益,維護生態環境,促進城鄉一體化發展。

2. 食品倉庫選址的影響因素分析

(1)自然環境因素。

①氣象條件。

主要考慮的氣象條件有:年降水量、空氣溫濕度、風力、無霜期長短、凍土厚度等。

②地質條件。

主要考慮土壤的承載能力,食品倉庫是大宗食材的集結地,貨物會對地面形成較大的壓力,如果地下存在著淤泥層、流沙層、松土層等不良地質環境,則不適宜建設倉庫。

③水文條件。

食材對於防潮要求較高。認真搜集選址地區近年來的水文資料,需遠離容易泛濫的大河流域和上溢的地下水區域,地下水位不能過高,故河道及干河灘也不可選。

④地形條件。

倉庫就建在地勢高、地形平坦的地方,盡量避開山區及陡坡地區,最好選長方地形。

(2)經營環境因素。

①政策環境背景。

選擇建設食品倉庫的地方是否有優惠的物流產業政策,這將對物流業的效益產生直接影響,當地的勞動力素質的高低也是需要考慮的因素之一。同時,區域餐飲業政策支持力度也是倉庫選址考慮的重要因素。

第三章　餐飲企業倉庫設施與設備

②物流費用。

倉庫應該盡量選擇建在接近物流服務需求地,如餐飲一條街、學校等消費群體密集地區,以便縮短運輸距離,降低運費等物流費用。

③服務水平。

物流服務水平是影響物流產業效益的重要指標之一,所以在選擇倉庫地址時,要考慮是否能及時送達,應保證客戶無論在任何時候向倉庫提出需求,都能獲得滿意的服務。

(3)基礎設施狀況。

①交通條件。

倉庫的位置必須交通便利,最好靠近交通樞紐,如車站、交通主幹道(國、省道)、機場等,應該有兩種運輸方式銜接。

②公共設施狀況。

要求城市的道路暢通,通信發達,有充足的水、電、氣、熱的供應能力,有污水和垃圾處理能力。

(4)其他因素。

①國土資源利用。

倉庫的建設應充分利用土地,節約用地,充分考慮到地價的影響,還要兼顧區域與城市的發展規劃。

②環境保護要求。

要保護自然與人文環境,盡可能降低對城市生活的干擾,不影響城市交通,不破壞城市生態環境。

③地區周邊狀況。

一是倉庫周邊不能有火源,不能靠近住宅區。二是考慮倉庫所在地的周邊地區的經濟發展情況,是否對物流產業有促進作用。

3. 食品倉庫選址的步驟與方法

食品倉庫的選址可分為兩個步驟進行,第一步為分析階段,具體有需求分析、費用分析、約束條件分析;第二步為篩選及評價階段,根據所分析的情況,選定具體地點,並對所選地點進行評價。具體方法如下。

(1)分析階段。

分析階段有以下內容。

第一,需求分析。

根據區域餐飲業發展戰略和產業佈局,對某一地區的顧客及潛在顧客的分佈、供應商的分佈情況進行分析,具體有以下內容:

①供應商到倉庫的運輸量;

②向顧客配送的貨物數量(客戶需求);

③倉庫預計最大容量;

④運輸路線的最大業務量。

第二，費用分析。

主要有：供應商到倉庫之間的運輸費、倉庫到顧客之間的配送費、與設施和土地有關的費用及人工費等，如所需車輛數、作業人員數、裝卸方式、裝卸機械費等，運輸費隨著距離的變化而變動，而設施費用、土地費是固定的，人工費是根據業務量的大小確定的。對以上費用必須綜合考慮，進行成本分析。

第三，約束條件分析。

①應考慮地理位置是否合適，是否靠近公路主幹道，道路是否通暢，是否符合城市或地區的規劃；

②是否符合政府的產業佈局，是否有法律制度約束；

③地價情況。

（2）選址及評價階段。

分析活動結束後，得出綜合報告，根據分析結果在本地區內初選幾個倉庫地址，然後在初選幾個地址中進行評價，確定一個可行的地址，編寫選址報告，報送主管領導審批。

評價方法有以下幾種：

①量本利分析法。

任何選址方案都有一定的固定成本和變動成本，不同的選址方案的成本和收入都會隨倉庫儲量變化而變化。利用量本利分析法，可採用作圖或通過計算比較數值進行分析。計算比較數值要求計算各方案的盈虧平衡點的儲量及各方案總成本相等時的儲量。在同一儲量點上選擇利潤最大的方案。

②加權評分法。

對影響選址的因素進行評分，把每一地址各因素的得分按權重累計，比較各地址的累計得分以判斷各地址的優劣。步驟是：確定有關因素；確定每一因素的權重；為每一因素確定統一的數值範圍，並確定每一地點各因素的得分；累計各地點每一因素與權重相乘的和，得到各地點的總評分；選擇總評分值最大的方案。

③重心法。

重心法是一種選擇中心位置，從而使成本降低的方法。它把成本看成運輸距離和運輸數量的線性函數。此種方法利用地圖確定各點的位置，並將坐標重疊在地圖上確定各點的位置。坐標設定後，計算重心。

通過分析得到選址報告，選址報告主要有以下內容：

①選址概述。扼要敘述選址的依據（需求分析）、原則，制定幾個方案，選出一個最優方案。

②選址要求及主要指標。應說明為適應倉庫作業的特點，完成倉儲作業應滿足的要求，列出主要指標，如庫區占地面積、庫區內各種建築物的總面積、倉庫需用人工總數、年倉儲量、費用總量（包括拆遷費用）。

第三章　餐飲企業倉庫設施與設備

③倉庫位置說明及平面圖。說明倉庫的具體方位,外部環境,並畫出區域位置圖。
④地質、水文、氣象情況、交通及通訊條件。
⑤政府對餐飲業及餐飲物流的扶持力度。
審查通過後,確定選址結果。

(二)食品倉庫佈局的要點

1. 食品倉庫佈局的原則

(1)布置必須安全,做到沒有死角,防止發生碰撞事故,重視員工的安全。

(2)統一建築物、工作物、設備、機械等的排列方向,不要各行其是,避免排列發生混亂。

(3)物料流動要簡單,不要造成交錯流動和多次往返流動。

(4)便於建築物、工作設施、設備、機械等的維修和管理,要在不移動別的設備情況下,留有充裕的空間位置進行維修和管理。

(5)倉庫佈局不要給其他企業、部門增添麻煩,不要與鄰近企業發生糾葛,注意卡車等車輛的進出路線,以及與此有關的環境問題。

(6)倉庫佈局必須預計到將來發展的擴建,避免在擴建時產生物流的混亂,以及把各種固定設備的方向搞亂。

(7)為客戶和貨主提供方便,應當避免只考慮對本企業有利的佈局,要充分考慮客戶及貨主的利益。

(8)能夠充分利用倉庫容量,要求倉庫容量不會產生浪費,如果設備布置失誤,就會在考慮不周的地方產生難以利用的面積或空間。推薦使用物料衡算公式來計算庫存面積:倉庫面積=(全天產量＊每月存放天數)/(每平方存儲量＊面積利用系數)

2. 食品倉庫佈局設計中的衛生要求

(1)原輔料存放的場所應具備遮陽擋雨的條件,而且通風良好,在氣溫較高的地區,有些原輔料還應設有專用的保鮮庫。

(2)應該為包裝材料的存放、保管設置專用的存儲庫房,庫房應清潔、干燥,有防蠅蟲和防鼠設施。

(3)材料堆垛與地面、牆面要保持一定的距離,並應加蓋防塵罩。

(4)成品存儲設施的規模和容量要與消費者的需求相適應,並應能保證成品在存放過程中品質保持穩定,不受污染。

(5)成品儲存庫內應安裝有防止昆蟲、鼠類及鳥類進入的設施。

(6)冷庫的建築材料必須符合國家的有關用材規定要求。儲存食材的冷庫和保(常)溫庫,必須安裝自動溫度記錄儀。

二、食品倉庫食材保管的要點

食品原料的儲存管理,對餐飲成品的質量和成本也有著舉足輕重的影響。儲存通

餐飲企業倉儲管理實務

常是進貨後發生的連貫動作,當驗貨員完成檢查進貨的手續後,必須將貨品正確地擺進儲藏室內。

一般來說,食品原料儲藏可以分成兩大部分,即干藏和冷藏。干藏用於那些不需要低溫保鮮的干貨類食品原料,冷凍及冷藏設備用於儲藏冷凍食品原料及冷藏鮮貨類食品原料。

(一)干貨原料的儲存

干貨原料儲存保管的要點:

(1)避免將物品置於地面上而招致細菌感染。物品至少離地面約25厘米,離牆壁約5厘米。

(2)不要將物品放在污水管或水溝旁。

(3)將有毒性的物品,如殺蟲劑、肥皂、清潔劑等與食品分開存放。

(4)將開封的用品存放在加蓋且有標示的容器內。

(5)定期清潔儲藏室。

(6)將經常使用的物品放在靠近出入口的貨架底層。

(7)將較重的物品置於貨架底層。

(8)進貨時,記錄下該食品進貨日期,出清存貨以「先進先出」為原則。

(二)食物原料的冷藏

使用食品原料冷藏設備的主要目的,是以低溫抑制鮮貨類原料中微生物和細菌的生長繁殖速度,維持原料的質量,延長其保存期限。餐廳常用的冷藏設備包括各種廚房冰箱以及常與冰庫相連的冷藏室等。

需要冷藏處理的食物原料一般不外乎各種新鮮海產、肉類、新鮮蔬果、蛋類、奶製品,以及各種已經加工的成品或半成品食品原料,如加工待用的生菜、水果、各種甜點、各種調料、湯料等。

不同的食品原料有不同的冷藏溫度、濕度要求,因此,理想的做法是將各種原料分別冷藏。通常,10℃~49℃最適宜細菌繁殖,在餐飲服務中被稱為「危險區」。因此,所有冷藏設備的溫度必須控制在10℃以下。

相對濕度過高有利於細菌生長,加速食物質變,相對濕度過低則會引起食物干縮。在干藏倉庫內,當相對濕度過低時,可以用水盆盛水,使其蒸發以增加空氣中水分,但此法在冷藏室中並不靈驗,而應當以濕布遮蓋食物以使其不致干縮。

冷藏食品的保管要點:

(1)經常檢查冷藏室溫度,各類食品適宜的冷藏溫度如下:新鮮蔬菜-7℃或以下;乳類、肉類-4℃或以下;海鮮-10℃或以下。

(2)不要將食品直接置於地面或基座上。

(3)制定定期清潔冷藏室時間表。

(4)在進貨時,記錄下該食品進貨日期,出清存貨以「先進先出」為原則。

(5)每日檢查水果及蔬菜是否有損壞。

第三章　餐飲企業倉庫設施與設備

(6)將乳品與氣味強烈食品分開存放,魚類與其他類食品也要分開存放。
(7)建立冷藏設備的維修計劃。

(三)食物原料的冷凍

食品原料的冷凍儲藏一般應在-23℃~-18℃之間。原料冷凍的速度愈快愈好,因為快速冷凍之下,食物內部的冰結晶顆粒細小,不易損壞結構組織。

任何食品原料都不可能無限期地儲存,其營養成分、香味、質地、色澤都將隨著時間逐漸流失和降低。即使在零度以下的冷凍環境中,食物內部的化學變化依然繼續發生。例如,在-12℃時,豌豆、青豆等原料在不到兩個月的時間內就會發黃,並喪失其香味。有個規則是:冰庫的溫度每升高4℃,冷凍食物的保存期限就會縮短一半,所以食物的冷凍也須注意安全的保存時間。

冷凍食物的儲存保管要點:
(1)立即將冷凍食品存放在-18℃或更低溫的空間中。
(2)經常檢查冷凍室溫度。
(3)在所有食品容器上加蓋。
(4)冷凍食品包好,避免食品發生脫水現象。
(5)必要時應進行除霜以避免累積厚霜。
(6)預定好開啟冷凍庫時間,避免多次進出浪費冷空氣。
(7)在進貨時,記錄下該貨品進貨日期,出清食品時,以「先進先出」為原則。
(8)經常保持貨架與地面清潔。
(9)建立冷凍設備的維修計劃。
(10)冷凍食物解凍時也要注意適當的方法,如表3-3所示。

表 3-3　　　　　　　　　冷凍食物幾種常用的解凍方法

解凍方法	時間	備註
冰箱中的冷藏室	6小時	時間充裕時用這種方法,以低溫慢速解凍。
室溫	40~60分鐘	視當天氣溫而異。
自來水	10分鐘	時間不充裕時用這種方法,但必須用密封包裝一起放入水中,以防風味及養分流失。
加熱解凍	5分鐘	用熱油、蒸汽或熱湯加熱冷凍食品,非常快,若想解凍、煮熟一次完成,則加熱的時間要延長些。
微波烤箱	2分鐘	按不同機型的說明進行解凍。

第三節　餐飲企業倉庫中常用的倉庫設備

一、倉庫設備選擇的原則

選擇物流設備，原則上要技術上先進、經濟上合理、生產作業上安全適用、無污染或污染小。

（一）作業方式與作業量協同原則

倉儲裝卸搬運設備的選擇應配合倉庫的經營目標和服務方式，與作業流程、作業方式和作業量相配合。作業量如果大，設備的自動化程度可以配置得高一些；作業量小的情況下，通常可選用人力和省力設備協同作業的方式來完成。

（二）作業對象和環境決定原則

倉儲裝卸搬運設備性能參數的確定要考慮庫存貨物單元的重量、貨架高度、倉庫地面承載能力、貨架通道寬度等。

（三）工作能力均衡原則

為提高搬運效率，避免人員、設備的閒置、等待和空載，倉儲裝卸搬運設備之間的工作能力要協調，且倉儲裝卸搬運設備要與倉庫系統的出入庫系統布置，以及分揀系統的能力協調，以保證倉儲系統能維持在一個合理的速度下運行。

（四）最小成本原則

該原則主要指的是設備的使用費用低，整個壽命週期的成本低。有時候，先進的設備、自動化程度高的設備的使用會與低成本發生衝突，這就需要在充分考慮適用性的基礎上，進行權衡，作出合理選擇。

（五）環境條件原則

倉儲裝卸搬運設備在高溫或低溫下作業時，要選用相應的傳輸帶、軸承、驅動裝置和潤滑系統。自動化設備的選用還必須考慮其作業環境的清潔、干爽，且作業環境的溫度要控制在一定的範圍之內。

（六）系統可靠性和安全性原則

倉儲裝卸搬運設備能否安全可靠地作業，將直接影響倉庫的服務水平和服務質量。為提高倉儲機械系統的可靠性，在系統構造時，要儲備必要的設備能力，設計必要的冗餘環節，防止倉儲機械系統完全失效，以及滿足設備功能在時間上的穩定性和保持性要求。安全性要求設備在使用過程中保證人身及貨物的安全，並且盡可能地不危害環境，能夠選擇符合環保要求、噪音少、污染小的倉儲設備進行作業是比較理想的。

（七）維修性和可操作性原則

維修性是指當倉儲設備發生故障時，通過維修手段使其恢復功能的難易程度。一般指以下三個方面：

（1）設備的技術圖紙、資料齊全，便於維修人員瞭解設備的結構，易於拆裝和

第三章　餐飲企業倉庫設施與設備

檢查。

（2）設備設計應合理。在達到使用要求的前提下，設備的結構應力求簡單，零部件組合應該標準化，有較高的互換性，在設計上能夠考慮到現場檢測的問題，使檢查和拆卸較為容易。

（3）能為設備提供適量的備件，或者有方便的備件供應渠道。

（八）物流和信息流的統一原則

現代倉儲系統是集信息、管理和機電一體化的複雜系統。倉儲機械系統作業時要求輸入各種作業和管理的指令，因此在設備配置時，要兼顧機械系統的控制與信息管理和狀態監控的需要。

二、物流作業設備的選擇

（一）托盤

托盤既是一種重要的集裝單元器具，又是倉庫中重要的保管設備，如圖3-1所示。

圖3-1　托盤

在食品倉庫中，入庫保存的貨物都是食材，需要保證其在物流作業中的衛生安全，因此必須使用托盤承托貨物。同時，托盤具有自重小、裝盤容易、保護性較好、易堆垛保管貨物等優點，且在裝卸搬運作業中可以利用叉車提高作業效率。中國聯運托盤的規格尺寸和國際標準化組織規定的通用尺寸基本一致，有3個規格，即：1,200mm×800mm；1,200mm×1,000mm；1,000mm×800mm。在食品倉庫中需要特別注意的是，托盤必須為聚乙烯材料制成，能夠承受-40℃~40℃的環境。

（二）貨架

由於食品倉庫的物流處理量巨大，為了滿足倉儲、配送的需要，節約用地面積，倉庫將選用可調節式冷庫專用貨架。選用立體貨架能充分利用空間，最適合大規模儲存貨物，適應儲存配送的需要。具體如圖3-2和3-3所示。

圖 3-2　蔬菜貨架　　　　　　　圖 3-3　冷庫貨架

(三)冷藏箱

冷藏箱是在冷庫環境中特殊應用的一種儲存及搬運設備，由底部帶有滑輪的儲物筐和外層保溫材料構成。如圖 3-4 所示。

圖 3-4　移動式冷藏箱

移動式冷藏箱既可以放置於嵌套庫內，暫時儲存小批量貨物，又可以在出庫作業中充當搬運設備，尤其是在對溫度有特殊要求的多品種小批量貨物出庫時應用頻率非常高。

(四)叉車

搬運作業是倉庫的主要作業之一。隨著物流事業的發展，根據倉庫的實際需要，設計和生產的搬運設備品種繁多，規格齊全。常用的搬運設備又分兩類，一種是重載長距離搬運的叉車系列，一種是輕載短距離搬運的手推車系列。為了提高倉庫的作業效率，根據倉庫的物流處理量，應該選配合適數量的叉車。在食品倉庫中，由於搬運作業可能在冷庫內進行，因此需要設置冷庫專用電動叉車或防爆型叉車。冷庫專用電動叉車如圖 3-5 所示。

第三章　餐飲企業倉庫設施與設備

圖 3-5　冷庫專用電動叉車

(五)手推車

由於手推車輕便靈活,廣泛用於倉庫、物流中心、貨站、機場等。如圖 3-6 和 3-7 所示。

圖 3-6　手推車(1) 　　　　圖 3-7　手推車(2)

一般手推車沒有提升能力,因此一般承載能力在 500 千克以下。食品倉庫選用的手推車主要用於載運數量少、重量輕、搬運距離短的貨物。作為對叉車的補充,它在揀取、儲存、配送貨物時經常要用到。

三、輔助設施設備的選擇

(一)可調式裝卸貨月臺

可調式裝卸貨月臺是一種能夠實現貨物快速裝卸的、以液壓為動力源的物流設備,其高度調節靈活,可使裝卸搬運車直接進入不同高度的貨車車廂裝卸貨物,能成倍提高工效和充分保障作業安全。食品倉庫選用可調式裝卸貨月臺是為了使貨物運輸車輛裝卸貨門與倉庫門更加嚴密對接,提高裝卸貨的效率,保證全程溫控。具體如圖

73

3-8所示。

圖 3-8　可調式裝卸貨月臺

(二)卷簾門

冷庫進出作業頻繁時，會使內部冷氣外泄，為了防溫度大量散失，可以加裝卷簾門。卷簾門可根據貨運車輛貨門大小而改變開關程度，門上裝有密封小窗，能夠確認車輛裝卸貨門與卷簾門是否完全密合，最大程度減小內外部空氣交換。

圖 3-9　冷庫卷簾門

另外在食品倉庫中，燈具需使用耐凍的防爆燈。為確保冷凍庫的溫度，冷凍庫門必須有最佳的隔溫效果；地層隔熱板要保證質量，不因傳熱而變形，低溫庫房必須在地板及庫房各個角落安裝溫度感測器，以保證庫內溫度品質。

輔助設備設施的選擇，一方面要滿足物流系統設備運轉的需要，另一方面也要滿足企業文化、形象、員工福利的需要。現代化物流中心在企業形象、企業文化、標誌以及整個環境規劃方面都呈現著乾淨、衛生、柔和、明朗、清爽和高效的企業獨特風格。為此，在對倉庫進行整體規劃設計時，除考慮流程、制度和作業需要之外，還要將企業形象具體化與建築設施結合起來考慮。

此外，在顏色和採光方面，現代化的倉儲中心特別加強顏色管理和科學採光，能用日光工作的活，盡量採用自然光線，一來經濟，二來有利健康。在工作場所光線應充足明亮一些，在休息、會客場所光線宜柔和一些。關於四周牆壁色彩，若採用反射率較高的色澤，則所需照度可略低一些。

關於工作安全設施方面，實際經驗證明，在物流作業中，由於不當操作或忽視安全

第三章 餐飲企業倉庫設施與設備

規程造成人員受傷、貨物損壞的情況很多。如落物碰撞、貨物從貨架上跌落、搬運工具或堆垛機碰撞等情形時有發生。為此,應設置安全作業標示、警示燈及防撞設施。

第四節 倉儲設備的管理

依照設備綜合管理的理論,餐飲企業應實行設備全過程管理,即實行從設備的規劃工作起至報廢的整個過程的管理,這個過程一般可以分為前期管理和使用期管理兩個階段。就食品倉儲設備的管理而言,同樣可分為前期和使用期兩個管理階段,本節主要講述使用期倉儲設備的管理。主要包括倉儲設備的基礎管理工作、運行管理和維修管理。

一、倉儲設備的基礎管理

倉儲設備的基礎管理工作主要包括設備的憑證管理、檔案與資料管理和資產管理。

(一)倉儲設備憑證管理

倉儲設備管理憑證是餐飲企業進行倉儲設備管理活動的依據。因此,搞好倉儲設備憑證管理是企業進行正常倉儲作業和設備維修的重要前提和保證。

憑證的內容主要包括兩個方面:一是實質內容,例如設備名稱、規格、型號、數量及其相關的使用單位等,或者是精度檢測和相關的精度值等設備管理活動項目;二是格式內容,包括標題、表頭、單位負責人、填表人、填表日期、憑證號碼及文字註釋等。

倉儲設備的憑證管理可以歸納為以下六個方面:

1. 明確管理部門

由於憑證具有記錄原始數據、明確責任的作用,因此要求記錄倉儲設備的憑證真實、準確,憑證要有確切的主管部門來負責憑證的設置、修改、審核及使用監督。

2. 憑證設置程序

倉儲設備憑證的設置,由主管部門專業管理人員擬出草稿,經部門負責人審批後,由相關處室(如計劃處、財務處等)會簽,並經企業領導批准,定稿實行。

3. 憑證的啟用

經批准的憑證,視使用範圍,由主管部門通過廠部文件或會議紀要等形式下達有關部門落實實施,並納入有關制度中,制定相關的檢驗監督辦法。

4. 憑證的填寫

倉儲設備管理憑證由使用憑證的相關人員負責填寫,憑證的填寫應書寫認真、整潔、數據準確,並須有單位負責人簽字才能生效。

5. 憑證的審核

取得憑證的主管人員,要審核憑證的內容,發現問題要及時查清,對於涉及實物管理的,要經常和實物核對;對於設備維修等費用憑證,按規定期限和財務部門對帳,以免發生差錯。

6. 憑證的傳遞和保存

憑證的傳遞要有固定的傳遞路線,要有有關制度保證;憑證由聯次註明的相關部門主管人員保存,如購置合同由設備採購人員保管、設備入庫單由倉庫保管員保存,並根據重要程度確定其保存年限。

(二)倉儲設備檔案與資料管理

像叉車、貨架、登高設備、托盤等許多倉儲設備均有技術檔案,這些設備的技術檔案是在設備管理過程中形成的,經整理歸檔保存,包括圖紙、文字說明、計算資料、圖表、錄像、圖片(照片)等。

倉儲設備的資料通常包括設備選型安裝、調試、使用、維護、修理和改造所需要的產品樣本、圖紙、技術標準、技術手冊、規程,以及設備管理的法規、制度等。

這些檔案和資料是管理和修理過程中不可缺少的基本資料,需要妥善保管,例如一些重要設備的檔案可能僅供查詢和複製,但不能出錯,以防丟失。

(三)倉儲設備資產管理

倉儲設備是企業固定資產的組成部分,是企業進行倉儲作業的物質技術基礎,新購置的設備經過驗收後要列入企業的固定資產再交付使用,直到報廢為止,可以運用ABC分析法,根據設備發生故障後和修理停機對生產、質量、成本、安全、維修等方面的影響程度和造成損失的大小等綜合因素,將設備劃分為三類:A類為重點設備,B類為主要設備,C類為一般設備。對重點設備的管理要求做到以下幾點:

(1)建立重點設備臺帳及技術檔案,內容必須齊全,並有專人管理。

(2)重點設備上應有標誌,可在編號前加符號A。

(3)重點設備的操作人員必須嚴格選拔,能正確操作和做好維護保養,人機要相對穩定。

(4)明確專職維修人員,逐臺落實定期點驗(保養)內容。

(5)對重點設備優先採用檢測診斷技術,組織好重點設備的故障分析和管理。

(6)應優先儲備重點設備的配件。

此外,對倉儲設備都要進行編號,較為普遍採用的是三段編號法,如圖3-10所示。

第一段以三位數字為代號,表示固定資產的大類和明細分類;第二段以兩位數字為代號,表示該設備的名稱或組型的順序號;第三段以四位數字為代號,表示該設備自身的順序號。

第三章　餐飲企業倉庫設施與設備

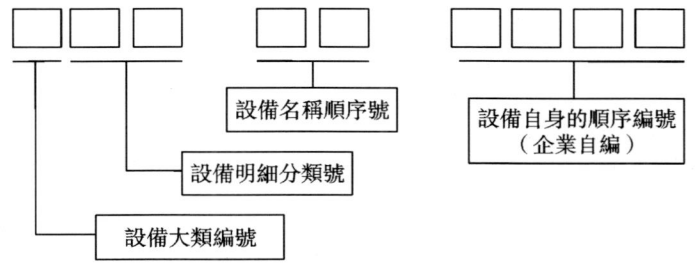

圖 3-10　設備編號方式及代表的意義

二、倉儲設備的運行管理

(一)設備正確使用的標誌

倉儲設備使用管理中，重要的是必須正確使用設備，尤其是對重點設備、主要設備的使用，一定要掌握其機械性能，按照使用說明書、操作規程以及各種條件下對設備機械使用性能的要求進行作業。要考慮經濟合理和技術合理兩個方面。正確使用的標誌有三個方面：

(1)高效率。設備使用必須使其作業性能得以充分發揮，如果設備長期處於一種低效運行的狀態，就是一種不合理使用。

(2)經濟性。即要求在可能的條件下使單位實務作業量的設備使用費成本最低。

(3)設備非正常損耗防護。即使設備的操作、保養、修理、管理都很好，也不能避免正常磨損及油耗。使用中應杜絕或避免非正常的損耗現象。例如，早期磨損、過度磨損、事故損壞，以及其他各種使設備技術性能受到損害或縮短使用壽命的情況都應避免。

(二)大型或重要倉儲設備使用程序

大型或重要倉儲設備使用程序包括：

(1)對操作人員進行教育培訓。組織操作人員學習有關設備的結構、性能、操作維護、故障排除和技術安全等方面的業務知識，並掌握設備的實際操作方法。

(2)技術考核。通過學習和技術培訓後，要進行技術知識、操作規程和技能、排除故障和保養等方面的考核。一般是現場實際操作和理論考核相結合。

(3)發放設備操作證。設備操作證代表設備操作者的身分，是操作人員獨立使用和操作設備的證明文件，也是設備操作人員通過技術基礎理論和實際操作技能培訓、經過考試合格後取得的一種資格證書，憑證操作是保證正確使用設備的基本要求，對於重點倉儲設備、主要倉儲設備的操作使用，憑證上崗尤為重要。

(4)設備委託書。大型重點和主要倉儲設備價格昂貴，為了增加操作人員的責任心，在操作人員接管設備前，應由設備管理部門和使用部門發給操作人員設備委託書。

(三)設備使用規程

倉儲設備,尤其是大型、重點、主要設備的使用,應該按操作規程進行作業。操作者在使用設備過程中要掌握「三好」「四會」,並嚴格執行「五項紀律」。

「三好」要求包括:

(1)管好設備。自覺遵守定人、定機制度和憑證使用設備,設備必修保持完整,未經允許,不得借與他人使用。

(2)用好設備。設備不得帶病運轉,不超負荷使用,不大機小用和精機粗用。細心愛護設備,防止事故發生。

(3)修好設備。按規定的檢修時間停機並檢修設備,操作人員要配合維修人員修好設備,並做好日常維護工作。

「四會」包括:

(1)會使用。操作人員應熟悉設備性能、結構、傳動原理及操作規程,正確使用設備。

(2)會保養。執行設備有關的維護、潤滑規定,保證設備清潔、潤滑及時,發現異常情況時能夠及時正確處理。

(3)會檢查。操作人員應熟悉設備開動前及使用後的檢查項目內容。

(4)會排除故障。操作人員應熟悉所用設備的特點,會排除運行過程中的簡單故障,排除不了的要及時報告,配合維修人員加以排除。

「五項紀律」包括:

(1)實行定人定機,憑操作證操作設備。

(2)經常保持設備整潔,按規定加油,確保設備潤滑良好。

(3)遵守安全操作規程和交接班制度。

(4)管理好設備附件和工具,不損壞、不丟失。

(5)發現異常即刻停機檢查。

三、倉儲設備的維修管理

(一)設備的三級保養制

首先是設備的日常維護保養,一般有日保養和周保養。日保養由設備操作人員當班進行,主要是檢查交接班記錄、擦拭設備,檢查手柄位置和手動運轉部位是否正確靈活、安全裝置是否可靠、低速運轉傳動是否正常、潤滑和冷卻是否暢通。

還要注意設備運轉的聲音是否正常,設備的溫度、壓力、液位、電氣、氣壓系統、儀表信號、安全保險等是否正常。

離崗時關閉開關,所有手柄放到零位。填寫交接班記錄和運行臺時記錄。

周保養應擦淨設備導軌、各傳動部位及外露部分;檢查各部位的技術狀況,緊固松動部位,調整配合間隙;擦拭電動機,檢查絕緣、接地情況,做到完整、清潔、可靠。

第三章　餐飲企業倉庫設施與設備

　　一級保養是指以操作人員為主,維修人員輔助,按計劃對設備局部拆卸和檢查,清洗規定部位,調整設備各部位的配合間隙,疏通油路、管道,更換或清洗油線、毛氈、濾油器等,緊固設備的各個部位。一級保養所用的時間大約為4~8個小時,一級保養完成後應做記錄並註明尚未清除的缺陷。一級保養的範圍應該包括所有倉儲在用設備,對重點設備和主要設備應嚴格執行。一級保養的主要目的是減少設備磨損,消除隱患,延長設備使用壽命。

　　二級保養是以維修人員為主,設備操作人員協助完成的。二級保養列入設備的檢修計劃,它是指對設備進行部分解體檢查和修理,更換或修復磨損件,清洗、換油、檢查修理電氣部分,使設備的技術狀況全面達到規定標準的要求。

　　(二)精密、大型、稀有、關鍵倉儲設備的維護要求

　　這類設備是實現企業倉儲正常運作的重點設備,這類設備的使用應嚴格執行一些特殊的要求:

　　(1)實行定使用人員、定檢修人員、定專用操作維護規程、定維修方式和備配件的「四定」做法。

　　(2)必須嚴格按說明書安裝設備。按不同設備的年檢要求,進行定期檢查、調整安裝水平和精度,並作出詳細記錄,存檔備查。

　　(3)對環境有特殊要求的設備,如防塵、防振的設備,管理和操作時要採取相應的措施,確保設備的性能不受影響。

　　(4)對於一些精密、稀有、關鍵設備,在日常維護中要注意一般不要拆卸零件,必須拆卸時,應由專門的維修人員進行。一旦在操作運行中發現設備異常,應立即停止。

　　(5)嚴格按照設備使用說明書規定的加工範圍進行操作,不允許超規格、超重量、超負荷、超壓力使用設備。

　　(6)設備的潤滑油料、清洗劑要嚴格按照說明書的規定使用,不得隨意用代用品。

　　(7)精密、稀有設備在非工作時間要加防護罩。

　　(8)設備的附件和專用工具應有專用櫃架擱置,防鏽蝕,不得外借或用作他用。

案例分析

　　2013年11月,XX物流公司與A餐飲企業簽訂了倉儲合同。XX公司承諾為A公司準備一個冷凍庫儲存保存期較長的凍肉、魚、禽、蔬菜類食品。目前庫房剛修建完畢,其建築面積為2,000㎡,需要購置必要的倉儲設施設備。

　　XX物流公司為A公司修建的新庫房,長50m,寬40m,高80m,地坪承重重量為200kg/㎡。

　　分析與思考:

　　假設你作為XX物流公司的倉儲部經理,應該為新倉庫配置哪些基礎的設施設備,才能開展正常的倉儲業務?

實訓設計

[實訓項目]
認識 XY 物流公司倉儲冷鏈物流中心的設施設備。

[實訓目的]
帶領學生參觀 XY 物流公司,使學生對餐飲物流的倉儲設施設備有更直觀的認識。

[實訓內容]
(1)學生收集餐飲物流倉儲設施設備的相關照片。
(2)學生參觀 XY 物流公司,聽取公司關於物流倉儲設施設備功能、作用對象的介紹。最後學生提交參觀報告。

[實訓要求]
(1)實訓時間為 2 課時。
(2)引導學生有序進入企業參觀,做好參觀前基礎知識的儲備。
(3)做好參觀後活動的總結,補充、完善課堂教學。

[實訓步驟]
(1)布置任務,讓學生提前瞭解所參觀企業的相關情況,同時收集餐飲物流設施設備的照片,做好參觀前的準備工作。
(2)帶領學生實地參觀。
(3)與公司負責人進行專業方面的交流,引導學生提問。
(4)學生撰寫參觀報告。

思考與練習題

一、名詞解釋

量本利法　重心法　冷凍庫

二、單項選擇

1. 新鮮肉類、禽類冷藏溫度為(　　)。

  A. 0℃~2℃　　　　　　　　B. -1℃~1℃
  C. 2℃~7℃　　　　　　　　D. 3℃~8℃

2. 食品倉庫的選址要考慮倉庫所在區域政府有無出抬關於餐飲業和物流業發展的相關政策,這體現了食品倉庫選址應考慮(　　)因素。

  A. 自然環境　　　　　　　　B. 交通條件
  C. 公共設施　　　　　　　　D. 產業政策

第三章　餐飲企業倉庫設施與設備

三、多項選擇

1. 中國聯運托盤的規格尺寸和國際標準化組織規定的通用尺寸基本一致，有3個規格，即(　　)。

　　A. 1,200mm×800mm　　　　　　B. 1,200mm×1,000mm
　　C. 1,000mm×800mm　　　　　　D. 1,200mm×1,200mm
　　E. 1,000mm×1,000mm

2. 食品倉庫按用途分類分為(　　)
　　A. 食品庫　　　　　　　　　　B. 飲料和酒庫
　　C. 非食用物資庫　　　　　　　D. 冰凍庫

3. 食品原料倉儲設備正確使用的標誌為(　　)
　　A. 高效率　　　　　　　　　　B. 經濟性
　　C. 設備非正常損耗防護　　　　D. 可持續性

四、思考題

1. 食品冷藏倉庫主要冷藏的食品種類有哪些？
2. 如何做好食品倉儲設備的維修管理？
3. 餐飲企業倉庫中常用的倉儲設備有哪些？

第四章　食品原料的採購與入庫管理

學習目標

- ◆ 掌握食品原料採購管理的意義、方法和程序
- ◆ 熟悉食品原料庫存盤點的控制方法
- ◆ 熟悉原料驗收的程序和要求
- ◆ 熟悉原料儲存主要方法和要求
- ◆ 瞭解原料的發放控制

引導案例

廣州曝光 12 種常吃水果被人為造毒

2007 年 3 月 20 日，廣州市食品安全信息網和中國食品網曝光了 12 中常吃的「毒」水果，涉及柑橘、荔枝、蘋果、梨、葡萄、西瓜、香蕉、桃、桂圓、芒果、柿子以及大棗。據瞭解，這些「毒」水果都是在生長過程中，過量使用催長素、催紅素、膨大素，或者存放中過量使用防腐劑，甚至出售中也使用著色劑、打蠟、漂白染色等，已經成為嚴重威脅人們健康的公害。

專家分析，毒水果之所以泛濫，最重要的原因是消費者常常「以貌取果」，消費者喜歡買個大、色鮮的水果，當然就有人投其所好。為此，市食品安全信息網專門整理出 12 中常吃的「問題」水果昭示於眾，警醒市民切勿「以貌取果」，不給作假者以市場。

思考：保證食品安全的首要環節是什麼？如何採取合理的採購管理措施以保證餐

第四章　食品原料的採購與入庫管理

飲食品的質量？

引例分析：

　　食品原料是餐飲企業餐飲服務的首要物質基礎。不論一個餐廳規模的大小如何，採用何種菜單形式，聘用何種廚師職工，使用何種設備工具，如果缺少高質量的或合乎標準的食品原料，便不可能生產出高質量的餐飲成品，食品原料採購是餐廳得以為賓客提供菜單上所列各種菜式的重要保證，原料價格是決定菜單價格的重要因素，而原料質量在根本上決定了餐飲成品的質量。因此，食品原料採購必須以菜單為基礎，必須適合菜單製作的需要。

　　（資料來源：佚名.廣州曝光12種常吃水果被人為造毒［EB/OL］.（2007-03-21）［2014-08-10］. http://news.cnwest.com/content/2001-03-21/content_463920.htm.）

● 第一節　食品原料採購管理

一、原料採購的目的和任務

　　食品原料採購是一項比較複雜的餐飲業業務活動，它不同於一般的購買，不能簡單地按照「便宜沒好貨，好貨不便宜」之類的俗套進行。

　　原料採購的目的在於以合理的價格，以適當的時間，從安全可靠的貨源，按規格標準和預定數量採購餐廳餐飲服務所需的各種食品原料，保證餐廳業務活動順利進行。要完成採購任務，餐飲部經理應該制訂完整的採購方針、原則和規程，同時選派具有相當專業知識的人執行具體的採購任務。任何人都會撥電話和填寫訂貨單，但僅僅這樣並非採購，有時候即使餐廳付了較低的價錢，但因未遵照採購規程，也會導致不必要的損失。在小型企業裡，食品原料的採購一般由經理本人或廚師長負責，從作出採購決定到訂貨購買，可能全由一人經辦；在較大的企業裡，採購任務則可能由數人共同執行，如廚師長可以負責採購肉類、魚類等鮮貨，因為他最瞭解飯店需要什麼樣的原料，最熟悉這些原料的質量標準，最能辨別它們的優劣，而倉庫採購員則可以負責採購其他類別的食品；在更大一些的企業裡，廚師長可以委託一位助手去執行其採購決定。在大型飯店企業裡，食品原料的採購及飯店所需的其他物資的採購工作又往往集中在一個專門的採購部門。其他部門只需根據部門的需要填寫採購申請單，交採購部進行採購。由此可見，具體負責採購工作的人或部門，因企業的規模類型不同而不同。因而，重要的不是誰進行採購，而是執行採購任務的人必須具有足夠的專業技能知識。

二、採購員的配置與選擇

　　合格的採購員是企業搞好採購的前提。如上所述，一些小型餐飲企業，尤其是私人餐飲企業都由企業主或經理親自兼任採購員。合格的採購員的選擇對成本的控制

有著舉足輕重的影響。有的管理學家認為,一個好的採購員可為企業節約5%的餐飲成本。

對採購員的選擇是十分重要的。一個合格的採購員需要達到以下條件:

(1)要瞭解餐飲經營與生產。他要熟悉企業的菜單,熟悉廚房加工、切配、烹調的各個環節,要懂得各種原料的損耗情況、加工的難易程度以及烹調的特點。

(2)掌握食品、飲料的產品知識。要懂得如何選擇各種原料的質量、規格和產地,掌握什麼季節購買什麼產品,什麼產品容易存放,什麼產品存放時間長質量會下降。這些知識對原料的選擇和採購數量的決策有很大用處。

(3)瞭解食品、飲料產品市場。他要熟悉蔬菜、副食品銷售渠道,熟悉各批發商和零售商,瞭解產品的市場行情。

(4)熟悉財務制度。他不能違反企業的財務制度。

(5)誠實可靠。一旦發現有舞弊行為的採購員,應立即將其調離崗位,並進行教育和處理。

為對採購進行控制,餐飲管理人員也要熟悉市場行情、銷售渠道和瞭解產品知識,並進行嚴格的驗收和財務控制。

三、原料分類

從食品原料採購的角度出發,餐廳所需的食品原料根據其易壞性能的不同,大體上可以分成兩大類:鮮貨類原料和干貨類原料。鮮貨類原料指不能長期保存的各類原料,如新鮮蔬菜、乳製品、水果、麵包、新鮮肉類、禽類、魚類等。這些原料有的必須當天採購當天消耗,有的也必須在短暫的有效保存期內使用,冷凍食品原料如凍肉、凍雞、凍魚、凍蔬菜,可以有一定的儲藏期,但與干貨類原料相比,仍然容易變質得多。要充分利用鮮貨類原料的新鮮質量,必須隨時採購,隨時消耗。與鮮貨類原料正好相反,干貨類原料指那些可以久藏的食品原料,如食鹽、食糖、大米、面粉、罐頭食品及各種調味品等。它們往往是箱裝、袋裝、瓶裝、罐裝的原料,可以在常溫下儲藏數月或數年之久而不變質,因而可以較大批量地進貨。然而,從占用資金和機會成本的角度分析,大量儲藏干貨類原料以減少採購次數也非明智之舉。鮮貨類原料和干貨類原料不僅在儲藏方面有不同的要求,在採購方法和技術上也多有不同之處。

四、原料採購質量控制

如果餐廳要提供質量始終如一的餐飲成品,就必須使用質量始終如一的食品原料。制訂食品原料採購規格標準,是保證餐飲成品質量的有效措施。採購規格標準是根據餐飲企業(餐廳或餐館)的特殊需要,對所要採購的各種原料做出的詳細的規定,如原料產地、等級、性能、大小、個數、色澤、包裝要求、肥瘦比例、切割情況、冷凍狀態等。當然,餐飲企業不可能也沒有必要對所有原料都制訂採購規格標準,但對占食品

第四章　食品原料的採購與入庫管理

成本將近一半的肉類、禽類、水產類原料及某些重要的蔬菜、水果、乳品類原料等都應制訂採購規格標準，一方面是由於上述原料的質量對餐飲成品的質量有著決定性的作用，另一方面是因為這些原料的成本很可觀，因此在採購時必須嚴加控制。制定採購規格標準應審慎小心，要仔細分析菜觀、菜譜。要根據各種菜式製作的實際需要，也要考慮市場實際供應情況。一般要求廚師長、食品控制員和採購部人員一起研究決定，力求把規格標準定得實用可行。規格標準的文字表達要科學、簡練、準確，避免使用模棱兩可的詞語如「一般」「較好」等，以免引起誤解。以下是兩則採購規格標準示例：

（1）牛腰肉：
——帶骨切塊，25厘米寬
——符合商業部牛肉一級標準
——每塊重量5~6千克
——油層1~1.5厘米
——中度脂肪條紋，肉色微深紅
——冷凍運輸交貨
——無不良氣味，無變質或融凍跡象
——訂購後第五日交貨

（2）葡萄柚：
——海南島產
——每個直徑9~10厘米
——色澤淡黃，圓形或橢圓形，肉含12~14瓣果肉
——皮薄、質細、肉嫩
——表面無可見斑點或擠壓傷痕
——酸甜適中、無明顯苦味
——每箱36只裝

制訂採購規格標準是餐廳或餐館食品原料採購工作中至關重要的一步，它有助於餐廳確保採購的原料符合質量標準，適合各菜式製作的特殊需要。採購規格標準一經制訂，應該一式多份，除分送給貨源單位使其按照餐飲企業所要求的規格標準供應原料外，企業內部一般應分送給餐飲部經理室、採購部辦公室以及食品原料驗收人員，以作驗收原料時的對照憑據。採購規格標準可以在企業營業的任何一個階段制訂或修正重訂，因為它不可能固定不變，相反，餐飲企業應該根據內部需要的變化和市場情況的改變，隨時檢查和修訂採購規格標準。總的說來，餐飲企業使用食品原料採購規格標準可有以下幾點好處：

（1）迫使餐飲企業管理者通過仔細思考和研究，預先確定餐飲企業所需各種食品原料的具體質量要求，以防止採購人員盲目地或不恰當地採購。

（2）把採購規格標準分發給有關貨源單位，能使供貨單位掌握餐飲企業的質量要求，避免可能產生的誤解和不必要的損失。

(3)使用採購規格標準,就不必要在每次訂貨時向供貨單位重複解釋原料的質量要求,從而可以節省時間,減少工作量。

(4)如將一種原料的規格標準分發給幾個供貨單位,有利於引起供貨單位之間競爭,使企業有機會選擇最優價格。

(5)食品原料採購規格標準是原料驗收的重要依據之一,它對控制原料質量有著極其重要的作用。

五、原料採購數量控制

食品原料採購規格標準一經制訂,只是在必要時才進行修改或重訂,但原料的採購數量卻因各種原料的不同情況而需要經常地改變。任何食品原料的質量都無一例外地隨著時間的流逝而逐漸降低,只不過有的變質得快,有的慢一些而已。因此,餐飲企業須採用一套方法,用以只採購當日所需或近期內所需的數量。當然,企業內外部各種因素千變萬化,例外情況時有發生,例如,某種原料由於季節性特點或因其貨源不足的緣故,企業必須在其大量上市供應充足時大批量進貨,以備後用;或者餐飲企業偶爾碰上一批廉價原料,雖然數量較大,但還是得如數購進。儘管如此,企業必須有一套方法來控制每種原料的採購數量,這些方法以各類原料的儲存期長短為主要依據。

(一)鮮貨類食品原料的採購

鮮貨類食品原料的不可久存的特點決定了餐飲企業必須遵循先行消耗庫存原料,然後才能進貨的原則。因此,採購的第一步工作便是掌握食品原料的現有庫存量,並根據營業量預報,決定下一期營業所需的原料數量,然後算出採購數量。採購鮮貨類原料通常有兩種方法。

1. 日常採購法

日常採購法適用於採購消耗量變化較大、有效保存期短暫因而必須經常採購的鮮貨類原料,如新鮮肉類、禽類、水產海鮮類原料。這種方法較為簡單,但要求食品管理員每天巡視儲藏室和冷庫,對各種有關原料進行盤點,記錄實際庫存量,並根據營業量預報和具體情況決定所需原料的採購數量。餐飲企業通常都自行設計「市場訂貨單」,把企業日常需要的食品原料分類列出,表中除「原料名稱」欄外,應有「現存量」「應備量」「已訂量」「需購量」欄,同時還應設置「市場報價」欄,這在各供貨單位原料供應價格各不相同的情況下十分有用(如表4-1所示)。例如,經過盤點,發現B、C兩種肉類實際庫存量分別為80千克和60千克,下一期營業期間這兩種肉類的需要量分別為260千克和200千克,而已訂購量分別為120千克和90千克。由此,便可決定這次採購量應分別為60千克和50千克。由於這類原料採購次數頻繁,幾乎每天都須進行採購,因此一般不必考慮保險儲備量等因素。「市場報價欄」使用方法如下:如企業與甲、乙、丙三個供貨單位有業務關係,並已把原料採購規格標準分送給這些單位。在訂貨前,通過電話聯繫或直接接洽,三個供貨單位報來了B、C兩種肉類的供應價格,

第四章　食品原料的採購與入庫管理

即標為市場報價。餐飲企業食品管理員把這些價格分別填入相應的位置，便可根據具體情況決定向哪一個單位訂貨。價格當然是主要決定因素之一，但最重要的卻是該單位的供貨必須能符合企業的採購規格標準。

表 4-1　　　　　　　　　　　　市場訂貨單示例

原料名稱	現存量	應備量	已訂量	需購量	市場報價(元/500 克)		
					甲	乙	丙
禽類							
A							
B							
C	80 千克	260 千克	120 千克	60 千克	15	16	17
D	60 千克	200 千克	50 千克	50 千克	16	16.5	17
果蔬類							
A							
B							
C							
D							
干製品							
A							
B							
C							
D							

食品原料管理員_____　廚師長_____　採購主管_____

2. 長期訂貨法

某些鮮貨類食品原料，如麵包、奶製品、某些水果、蔬菜等，其消耗量一般變化不大。因此可以採用長期訂貨的方法進行採購。長期訂貨法可以有兩種形式。

其一是餐飲企業與某一供貨單位商定，由供貨單位以固定的價格每天或每隔數天向企業供應規定數量的某種或某幾種食品原料。例如，企業可與某食品公司簽訂採購合同，由食品公司每天供應 5 箱雞蛋，企業不再每天進行採購聯繫。價格預先商定，數量固定不變，直到餐飲企業或食品公司感到有必要增加或減少時再重新協商決定。

其二是要求供貨單位每天或每隔數天把餐廳的某種或某幾種原料補充到一定的

餐飲企業倉儲管理實務

數量。這就要求餐飲企業對所有有關原料逐一確立最高儲備量，而為了防止補充超過最高儲備量，企業通常使用一種「採購定量卡」，借以對每次進貨的數量加以控制，而這又需要有專人負責進行每天盤點，記錄各種原料的實際庫存量，然後在供貨單位前來送貨時，通知其各種原料的需求量（如表 4-2 所示）。

表 4-2　　　　　　　　　　　　採購定量卡示例

原量名稱	最高儲備量	現存量	需購量
A	100 千克	30 千克	70 千克
B	60 千克	30 千克	30 千克
C	30 箱	10 箱	20 箱
D			
E			
F			
G			
.			
.			
.			
.			

在餐飲企業（餐廳或餐館）營業量相對穩定時期，使用長期訂貨法方法比較方便可靠。長期訂貨法也可以應用於某些消耗量較大，而需要每天補充的企業物資的採購，如餐廳所需的紙餐巾、紙餐匣等。這類物品若大量儲存，無疑會占用大量倉庫面積，因此不如採用長期訂貨的方法，定期由供貨單位供應。

(二) 干貨類食品原料的採購

儘管干貨類食品原料不像鮮貨類食品原料那樣容易變質，可以較大批量地進貨，但這卻可能造成原料積壓和資金占用。從財會角度來看，這種資金占用是一種機會成本，即由於把資金花在食品原料上而不得不放棄其他最佳選擇的效益價值。因此這類原料的採購數量也必須進行控制並盡量降低實際庫存量，這樣做對減少庫房占用、防止偷盜、節省倉庫勞力都有好處。干貨類食品原料的採購一般有兩種方法：「定期訂貨法」和「永續盤存卡訂貨法」。

1. 定期訂貨法

干貨類食品原料採購中最常用的方法是定期訂貨法。干貨類原料的較長儲存有效期使得減少進貨次數成為可能，從而使食品管理員有更多的時間去處理鮮貨類原料的採購事務。定期訂貨是一種訂貨期固定不變，即訂貨間隔時間不變，如一週一次或兩週一次或一月一次，但每次訂貨數量任意的一種方法。訂貨間隔時間通常根據餐飲企業關於原料儲備占用資金的定額規定來確定。每到訂貨日期，管理員對庫房進行盤點，然後決定採購訂貨數量，計算方法如下：

第四章　食品原料的採購與入庫管理

訂貨數量=下期需用量−實際庫存量+期末需存量

其中期末需存量是指每一訂貨期末企業必須剩下的足以維持到下一次送貨日的原料儲備量。決定期末需存量,必須考慮該原料的日平均消耗量及訂購期天數,即發出訂購通知至原料入庫所需的天數。另外還應考慮或因天氣情況等原因可能造成的送貨延誤,以及下期內可能突然發生的原料消耗量增加等因素。為了在特殊情況下確保原料供應,餐飲企業一般還在期末需存量中加上保險儲備量,通常是增加訂購期內需要量的百分之五十。所以期末需存量實際上是:

期末需存量=(日平均消耗量×訂購期天數)×150%

例如,某餐飲企業一月訂貨一次罐頭黃桃,該原料消耗量為平均每天 10 罐,正常訂購期為 5 天,即送貨日在訂貨日起第 5 天。如果管理員發現目前貨架尚存 70 罐,而下一期需用量約 300 罐(10 罐/天×30 天),月末需存量為 75 罐(10 罐/天×5 天×150%=75 罐),那麼,他便可推算出這一次的訂貨數量:300 罐−70 罐+75 罐=305 罐。如果罐頭黃桃是 24 罐裝一箱,那麼這一次訂貨數量應該是 13 箱,共 312 罐。這樣,雖然比應訂購量多訂了 7 罐,但由於每次訂貨時都必須減去當時的實際庫存量時,本次多購的數量必然會從下次訂貨數量中減除。

2. 永續盤存卡訂貨法

永續盤存卡訂貨法也稱訂貨點訂貨法或定量訂貨法。永續盤存訂貨法比定期訂貨法能更有效地控制採購工作,但另一方面卻又要求餐飲企業配備專門人員管理永續盤存卡。小型餐飲企業一般都覺得這種方法不方便、不經濟,但大型企業則多使用這種方法。

每一種原料都必須建立一份永續盤存卡,用以登記進貨和發放數量。每一種原料還都須有預定的最高儲備量和訂貨點量。所謂訂貨點量,就是定期訂貨法中的期末需存量,在此指當某種原料儲備量下降到應該立即訂貨時的數量。因此,訂貨點量的計算公式為:訂貨點量=(日平均消耗量×訂購天數)×150%。最高儲備量的確定,要考慮諸多因素:

(1)倉庫面積;
(2)企業確立的原料庫存額;
(3)訂貨週期;
(4)每日消耗量;
(5)供貨單位最低訂貨量規定。

一般餐飲企業的倉庫容量都顯緊張,主要原因是建造時未曾給予應有的重視。因此,企業必須根據現有面積決定全部原料的儲存量,然後根據各種原料的特點分配具體的儲存量。例如,大箱包裝的原料,如果進貨太多.必然占用大量倉庫面積,因而必須確立較低的最高儲備量。

企業原料資金占用額的規定也影響最高儲備量,如果企業資金不足或不寬裕,那麼,多次小量的訂貨方法就比較妥當。

餐飲企業倉儲管理實務

　　企業規定的訂貨週期也影響最高儲備量的確定,更重要的當然是原料的每日消耗量,如果消耗量大,而規定的訂貨週期又長,那麼,最高儲備量必須相當大。其次,還得考慮供貨單位關於最低訂購量的規定。

　　根據以上各種因素,企業不難訂出比較合理的各種原料的最高儲備量。最高儲備量可以指某種原料在最近一次進貨後可以達到、但一般不應超過的儲備量,但也可指某種原料在任何時候都應保持的儲備量。此處是指前者。

　　永續盤存卡由食品成本管理員保管,用以登記各種原料的進貨和發貨數量。由於每種原料都有訂貨點量,管理員不必每天進行實際庫存盤點,只要根據永續盤存卡帳面數字,當結餘數降至或接近訂貨點量時,便可發出訂貨通知。訂貨數量的確定較簡單,如下表 4-3 所示。

表 4-3　　　　　　　　　　永續盤存卡示例

永續盤存卡　編號:00154			
名稱:鳳梨 規格: 單價:			最高儲備量:300 罐 訂貨點量:150 罐
日期	訂單憑號	進貨量	發貨量	現存量
⋮				(承前)
12/7	NO.3145-225		20	150
13/7			18	132
14/7			19	113
15/7			23	90
16/7			22	68
18/7		252	18	302
19/7				
⋮				

　　訂貨數量=最高儲備量-(訂貨點量-日平均消耗量×訂貨期天數)

　　例如,某餐飲企業採購罐裝鳳梨,其日平均消耗量為 20 罐,訂貨期為 5 天,最高儲備量為 300 罐,訂貨點量為 150 罐。7 月 12 日,管理員發現該原料永續盤存卡上現存量已降至訂貨點量,他即發出訂貨通知,根據上述公式,訂購數量的計算公式為:300 罐-(150 罐-20 罐/天×5 天)= 250 罐。但因該原料是 12 罐一箱裝,管理員遂決定訂購 21 箱,共 252 罐。5 天後該訂貨運抵。該原料儲存量即回升至最高儲備量。

　　以上是幾種企業常用的控制採購數量的方法,值得注意的是,不論使用何種方法,訂貨數量的最後確定,必須根據當時的具體情況,既要考慮當時營業量增長或下降的趨勢,又要注意市場供應情況。

第四章　食品原料的採購與入庫管理

(三) 貨源選擇

確定訂貨數量以後,餐飲企業就可以開始選擇貨源即選擇供貨單位。企業在選擇貨源時必須把原料質量和價格結合起來考慮。首先,原料的質量必須符合企業制訂的規格標準,在此前提下,再選擇供價最低的貨源。然而,企業並不是每次都能或都必須以最低的價格進貨。諸多商家如供貨單位的信譽、原料質量和使用率差異等都可能使企業寧可選擇價格較高的貨源。

貨源的選擇無疑也受到餐飲企業地理位置的影響,在大城市及物產豐富、市場活躍的地區,無論在貨源數量或原料品種方面多有較大的挑選餘地。倘若在偏遠的山區,餐飲企業當然只得遷就於當地的供應條件。一般來說,為了能以較低的價格採購質量適宜的食品原料,在採購任何一種原料時,企業至少應與三個供貨單位接洽,取得三種報價。這時,不論是採購鮮貨類原料,還是干貨類原科,也不論是使用長期、定期或永續盤存卡法計算訂購量,都應當使用市場訂貨表,用以登記訂購量及取得的各種不同報價,以便比較選擇。

六、食品原料採購方法

(一) 公開市場採購

公開市場採購亦稱競爭價格採購,適用於採購次數頻繁、往往需要每天進貨的食品原料。旅遊飯店和大型社會餐飲企業絕大部分的食品原料採購業務多屬於此種性質。所謂公開市場或競爭價格採購,是指旅遊飯店或餐飲企業採購部門通過電話聯繫或商函,或通過直接接觸(採購人員去供貨單位或對方來企業),取得所需原料的報價。一般每種原料至少應取得三個供貨單位的報價,分別將它們登記在市場訂貨單上,隨後選擇其中原料質量最適宜、價格最優的供貨單位。

(二) 無選擇採購

餐飲企業有時候會遇到這樣的情況:企業需要採購的某種原料在市場上奇缺,或者僅一家單位有貨供應,或者企業必須得到原料,不論對方索價如何。在這種情況下,企業往往採用無選擇採購方法,即連同訂貨單開出空白支票,由供貨單位填寫。這種方法,往往使企業對該原料的成本失去控制。因此只有在不得已的情況下才使用,而通常在決定訂貨之前總得進行討價還價。

(三) 成本加價採購

當某種原料的價格漲落變化較大,或很難確定其合適價格時,人們往往會使用成本加價法。這裡的成本是指批發商、零售商等供應單位的原料成本。在某些情況下,供貨單位和採購單位雙方都把握不住市場價格的動向,於是便採用這種方法成交,即在供貨單位購入原料時在所花的成本上酌加一個百分比,將其作為供貨單位的贏利部分。對供貨單位來說,這種方法減少了或因價格驟然下降可能帶來的虧損危險。對採購單位來說,加價的百分比一般比較小,因而也是有利可圖的。採取成本加價方法的

餐飲企業倉儲管理實務

主要困難是很難確切掌握供貨單位原料的真實成本。好在餐飲企業使用成本加價採購的機會不多。

(四) 招標採購

招標採購是一種比較正規的採購方法，一般只有大型企業才使用。採購單位把所需採購的原料物品名稱及其規格標準，以投標邀請的形式寄給各有關供貨單位.供貨單位接到邀請後即行投標，報出價格，亦以密封的文件形式寄回採購單位。一般來說，凡其原料能符合規格標準，而出價最低者中標。這種方法有利於採購單位選擇最低的價格，但另一方面由於這種方法要求雙方簽訂採購合同，因而又不利於採購單位在合同期間另行採購價格可能更低廉、質量更合適的原料。

(五)「一次停靠」採購

有些大型餐飲企業營業所需的原料品種名目繁多，必須向眾多的供貨單位採購，這就意味著企業每天必須花費大量的人力和時間處理票據和驗收進貨。為了減少採購、驗收工作的成本費用，有的企業開始嘗試新的採購方法，即凡屬於同一類的各種原料、物資，企業都向同一個供貨單位購買，例如，企業向一家奶製品公司採購所需要的奶製品原料，向一家食品公司採購所需要的罐頭食品，這樣，每次只需向供貨單位開出一張訂單，接收一次送貨，處理一張發票。然而這種方法對大型餐飲企業來說，仍不理想。於是有人提出企業採購也使用超級市場購物方式的設想，即「一次停靠」採購法。根據對紐約一飯店進行的一項調查表明，這家飯店在一個月以內曾從 970 家食品供應商購買食品原料，訂貨 697 次，先後接受交貨 703 次，處理發票 703 張。顯而易見，飯店花費在聯繫訂貨、驗收交貨、結帳付款方面的時間和勞力相當可觀。由於一張訂貨單從填寫到核准就得經過三四個人的手，而處理一張支票從打字員轉到會計員以及部門經理，加上占用機器的時間，大約要花 7.5 美元。根據這項研究，如果這家飯店每個月少開 100 張支票，也就能節省 750 美元。於是這些人便依照超級市場購物「一次停靠」的概念，成立了一個飯店物資供應公司，以批發價格提供飯店業務所需的幾乎全部原料物資。那家飯店經過研究，認為採取這種一次性停靠採購的方法，不僅可行而且能節省大量開支，遂與該公司訂約，把它作為主要的供貨單位。結果是理想的，不僅飯店原料物資供應及時，而且每月訂貨、驗收次數大大減少，平均每月只進行 25 次訂貨、25 次驗收交貨，每月只開出 3 張支票，大大降低了採購費用。中國目前已有飯店物資供應公司出現，這一新生事物前途不可限量。

(六) 合作採購

合作採購是指兩家以上的餐飲企業組織起來，聯合採購某些原料物品，其主要優點是通過大批量採購，各餐飲企業有機會享受優惠價格。儘管各餐飲企業各有特色，但完全可以使用合作採購的方法去採購某些相同標準的食品飲料及各地通用的用品，如臺布、餐巾等。

(七) 集中採購

餐飲企業往往建立地區性的採購辦公室，為本公司該地區的各餐飲企業採購各種

第四章　食品原料的採購與入庫管理

食品原料。具體辦法是各企業將各自所需的原料及數量定期上報公司採購辦公室,辦公室匯總以後便進行集中採購。訂貨以後,可根據具體情況由供貨單位分別運送到各個企業,也可由採購辦公室統一驗收,隨後再行分送。

集中採購的優點是:由於大批量購買,往往可以享受優惠價格;集中採購便於與更多的供應單位聯繫,因此原料質量有更多的挑選餘地;集中採購有利於某些原料的大量儲存,因此能保證各餐飲企業的原料供應;同時,集中採購能減少各餐飲企業採購者營私舞弊的機會。另一方面,集中採購也有其不足之處,如各企業或多或少得被迫接受採購辦公室採購的食品原料,不利於企業按自己的特殊需要進行採購;由於集中採購,企業不得不放棄當地可能出現的廉價原料,而且,集中採購在使各餐廳菜單趨向雷同之餘,也使各企業自行修改菜單的能力受到局限,因而不利於餐廳標新立異,不利於創造自己獨特的風格。

以上是幾種常用的餐飲企業或飯店集團採購方法,各企業應根據自己的類型、規模、隸屬形式、業務特點、市場條件等因素選擇合適的採購方法。

● 第二節　原料進貨驗收管理

如果只對餐飲原料的採購進行控制,而忽視驗收這一環節,往往會使對採購的各種控制前功盡棄。有意或者無意地,供貨單位的實際送貨且可能超過訂購量或可能短斤缺兩,原料的質量可能不符合企業的要求,會超過或低於採購規格標準,而原料的價格也可能與原先的報價大有出入。畢竟,企業按質按量並以合理價格訂購並不能保證供貨單位也按質按量並以合理價格為企業提供原料。因此,驗收控制的主要目的是檢查送貨的數量是否符合訂購的數量,原料的質量是否符合規格標準,價格是否符合原先的報價。

一、驗收員的配備

驗收控制的第一個環節是配備稱職的驗收員。合格的驗收員應該是能嚴格把關、不徇私情、認真負責地按驗收程序檢查進貨的工作人員。他必須熟悉餐廳的菜單,具備食品原料學知識,瞭解原料的採購規格並且熟悉財務制度。

在企業的組織中應設專人負責食品飲料的驗收。即使是一個小企業,驗收員也不能由採購員、廚師長或餐飲部經理兼職。如果人手不夠,驗收員可由倉庫保管員兼任。驗收員應對採購工作進行控制,因而最好隸屬於財務部門。驗收員的主要職責是:檢查送貨的數量是否符合訂購的數量,原料的質量是否符合採購規格標準,價格是否符合原商定的價格。驗收員還要檢查退出的包裝箱、飲料瓶、罐頭中是否混入未用的原料。驗收員必須每日填寫驗收日報表。

餐飲企業倉儲管理實務

驗收辦公室應接近飯店或餐館的後門,並接近食品和飲料的庫房。驗收辦公室的位置和朝向應確保驗收員能方便地看到每一樣貨物的進出。驗收處應有足夠的空間用以車載貨物的裝卸,保持貨物移動通暢。

二、原料進貨驗收操作規程

在大型餐飲企業或大型飯店裡,原料物品的驗收工作一般由專職的驗收人員負責,驗收辦公室在組織結構表上也佔有一席之地。但小型的企業卻常常由倉庫保管員兼顧食品原料及其他物品的驗收。與食品原料採購一樣,重要的並不是由誰去驗收進貨,而是必須有一套科學、合理、有效的驗收方法或操作規程,供執行驗收任務的人員參照遵守。

驗收操作規程應包括以下內容:

(1)凡是可數的訂貨,必須逐一點數,記錄實收箱數、袋數或個數。

(2)以重量計量的原料,必須逐件過磅,記錄正確的重量。

(3)對照隨貨交送的發貨單和發票,檢查原料數量是否與實際數量相符;檢查發貨單原料數量是否與採購訂貨單原料數量相符。

(4)對照原料採購規格標準,檢查原料質量是否符合要求。

(5)抽樣檢查箱裝、匣裝原料,檢查原料是否足量,質量是否一致。

(6)檢查發貨單原料價格是否與市場訂貨單記錄的報價一致或是否與採購訂貨單所列價格一致。

(7)完成進貨驗收單,正確記錄供貨單位名稱、收貨日期、各種原料重量或數量、單價和金額。

(8)如果原料分量不足或質量不合標準需要退回,應填寫原料退回通知單並取得送貨人簽字,將通知單隨同發貨單副本退回供貨單位。

(9)所有有關發票或發貨單必須加蓋收貨章,驗收員在規定地方簽字。

(10)在原料包裝上註明進貨日期及進料價格,或使用雙聯標籤,然後盡快將所有收妥的原料送到各自儲存的倉庫、冷庫,或廚房(用作當天消耗),以免引起質量下降或損失。同時填寫進貨日報表。

(11)所有發貨單、發票或有關單據及進貨日報表應及時送交財務部門,以便登記結算。各餐飲企業因各自情況不同,驗收原料的具體方法也常有所不同,但不論大企業或小企業,原料驗收都得抓住三個重要環節,即數量、質量和價格。

三、收貨章的作用

一般來說,所有原料都隨發貨單和發票運送,副本經企業驗收員簽字後由送貨人帶回供貨單位,正本應加蓋收貨章,由驗收員、食品管理員及會計部門有關人員簽字,這說明原料已經按質按量及合適的價格購進入庫,收貨單位同意付款。因此收貨章最

第四章　食品原料的採購與入庫管理

好不僅僅是「收訖」兩字,而應該包括更多的內容。具體如圖4-1所示。

```
              收　貨　章                        年　月　日
經手人_____
管理員_____
單價及小計核審_____
同意付款_____
```

圖4-1　收貨章圖例

收貨章要求四位不同的人員簽字,當然是有其用意的。首先,它有助於企業日後檢查該項原料物是何年何月何日收妥的。經手人簽字表明誰負責驗收這批原料及處理所有證據,表明原料的數量、質量和價格都已經過審核;管理員簽字表明他已經得到這批貨物已收妥待用的通知;單價及小計核審簽字表明食品成本控制員已經認可該原料應付款項的正確性;而同意付款簽字說明了這批原料物品的採購過程已正式結束。

四、鮮貨類食品原料雙聯標籤的作用

由於肉類、禽類等鮮貨類食品原料可占餐飲企業食品成本的一半左右,因此對這些原料成本嚴加控制顯得十分必要。使用雙聯標籤便是適用這種控制的一項簡便方法。具體如圖4-2所示。

```
進貨日期_____     進貨日期_____
供貨單位_____     供貨單位_____
品　　名_____     品　　名_____
重量_____單價_____     重量_____單價_____
合計金額_____     合計金額_____
發貨日期_____     發貨日期_____
編　　號:                      編　　號:
```

圖4-2　雙聯標籤

在這些原料正式入庫以前,驗收員應該給每一件原料掛貼雙聯標籤,填寫各欄內容。但對直接進料,即收貨後立即送往廚房當天消耗的原料並不需要使用雙聯標籤。

雙聯標籤上下雙聯的內容填寫必須完全相同,只留發貨日期不填。掛妥後,將下聯撕下,交給食品成本控制員保管。日後當該原料從倉庫發出消耗時,上聯由廚師長

95

餐飲企業倉儲管理實務

或管理員交到食品成本控制員處,這時,這批原料的整個雙聯標籤都到了成本控制員手中,他便可以計算當天的食品成本。

雙聯標籤的使用具有三重目的:第一,有利於迅速進行存貨清點,簡化清點作業的手續,盤存時不必將原料逐件過磅,而只要將原料的重量、價格等轉抄到存貨清點單上。第二,標籤上的進貨日期明確地表示了哪一批原料應先予消耗,因此有助於庫房執行先進先出的原則,有利於食品質量控制。第三,有利於庫房管理檢查和成本控制,因為食品成本控制員手中有多少下聯,倉庫裡就必須有多少份原料,如果兩者數目不合,即說明出了問題,便於立即追查。

五、進貨日報表的作用

企業每日所進的食品原料及物品必須登記在進貨日報表上,但其目的卻並不在於羅列各送貨單上的所有原料物品名稱、數量和價格,因為這些內容在日後任何時候都可以從發貨單上得到。使用進貨日報表的目的在於區分當日進貨中哪些是直接進貨,哪些是倉庫進貨,哪些是雜項進貨。

直接進貨是指當日進貨不經過倉庫儲存,直接運進廚房當日予以消耗,其成本計入當天食品成本的原料;倉庫進貨是指當日進貨送至倉庫、冰庫儲藏以備後用,其成本記入原料儲備價值,待日後該原料從倉庫發出消耗時方記入該天的食品成本的原料;雜項進貨是指餐廳、廚房用的其他物品如消毒品、清潔劑等。它們當然不能作為食品成本。但雜項進貨欄還可用於填寫飯店其他部門如酒吧等所需的食品原料,以做區分。如果有的原料,其中一部分需立即交送廚房使用,另一部分得入庫儲存,那麼應該按實際分配比例,將其成本分成兩部分,分別填入直接進貨和倉庫進貨欄下。

由此可見,進貨日報表的主要目的是成本控制,是為了財務部計算企業當天的食品成本。有些餐飲企業沒有完整的成本控制規程,因而忽略了以上某些步驟,如驗收員不填寫進貨日報表,也不分直接進貨、倉庫進貨和雜項進貨,只將一天內收到的所有貨單、憑據交給會計入帳,那麼將無法正確統計當天的食品成本。

六、盲目查對驗收法

很多飯店和餐飲企業都會使用不同的憑單驗收的方法,其標準做法是驗收員根據發貨單和發票內容,對照採購規格標準、市場訂貨單或採購訂貨單,逐一檢查進料的數量、質量和價格。憑單驗收比較簡單、快捷、經濟,如果驗收員能嚴格按照規程操作,不失為一種有效的驗收方法。

倘若企業發覺進貨驗收存在著問題或驗收員有玩忽職守之嫌,則可以採用盲目查對驗收方法,以迫使驗收員謹慎行事。盲目查對驗收要求供貨單位的合作,供貨單位可把填寫詳盡的發貨單和發票直接寄往企業財務部門,隨同進料只遞交一份清單,上面的進貨數量和價格欄目留空不填,這兩欄的內容由驗收員填寫。這樣,驗收員就必

第四章 食品原料的採購與入庫管理

須對進貨逐一過磅或點數,再查看有關採購訂貨單上的原料價格才能填寫確切數字,因為這份清單必須送交財務部門與供貨單位正式發貨單驗對。這種方法比較費時,但能促使驗收員認真計數進貨的數量以及檢查其質量和價格,不致馬虎而失去驗收工作對進貨數量、質量、價格的檢查控制。這種方法雖不常用,但作為一種控制食品成本的措施,在必要時也不妨一試。

第三節 貨物入庫作業組織

入庫作業組織是指倉儲部門按存貨方的要求,合理組織人力、物力等資源,按照入庫作業程序,認真履行入庫作業各環節的職責,及時完成入庫任務的工作過程。

一、影響入庫作業的因素

在進行入庫作業組織時,必須搞清楚影響入庫作業的主要因素,並對這些因素進行分析。這些因素主要包括以下幾個方面。

1. 貨品供應商及貨物運輸方式

倉儲企業所涉及的供應商數量、供應商的送貨方式、送貨時間等因素直接影響入庫作業的組織和計劃,因此,在設計進貨作業時,主要應掌握以下五方面的數據:每天的供貨商數量(平均數量及高峰數量);送貨的車型及車輛臺數;每臺車的平均卸貨時間;貨物到達的高峰時間;中轉運輸接運方式。

2. 貨物種類、特性與數量

不同種類的貨物具有不同的特性,因此需要不同的作業方式與之配合,另外,到貨數量的多少也對組織入庫作業產生直接影響,在進行具體分析時,應重點掌握以下數據:每天平均的到貨品種數和最多的到貨品種數;貨物單元的尺寸及重量;貨物的包裝形態;貨物的保存期限;貨物的特性(是一般性貨物還是危險性貨物);裝卸搬運方式。

3. 入庫作業的組織管理情況

根據入庫作業要求,合理設計作業崗位,確定各崗位所需的設備器材種類及數量,根據作業量大小合理確定各崗位的人員數量,另外針對各崗位必須安排合適的人選。整個組織管理活動應以作業內容為中心,充分考慮各環節的銜接與配套問題,合理設計基本作業流程,與此同時要考慮與後續作業的配合方式。

二、入庫的基本作業程序

貨物入庫的基本業務流程如圖 4-3 所示。

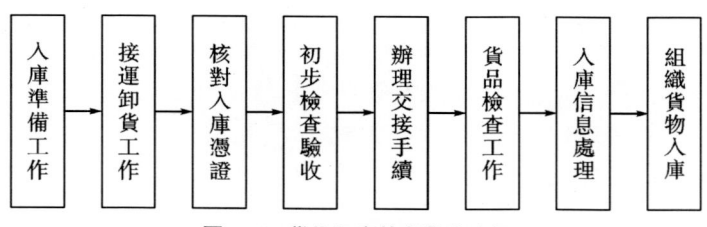

入庫準備工作 → 接運卸貨工作 → 核對入庫憑證 → 初步檢查驗收 → 辦理交接手續 → 貨品檢查工作 → 入庫信息處理 → 組織貨物入庫

圖 4-3 貨物入庫基本業務流程

1. 入庫前的準備

做好入庫前的準備工作是保證貨物準確、迅速入庫的重要環節，也是防止出現差錯、縮短入庫時間的有效措施。入庫前的準備工作，主要包括以下幾項內容：編製貨物入庫作業計劃、安排倉容、組織人力、準備機械設備及計量檢驗器具、準備苫墊用品等。

2. 接運卸貨

接運即指與托運貨主或承運者辦理所運到的貨物交接手續，為貨物的入庫檢驗做準備。主要形式如下：

(1) 接受到貨通知單，到車站、碼頭提貨。

(2) 接受託運方的委託，直接到供貨單位提貨。

(3) 接受託運方直接送到的貨物。

(4) 接受倉庫自有鐵路專用線的到貨。

3. 核對憑證

貨物到庫後，倉庫收貨人員首先要檢查貨物入庫憑證，然後根據入庫憑證開列的收貨單位和貨物名稱同送交的貨物內容和標記進行核對。如核對無誤，再進入下一道工序。

4. 初步檢查驗收

初步檢查驗收主要是對到貨情況進行粗略的檢查，其工作內容主要包括數量檢查和包裝檢查。數量檢查的方法有兩種：一是逐件點數計總；二是集中堆碼點數。無論採用哪種方法，都必須做到精確無誤。在數量檢查的同時，對每件貨物的包裝要仔細查看，查看包裝有無破損、水濕、滲漏、污染等異常情況。出現異常情況時，可打開包裝進行詳細檢查，查看內部貨物有無短缺、破損或變質等情況。

5. 辦理交接手續

入庫貨物經過以上幾道工序之後，收貨人員就可以與送貨人員辦理交接手續。如果在以上工序中無異常情況出現，收貨人員在送貨回單上蓋章表示貨物收訖。如發現有異常情況，必須在送貨單上詳細註明並由送貨人員簽字，或由送貨人員出具差錯、異常情況記錄等書面材料，用作事後處理的依據。

6. 貨物驗收

在辦完貨物交接手續之後，倉庫管理員對入庫的貨物還要進一步驗收。對貨物驗

第四章　食品原料的採購與入庫管理

收工作的基本要求是及時、準確。即要求在規定的時間內,準確地對貨物的數量、質量、包裝進行詳細的驗收,這是確保儲存貨物準確無誤貨物質量的重要措施。

如果倉庫或業務檢驗部門在規定的時間內沒有提出貨物殘損、短少以及質量不合格等問題,存貨方則可認為所供應的貨物數量、質量均符合合同要求,雙方責任已請,不再負責賠償損失。

因此,倉儲企業必須在規定的時間內,準確無誤地完成驗收工作,對入庫貨物數量、質量等情況進行確認。

7. 入庫信息處理,辦理貨物入庫手續

驗收確認貨物後,應及時填寫驗收記錄表,並將有關入庫信息及時準確地錄入入庫管理信息系統,更新庫存貨物的有關數據。貨物信息處理的目的在於為後續作業提供管理和控制的依據。因此,入庫信息的處理必須及時、準確、全面。貨物的入庫信息通常包括以下內容:貨物名稱、規格、型號;包裝單位、包裝尺寸、包裝容器及單位重量等;貨物的原始條形碼、內部編碼、進貨入庫單據號碼,貨物的儲位指派;貨物入庫數量、入庫時間、生產日期、質量狀況、貨物單價等;供貨商信息,包括供貨商名稱、編號、合同號等;入庫單據的生成與打印。

入庫信息處理完畢,按照打印出的入庫單據根據入庫程序辦理入庫的具體業務。與此同時,將貨物入庫單據的其餘各聯,迅速反饋到業務部門,作為正式的庫存憑證。到此為止,入庫業務告一段落,進入到儲存保管階段。

三、入庫前的準備工作

倉庫部門應根據倉儲合同或者入庫單、入庫計劃,及時進行庫場準備,以使貨物能按時入庫,保證入庫過程順利進行。入庫準備需要由倉庫的業務部門、倉庫管理部門、設備作業部門分工合作,共同完成,主要有以下工作。

1. 熟悉入庫貨物

倉庫業務、管理人員應認真查閱入庫貨物資料,掌握入庫貨物的品種、規格、數量,應根據包裝狀態、單件體積、到庫確切時間、貨物存期、貨物的物理化學特性、保管要求等信息做好庫場安排和準備。

2. 掌握倉庫庫場情況

倉庫部門要瞭解貨物入庫期間、保管期間倉庫的庫容、設備和人員的變動,以便安排工作,必要時對倉庫進行清查,清理歸位,以便騰出倉容。

3. 制訂貨物作業計劃

貨物入庫作業計劃是根據倉儲保管合同和貨物供貨合同來編製貨物入庫數量和入庫時間進度的計劃。計劃的主要內容包括入庫貨物的品名、種類、規格、數量、入庫日期、所需倉容、倉儲保管條件等。倉庫計劃工作人員再對各入庫作業計劃進行分析,編製出具體的入庫工作進度計劃,並定期同業務部門聯繫,做好入庫計劃的進一步落

餐飲企業倉儲管理實務

實工作,隨時做好貨物入庫的準備工作。

4. 組織人力

按照貨物的入庫時間和到貨數量,應做好相關作業人員(如搬運、檢驗、堆碼人員等)的工作安排,保證貨物到達後,人員能及時到位。

5. 妥善安排倉庫貨位

倉庫部門根據入庫貨物的性能、數量、類別,結合倉庫分區分類保管的要求,核算貨位的大小,根據貨位使用原則,妥善安排貨位、驗收場地,做好確定堆垛方法、苫墊方案等準備工作。

6. 貨位準備

倉管員要及時進行貨位準備,徹底清潔貨位,清除殘留物,清理排水管道或排水溝,必要時安排消毒、除蟲;檢查照明、通風設備,發現損壞,及時通知維修人員修理。

7. 準備苫墊材料、作業用具

在貨物入庫前,根據所確定的苫墊方案,準備相應的材料,並組織襯墊鋪設作業。對作業所需的用具應準備妥當,以便能及時使用。

8. 驗收準備

倉庫理貨人員根據貨物情況和倉庫管理制度,確定驗收方法,準備驗收所需要的點數、稱量、測試、開箱裝箱、丈量、移動照明等器具。

9. 裝卸搬運工藝設定

根據貨物、貨位、設備條件、人員等情況,科學合理地制定卸車搬運工藝流程,保證作業效率。

10. 準備文件單證

倉管員要準備好貨物入庫所需的各種報表、單證、帳簿,以備使用。

不同倉庫、不同貨物的業務性質不同,入庫準備工作也有所區別,需要根據具體情況和倉庫管理制度做好充分準備。

四、貨位與貨物管理

(一)貨位的確定

倉庫貨位是倉庫內具體存放貨物的位置。庫場除了通道、機動作業場地外,其餘都是貨位。為了使倉庫管理有序、操作規範以及存貨位置能準確表示,應根據結構、功能,按照一定的要求將倉庫存貨位置進行分塊分位,形成貨位。每一個貨位都使用一個編號,以便區分。貨位確定並進行標示後一般不隨意改變。貨位可大可小,大至幾千平方米的散貨貨位,小的僅有零點幾平方米的貨位,具體根據所存貨物的情況確定。貨位可劃分為場地貨位、貨架貨位,有的相鄰貨位可以串通合併使用,有的預先已安裝地坪,無需墊垛。

第四章　食品原料的採購與入庫管理

1. 貨位使用方式

倉庫貨位的使用方式有如下三種。

（1）固定貨物的貨位。

貨位只用於存放確定的貨物，嚴格地區分使用，決不混用、串用。對於長期貨源的計劃庫存大都採用固定方式。固定貨位有固定用途，便於揀選、查找貨物，但是會造成倉容利用率較低。對於固定貨物，可以針對性地對貨位進行裝備，這有利於提高貨物保管質量。

（2）不固定貨物的貨位。

貨物可任意存放在空著的貨位，不加分類。不固定貨位有利於提高倉容利用率，但是倉庫內會顯得混亂，不便查找及進行其他作業。對於週轉極快的專業流通倉庫，貨物保管時間短，大都採用不固定方式。不固定貨物的貨位如有計算機配合管理，能充分利用倉容，方便查找。但要注意的是，採用不固定貨位方式，仍然要遵守倉儲的分類安全原則。

（3）分類固定貨物的貨位。

對貨位進行分區、分片，同一區內只存放同類貨物，但在同一區內的貨位則採用不固定使用的方式。這種方式有利於貨物保管，也較方便查找貨物，有利於提高倉容利用率。大多數儲存倉庫都採用這種方式。

2. 選擇貨位的原則

在貨位的確定上要綜合相關因素加以確定，應遵守如下六個原則。

（1）根據貨物的尺度、貨量、特性、保管要求選擇貨位。

貨位的通風、光照、溫度、排水、防風、防雨等條件應滿足貨物保管的需要；貨位尺度與貨物尺度匹配；貨位的容量與貨量接近；選擇貨位要考慮相近貨物的情況，防止與相近貨物相互影響。

（2）保證先進先出。

先進先出是倉儲保管的重要原則，能避免貨物超期變質。為保證每一貨物都有暢通的通道，在貨位安排時，要避免後進貨物圍堵先進貨物，存期較長的貨物不能圍堵存期較短的貨物。

（3）針對出入庫頻率高的貨物應使用方便作業的貨位。

對於持續入庫或者持續出庫的貨物，應安排在靠近出口的貨位，以方便出、入庫；流動性差的貨物，可以離出入口較遠。同樣的道理，存期短的貨物應安排在出口處。

（4）小批集中、大不圍小、重近輕遠原則。

多種小批量貨物，應合用一個貨位或者集中在一個貨位區，避免把小批貨夾存在大批量貨物的貨位中。重貨應離裝卸作業區最近，以減少搬運作業量或者可以直接用裝卸設備進行堆垛作業。使用貨架時，重貨應放在貨架下層，需要人力搬運的重貨，應存放在腰部高度的貨位。

(5)方便庫內操作原則。

所安排的貨位能保證搬運、堆垛、上架作業方便,能保證有足夠的機動作業場地,能使用機械進行直達作業。

(6)作業分佈均勻原則。

盡可能避免倉庫內或者同條作業線路上多項作業同時進行,相互妨礙。

(二)貨物的安排與管理

1. 儲存區的位置

庫存區的位置最好設在驗收處和廚房之間,最好與兩者都接近,應有可以讓貨車自如通行的合適的通道,以確保貨物的儲存和發料方便、迅速。酒水儲存區應盡可能接近酒吧,以減少發料和運貨的時間,節約勞動工作量。因酒水最易被盜,故儲存區的位置要使酒水不在驗收處停留時間過長。

儲存區的位置還要確保儲存安全,不要設在小偷容易出沒的位置,倉庫的門要隨時上鎖。歸結起來,儲存區位置的要求是:(1)確保儲存發料迅速;(2)減小勞動強度;(3)確保安全。

2. 貨架和盛器

鮮貨類等易腐性食品原料應存放在透氣的帶條狀貨架上,讓空氣自由流通。干貨類等非易腐性原料也要放在貨架上,任何貨品都不能放在地上。最底層貨架起碼應離地面15～20厘米,以便於空氣流通和庫房的清掃。底層貨架用於存放體積大、重量大的貨物。為防止牆壁反潮,貨品存放不宜貼牆,貨品起碼應離牆5厘米。

若面積許可,最好不用凳子或梯子裝貨和取貨,這樣可節省人力。對女管理員來說貨架最高層不要超過2米,對男管理員來說貨架不要超過2.10米高。貨架的位置要盡量使兩邊都能通行,通道不要窄於0.9米,若要通貨車還應寬些。上下二層貨架的間距應保持一定的高度,以利於貨物的搬動和開蓋;每類貨物之間要有間隔,貨物貼得太緊容易滋生細菌,導致原料變質。

食品的儲存除應考慮溫度以外,盛器也極為重要。許多干貨類等非易腐性食品在採購時放在密封的盛器裡(如塑料袋),這類食品用這種盛器儲存比較安全。但也有很多食品是裝在非密封性的包裝物中出售的,如紙袋、紙盒、大布袋等,這種包裝容易受細菌和蟲類的侵襲而影響質量。因而這些食品要盡量根據實用的原則轉移到密封、防潮、防蟲的盛器裡。鮮貨類等易壞腐原料不管是生的、還是熟的,都要裝在最能保持質量的盛器裡。有些生的食品如馬鈴薯、蘋果等不必改換盛器儲存;而有些新鮮的原料如新鮮的海魚則最好放些冰塊加以儲存;熟製品(如罐頭等)一經打開應裝在不銹鋼盛器裡加蓋儲存或包起來儲存。

3. 採用原料庫存卡制度

為方便對原料物資的保管、盤存、補充,有必要對庫房中儲存的每種原料建立庫存卡。原料庫存卡制度要求對每種食品原料的入庫和發料正確地做好數量、金額的記錄,記載各種原料的結存量。

第四章　食品原料的採購與入庫管理

原料庫存卡的內容見表4-4，主要分五大部分：

（1）原料物資的進貨信息。原料庫存卡上：有食品原料進貨的日期、數量、單價和金額以及帳單號。這些信息可保證庫房採購物資經驗收後能及時入庫和入帳，防止丟失。

（2）原料發貨信息。原料庫存卡上登記有發料的數量、單價和金額。每發出一筆原料都要有發貨日期以及相對應的領料單號。這樣庫房的原料物資都可以根據領料單查找到去向。

表 4-4　　　　　　　　　　　原料庫存卡

進貨					發貨					結存		
日期	帳單號	數量/聽	單價/聽/元	金額/元	日期	領料單號	數量/聽	單價/聽/元	金額/元	數量/聽	單價/聽/元	金額/元
5	1	01567	300	12.6	3780	5	1	1256	26	12.8	332.8	326	12.8	4112.8
						5	2	1574	28	12.8	358	298	12.6	3754.8
						5	3	2403	23	12.6	289.8	275	12.6	3465
						5	4	2708	29	12.6	365.4	246	12.6	3099.6
						5	5	2918	25	12.6	315	221	12.6	2784.6
						5	6	3719	27	12.6	340.2	194	12.6	2444.4
標準儲量		訂貨點儲量		單位	訂貨量		訂貨日		貨架號		貨位號	價格	貨名
350		90		聽	300		每月1、10、30日		AI-3		045		3*蘑菇罐頭

（3）結存量信息。原料庫存卡上記載著食品原料結存的數量、單價和金額。將庫存卡上的結存數量與倉庫裡的原料實存數量相核對，則便於控制庫存原料的短缺。

（4）提供原料的採購信息。原料庫存卡上有各原料的標準儲量、訂貨點儲量、訂貨量和訂貨日。一般原料在規定的訂貨日定期採購，採購員根據庫存卡上的結存數量將原料補充到標準儲量。如果在規定的採購日以前原料已減少到訂貨點儲量，則可根據庫存卡上的訂貨量採購。可見，這種信息為採購管理提供了方便。

（5）提供原料儲存位置信息。原料庫存卡標明了儲存原料的貨架號和貨位號，二者結合就是該原料的貨號。這些號碼標明原料儲存的位置。這樣能方便庫房管理員尋找原料和盤點庫存物資。

案例分析

飯店接待

某酒店是一家接待商務客人的飯店，最近一些老客戶反應，由於新改裝的茶葉袋較大，飯店客房裡茶葉缸的蓋子蓋不住。客房部經理在查房時也發現了這個問題，並通報了採購部經理。但是過了三個月，這個問題仍沒有解決。飯店經理知道了這件

事,找來客房部經理和採購部經理瞭解情況。客房部經理說:「這件事我已經告訴採購部經理了。」採購部經理說:「這件事我已經告訴供貨商了。」類似的問題在這家飯店已發生多次。

(資料來源:佚名.飯店接待[EB/OL].[2014-11-01].http://www.cocin.comp-947213648.html.)

分析與思考:

出現這樣的問題,究其原因是什麼?如何改進?

實訓設計

[實訓項目]

認識XX餐飲企業餐飲原料採購。

[實訓目的]

帶領學生參觀XX餐飲企業,使學生對餐飲企業的原料採購有更直觀的認識。

[實訓內容]

(1)學生收集餐飲企業原料採購的相關業務流程和規章制度。

(2)學生參觀XX餐飲企業,實地感受和聽取企業工作人員關於企業的原料採購的工作程序及企業經營的介紹。最後學生須提交參觀報告。

[實訓要求]

(1)實訓時間為4課時。

(2)引導學生有序進入企業參觀,做好參觀前基礎知識的儲備。

(3)做好參觀後活動的總結,補充、完善課堂教學。

[實訓步驟]

(1)布置任務,讓學生提前瞭解所參觀企業的相關情況,同時瞭解餐飲企業的原料採購與盤存控制的工作流程,做好參觀前的準備工作。

(2)帶領學生實地參觀。

(3)與公司負責人進行專業方面的交流,引導學生提問。

(4)學生撰寫參觀報告。

思考與練習題

一、名詞解釋

採購 原料採購 日常採購法 長期訂貨法 定期訂貨法
招標採購「一次停靠」採購 驗收控制

二、思考題

1. 餐飲食品原料的採購目的與任務是什麼?
2. 食品原料採購員應該具備什麼樣的素質?

第四章　食品原料的採購與入庫管理

3. 如何控制好食品原料的採購質量？制定採購質量標準書的作用是什麼？
4. 怎樣控制好食品原料的採購數量？食品原料的採購方法有幾種？干貨類與鮮貨類原料的採購方法有什麼不同？
5. 不同性質的食品原料，根據其易腐情況，其儲存條件是否存在差異？
6. 原料發放控制的一般規則是什麼？
7. 食品原料冷凍儲存保質良好的關鍵是什麼？

三、計算題

某餐館每日需用 30 聽西紅柿罐頭，該餐館對罐頭類食品確定每兩週採購一次；隔周星期二進貨；西紅柿罐頭應有 200 聽的保險儲量；罐頭食品的發貨天數需要 3 天；在採購日前如果還剩下 350 聽罐頭，則西紅柿罐頭的標準儲量、最低儲量和需採購量各是多少？

第五章　食品原料在庫管理

學習目標

◆ 瞭解農產品的分類,盤點作業的概念、工作目標、作用和原則,貨物流通加工作業的概念和特點

◆ 掌握糧油、果蔬、肉類、水產品和蛋類的基本儲藏原則,盤點作業的基本內容、程序、分類、步驟、方法和注意事項,盤點差錯的原因分析與處理方法

引導案例

天匯百貨條形碼貨品收貨和盤點貨品管理

廣州市天匯餐飲有限公司成立於2000年,目前天匯餐飲公司的連鎖餐飲機構主要分佈在番禺和南沙地區,總營業面積八千平方米,分店已經達到了十餘家,共有員工近五百餘人。公司以「成為顧客喜愛、員工自豪的一流連鎖餐飲企業」為發展目標,以貨真價實、誠實守信為經營理念,贏得了廣大消費者的讚譽。在廣州番禺和南沙地區,天匯連鎖餐飲機構是深受消費者青睞的餐飲品牌之一,公司屬下連鎖機構連續多年被評為「廣州市消費者信得過單位」「番禺區扶殘助學先進單位」「抗震救災先進集體」等榮譽稱號。公司始終不忘用真情和愛心回饋社會,主動配合機構所在地的各鎮團委開展一系列的社會公益活動,贏得了廣大市民的讚許。

2014年,由於貨品數量和時間等相關條件的制約,天匯餐飲公司的及時收發貨、盤點和查詢貨品信息的工作遇到了一系列的困難,產生了信息反應不及時,工作時間

第五章　食品原料在庫管理

增加導致管理效率低下的問題。天匯餐飲公司在引入了「廣州紅碼」的條形碼貨品收貨和盤點系統後,提高了工作效率,減少了工作流程和時間,並且提高了貨品信息的準確性。

由於引入了條形碼貨品收貨系統,收貨單信息能馬上通過網絡直接提交到 ERP 的數據庫中,收貨部門只需要收貨員一人即可完成整個收貨程序,收貨的實際數量和貨號條形碼能夠及時生單,免除了原來收貨錄入員繁重的核對數量工序,擺脫了紙和筆的限制,完全實現了收貨無紙化作業。由於數據生單的及時,財務管理人員能及時看到收貨情況,並且能及時掌握貨品的存量信息。及時的審核,使得匯總和報表能及時提交到管理層的手裡,管理者能及時地發現並解決銷售或者採購中的問題。

(資料來源:佚名.天匯百貨條形碼貨品收貨和盤點貨品管理[EB/OL].[2012-04-24].http://oa.it168.com/a2012/0424/1341/000001341217.shtml.)

引例分析:

「廣州紅碼」的條形碼貨品收貨和盤點系統幫助了天匯餐飲公司實現了收貨即時管理,促使管理者對多店面的庫存管理做到即時到位,提升了管理的系統化和科學化。具體效果有:提高了貨品存量信息的及時性和收貨人員的工作效率,減少了數據錄入的差錯率,提高了用戶盤點的時間效率和準確率,切實滿足了用戶對信息管理的系統化、標準化和科學化的需求。

● 第一節　食品原料的保管與養護業務

一、農產品倉儲

(一)農產品的概念

農產品是指來源於農業的初級產品,即在農業活動中獲得的植物、動物、微生物及其產品。國家規定的初級農產品是指種植業、畜牧業、漁業產品。例如,圖 5-1 為常見的蔬菜類農產品,圖 5-2 為常見的水果類農產品。

圖 5-1　常見的蔬菜類農產品　　　　圖 5-2　常見的水果類農產品

107

（二）中國現階段農產品供需的主要特徵

綜合農產品需求和農業生產面臨的機遇與挑戰，中國農產品供需和農產品價格已進入了一個新的時期，調查總結這個時期，農產品供需的主要特徵表現如下：

（1）近期國內生產能夠基本滿足食物總量需求的增長，但未來食物供需缺口將逐漸增大。

（2）部分農產品結構性短缺已成常態，並將逐漸演變為較大範圍的農產品供需短缺。根據預測，中國農產品結構性明顯短缺產品的範圍和程度還將逐漸擴大，除大豆、棉花和食用油外，玉米、糖、奶製品和牛羊肉等都將成為短缺農產品。未來的糧食問題實際上可以說是養殖業發展和飼料供給的問題，因為大米和小麥的消費將出現穩定和下降的趨勢，國內生產基本能夠滿足國內需求，但如果要保持畜產品供需的基本平衡，隨著畜產品需求的增長，飼料糧玉米和大豆以及牧草的進口量將顯著增長。另外，雖然蔬菜、水果、花卉和水產品等還將在相當長的時期內保持淨出口國的地位，但勞動力成本的提高也將顯著影響這些產品在國際市場的比較優勢。

（3）滿足對農產品質量和食品安全的需求也將面臨日益突出的挑戰。未來隨著居民收入和生活水平的不斷提高以及經濟的全球化，提升農產品的質量和食品安全將面臨更大的挑戰。消費者及出口商對食品質量和食品安全的需求將不斷升級，食品質量和食品安全問題將備受關注，但如何在食物生產、流通和加工過程中實現有效的安全控制和品質提升是保障食品質量和食品安全面臨的巨大挑戰。

（4）農業將面臨農產品生產和市場價格波動的巨大風險。在全球能源危機的大背景下，世界主要經濟體已經把農業生物質能源發展列入21世紀發展的主要議程，許多研究表明生物質液體燃料發展將對全球食物安全產生重要影響，並顯著加大農產品的市場價格波動的風險。此外，未來氣候變化特別是極端氣候事件發生頻率和強度同樣也將加劇農業生產的波動，使農業生產者和消費者面臨更大的生產和市場價格風險。

（5）雖然中國進入了農產品供給總量不足和結構明顯短缺時期，但這不會威脅到全球的食物安全。目前向中國出口大豆、棉花、玉米和食糖等農產品的國家有很大的生產潛力，他們將從中國的進口中得到益處。隨著中非農業技術合作的推進，中國將為非洲農業生產發展起更大的作用。

（三）農產品的分類

國家規定初級農產品是指種植業、畜牧業、漁業產品，不包括這類經過加工的產品：

（1）毛茶，是指從茶樹上採摘下來的鮮葉和嫩芽（即茶青），經吹干、揉拌、發酵、烘干等工序初制的茶。

（2）食用菌，是指自然生長和人工培植的食用菌，包括鮮貨、干貨以及農業生產者利用自己種植、採摘的產品連續進行簡單保鮮、烘干、包裝的鮮貨和干貨。

（3）瓜、果、蔬菜，是指自然生長和人工培植的瓜、果、蔬菜，包括農業生產者利用自己種植、採摘的產品進行連續簡單加工的瓜、果干品和腌漬品（以瓜、果、蔬菜為原料的蜜餞除外）。

第五章　食品原料在庫管理

（4）花卉、苗木，是指自然生長和人工培植並保持天然生長狀態的花卉、苗木。

（5）藥材，是指自然生長和人工培植的藥材。不包括中藥材或中成藥生產企業經切、炒、烘、焙、熏、蒸、包裝等工序處理的加工品。

（6）糧油作物是指小麥、稻谷(含粳谷、籼谷、元谷)、大豆、雜糧(含玉米、綠豆、赤豆、蠶豆、豌豆、蕎麥、大麥、元麥、燕麥、高粱、小米、米仁)、鮮山芋、山芋干、花生果、花生仁、芝麻、菜籽、棉籽、葵花籽、蓖麻籽、棕櫚籽、其他籽。

（7）牲畜、禽、獸、昆蟲、爬蟲、兩栖動物類，包括以下內容。

①牛皮、豬皮、羊皮等動物的生皮。

②牲畜、禽、獸毛，是指未經加工整理的動物毛和羽毛。

③活禽、活畜、活蟲、兩栖動物，如生豬、菜牛、菜羊、牛蛙等等。

④光禽和鮮蛋。光禽，是指農業生產者利用自身養殖的活禽宰殺、褪毛後未經分割的光禽。

⑤動物自身或附屬產生的產品，如：鹽繭、燕窩、鹿茸、牛黃、蜂乳、麝香、蛇毒、鮮奶等等。

⑥除上述動物以外的其他陸生動物。

（8）水產品類，包括農業生產者捕撈收穫後連續進行簡單冷凍、腌制和自然干製品。

①淡水產品。即淡水產動物和植物的統稱。

②海水產品。即海水產動物和植物的統稱。

③灘塗養殖產品。即利用灘塗養殖的各類動物和植物。

（9）上述第 1 條至第 8 條所列農產品，應包括種子、種苗、樹苗、竹秧、種畜、種禽、種蛋、水產品的苗或種(秧)、食用菌的菌種、花籽等。

（四）農產品倉儲的概念

「倉儲」是指在指定的場所(即倉庫)儲存和保管未即時使用的物品的行為，是物品在供需之間的轉移中存在的一種暫時的滯留。

產品、物品在生產、流通過程中，常常因訂單前置或市場預測前置而需要暫時存放。倉儲是集中反應工廠或商業企業物資活動狀況的綜合場所，是連接生產、供應、銷售的中轉站，對促進生產、提高效率起著重要的輔助作用。

農產品倉儲指農產品離開生產過程，尚未進入流通領域之前，在流通過程中的停留。由於農產品有產地集中、季節性強以及容易腐爛等特點，在農產品流通的各個環節上，對時間、空間、方法等都有嚴格要求。可以在生產地倉儲，也可以在銷售地倉儲；可以利用傳統的倉儲條件，也可以使用現代化的倉儲設備，已達成良好的符合流通要求的農產品倉儲效果。

農產品倉儲活動一般不改變農產品本身的功能、性質和使用價值，只是保持和延續其使用價值，但是農產品倉儲是農業生產的延續，是農業再生產不可或缺的重要環節。農產品倉儲和農業生產一樣創造社會價值，農產品從生產地向消費地的轉移，是

依靠倉儲活動來實現的,農產品倉儲在物流活動中發揮著不可替代的作用。

(五)農產品倉儲的分類

1. 農產品儲存倉儲

農產品儲存倉儲是指農產品較長時期存放的倉儲。儲存倉儲一般設在較為偏遠但具有較好交通運輸條件的地區,存儲費用低廉。農產品儲存倉儲的農產品品種少、存量大。由於農產品儲存倉儲存期長,儲存倉儲應特別注重兩個方面:一是要盡可能降低倉儲的費用;二是要加強對農產品的質量保管和養護。

2. 農產品物流中心倉儲

農產品物流中心倉儲是指以物流管理為目的的倉儲活動,是為了有效實現物流的空間與時間價值,對物流的過程、數量、方向進行調節和控制的重要環節。一般設置在位於一定經濟地區中心、交通便利、儲存成本較低的口岸。農產品物流中心倉儲基本上都是較大批量進貨和進庫,一定批量分批出庫,整體吞吐能力強,所以對機械化、信息化、自動化水平要求高。

3. 農產品配送倉儲

農產品配送倉儲是指農產品在配送交付消費者之前所進行的短期倉儲,是農產品在銷售,或者供生產使用前的最後儲存,並進行銷售或使用前的簡單加工與包裝等。農產品配送倉儲一般通過選點,設置在距離適當的消費經濟區間內,要求能迅速地送達銷售或消費地點。

4. 農產品運輸轉換倉儲

農產品運輸轉換倉儲是指銜接鐵路、公路、水路等不同運輸方式的倉儲,一般設置在不同運輸方式的相接處,如港口、車站等場所進行的倉儲。它的目的是保證不同運輸方式的高效銜接,減少運輸工具的裝卸和停留時間。農產品運輸轉換倉儲具有大進大出以及農產品存期短的特性,應特別注重作業效率和農產品週轉率,所以農產品運輸轉換倉儲活動需要以高度機械化的物流作業為支撐。

5. 農產品保稅倉儲

農產品保稅倉儲是指使用海關核准的保稅倉庫存放保稅農產品的倉儲行為,主要是對出口農產品或來料加工農產品進行存儲。農產品保稅倉庫一般設置在出入境口岸附近。農產品的擁有者或使用者委託保稅倉庫進行倉儲工作,同時整個的倉儲過程受到海關的直接監控,農產品的入庫或者出庫均需要由海關簽署相關文件和單據方可進行。

二、糧油儲藏

(一)原糧

1. 稻谷

(1)稻谷的保管特點。

稻谷的穎殼較堅硬,對籽粒起保護作用,能在一定程度上抵抗蟲害及外界溫、濕度

第五章　食品原料在庫管理

的影響,因此,稻谷比一般成品糧好保管。但是稻谷易生芽,不耐高溫,需要特別注意。

大多數稻谷無後熟期,在收穫時就已生理成熟,具有發芽能力。同時稻谷萌芽所需的吸水量低。因此,稻谷在收穫時,如連遇陰雨,未能及時收割、脫粒、整曬,那麼稻谷在田間、場地就會發芽。保管中的稻谷,如果結露、返潮或漏雨時,也容易生芽。稻谷脫粒、整曬不及時,連草堆垛,極度易漚黃。生過芽和漚黃的稻谷,品質和保管穩定性都大為降低。

稻谷不耐高溫,過夏的稻谷容易陳化,烈日下暴曬的稻谷,或暴曬後驟然遇冷的稻谷,容易出現「爆腰」現象。

新稻谷入倉後不久,如遇氣溫下降,往往在糧堆表面結露,使表層糧食水分增高,出現氣面糧現象,不利儲藏。

(2)稻谷的保管方法。

① 保證入庫糧質:水分大、雜質多、不完善粒含量高的稻谷,容易發熱霉變,不易久藏。因此,提高入庫稻谷質量,是稻谷安全儲藏的關鍵。稻谷的安全水分標準,應根據品種、季節、地區、氣候條件考慮決定。一般籼稻谷的安全水平應控制在13%以下,粳稻谷的安全水平應控制在14%以下。雜質和不完善粒越少越好。如入庫稻谷水分大,雜質多,應分等級儲存,及時晾曬或烘干,並進行篩選或風選清除雜質。

② 適時通風:新稻谷往往呼吸旺盛、糧溫較高或水分較高,應適時通風,降溫降水。特別一到秋涼,糧堆內外溫差大,這時更應加強通風,結合深翻糧面,散發糧堆濕熱,以防結露。有條件可以採用機械通風。

③ 低溫密閉:充分利用冬季寒冷干燥的天氣,進行通風,使糧溫降低到10℃以下,水分降低到安全標準以內,在春暖前進行壓蓋密閉,以便安全度夏。

2. 小麥

(1)小麥的儲藏特點。

① 吸濕性強:小麥種皮較薄,含有大量的親水物質,極易吸附空氣中的水汽。其中白皮小麥的吸濕性比紅皮小麥強,軟質小麥的吸濕性比硬質小麥強。吸濕後的小麥籽粒體積增大,容易發熱霉變。

② 後熟期長:小麥有明顯後熟期,一般春小麥的後熟期較長,可達6~7個月,冬小麥後熟期相對較短,為1~2.5個月。紅皮小麥又比白皮小麥的後熟期長。小麥在後熟期間,酶活性強,呼吸強度大,代謝旺盛,容易導致糧堆「出汗」、發熱和生霉現象。

③ 能耐高溫:小麥具有較強的耐熱性。據試驗,水分17%以下的小麥,在溫度不超過54℃時進行干燥,不會降低發芽率,磨成的小麥粉工藝品質不但不降低,反而有所提高,所以小麥可以採用高溫儲藏。

④ 呼吸特性:完成後熟的小麥,呼吸作用微弱,比其他谷類糧食都低。紅皮小麥的呼吸作用又比白皮小麥低。由此可見,小麥有較好的耐藏性,一般正常條件下儲藏2~5年後仍能保持良好的品質。

⑤ 易受蟲害:小麥是抗蟲性差、染蟲率較高的糧種。除少數豆類專食性蟲種外,

小麥幾乎能被所有的儲糧害蟲侵染,其中以玉米螟、麥蛾等為害最嚴重。小麥成熟、收穫、入庫季節,正值害蟲繁育、發生階段,入庫後氣溫高,若遇陰雨,就造成害蟲非常適宜的發生條件。

(2)小麥的儲藏方法。

① 嚴格控制水分:由於小麥吸濕性能力強,小麥儲藏應注意降水、防潮。應充分利用小麥收穫後的夏季高溫條件進行暴曬,使小麥水分控制在 12.5% 以下,再行入庫。小麥入庫後則應做好防潮措施,並注意後熟期間可能引起的水分分層和上層「結頂」現象。

② 高溫密閉儲藏:小麥趁熱入倉密閉儲藏,是中國傳統的儲麥方法。通過日曬,可降低小麥含水量,同時在暴曬和入倉密閉過程中可以收到高溫殺蟲制菌的效果。對於新收穫的小麥能促進後熟作用的完成。由於害蟲的滅絕,小麥含水量和帶菌量的降低,呼吸強度大大減弱,可使小麥長期安全儲藏。

小麥趁熱入倉的具體操作方法是:在三伏盛夏,選擇晴朗、氣溫高的天氣,將麥溫曬到 50℃ 左右,延續 2 小時以上,水分降到 12.5% 以下,於下午 3 點前後聚堆,趁熱入倉,散堆壓蓋,整倉密閉,使糧溫在 40℃ 以上持續 10 天左右,日曬中未死的害蟲全部死亡。達到目的後,根據情況,可以繼續密閉,也可轉為通風。

③ 低溫密閉儲藏:小麥雖能耐高溫,但在高溫下待持續儲藏長時間也會降低小麥品質。因此,可將小麥在秋涼以後進行自然通風或機械通風充分散熱,並在春暖前進行壓蓋密閉以保持低溫狀態。低溫儲藏是小麥長期安全儲藏的基本方法。

小麥還可以在冷凍的條件下,保持良好的品質,如干燥的小麥在 -5℃ 的低溫條件下進行春化,有利於生命力的增強。因此,利用冬季嚴寒低溫,進行翻倉、除雜、冷凍,將麥溫降到 0℃ 左右,而後趁冷密閉,對於消滅麥堆中的越冬害蟲,有較好的效果,並能延緩外界高溫的影響。

3. 玉米

(1)玉米儲藏特點。

① 玉米原始水分大,成熟度不均勻。玉米在中國主要產區北方,收穫時天氣已冷,加之玉米果穗處有苞葉,在植株上得不到充分的日曬干燥,新收穫的玉米水分一般可達 20%~35%,在秋收日照好,雨水少的情況下,玉米含水量也在 17%~22% 左右。玉米的成熟度往往很不均勻,這是由於同一果穗的頂部與基部授粉時間不同,致使頂部籽粒成熟度不夠。成熟度不均勻的玉米,不利於安全儲藏。

② 玉米的胚大,呼吸旺盛。玉米的胚幾乎占玉米籽粒總體積的 1/3,占籽粒重量的 10%~12%。玉米的胚含有 30% 以上的蛋白質和較多的可溶性糖,所以吸濕性強,呼吸旺盛。據試驗,正常玉米的呼吸強度要比正常小麥的呼吸強度大 8~11 倍。玉米的吸收和散發水分主要通過胚部進行。

③ 玉米胚部含脂肪多,容易酸敗。玉米胚部的脂肪含量為 33%~41%,胚部的脂肪酸值遠遠高於胚乳,酸敗首先從胚部開始。

第五章　食品原料在庫管理

④ 玉米胚部的帶菌量大,容易霉變。玉米胚部營養豐富,微生物附著量較多。據測定,玉米經過一段時間的儲藏後,其帶菌量比其他禾谷類糧食高得多。玉米胚部是蟲霉首先為害的部位,胚部吸濕後,在適宜的溫度下,霉菌即大量繁殖,開始霉變。

（2）玉米儲藏方法。

① 分等級儲藏:分水分不同入倉。玉米入倉時要做到按含水量不同、按等級不同分開保藏。為安全儲藏打下初步基礎。水分含量高的玉米入庫前應進行烘干。

② 低溫密閉儲藏:根據玉米的儲藏特性,適合低溫、干燥儲藏。其方法有兩種:一種是干燥密閉,一種是低溫冷凍密閉。南方地區收穫後的玉米有條件進行充分干燥,在降低到安全水分之後過篩入倉密閉儲藏。北方地區玉米收穫後受到氣溫限制,高水分玉米降到安全水分是很有困難的,除有條件進行烘干降水外,基本上可採用低溫冷凍入倉密閉儲藏。其作法是利用冬季寒冷干燥的天氣,攤涼降溫,糧溫可降到 -10 ℃以下,然後過篩清霜、清雜,趁低溫晴天入倉密閉儲藏。

③ 玉米果穗儲藏:玉米不脫粒,果穗儲藏是一種比較成熟的經驗,很早就為中國農民廣泛採用。由於果穗堆內孔隙度大(可達 51.7%),通風條件好,又值低溫季節,因此,儘管高水分玉米果穗呼吸強度仍然很大,也能保持熱能代謝平衡,堆溫變化較小。在冬春季節長期通風條件下,玉米得以逐步干燥。當水分降到 14.5%~15%時,即可脫粒轉入粒藏。玉米果穗儲藏,籽粒胚部埋藏在果穗穗軸內,對蟲霉侵害有一定的保護作用。此外,穗軸內的養分在初期仍可繼續輸送到籽粒內,增加籽粒的養分。但果穗儲藏占用倉容量大,增加運輸量,因此,尚不適合國家糧庫儲藏。

4. 高粱

（1）高粱的儲藏特點。

高粱主要產於東北地區,其次是華北。東北地區收穫高粱期間,由於氣溫往往受到早霜的危害,因而新糧的水分大,未熟粒多,新收穫的高粱水分一般在 16%~25%左右。高粱種皮內含有丹寧、高粱所含的丹寧能夠降低種皮的透水性,並有一定的防腐作用。

高粱儲藏期間遇到不適宜的條件,容易發熱霉變,而且發熱的速度較快,在開始變化時,糧面首先濕潤,顏色變得鮮豔,以後堆內逐漸結塊發濕,散落性降低。一般經過 4~5 天,即可發生白色菌絲。如再經 2~3 天,糧溫即迅速上升。胚部出現綠色菌落,結塊明顯,如不及時處理,整個變化約 15 天,糧溫可上升到 50℃~60℃,嚴重霉變,喪失食用品質。

（2）高粱儲藏方法。

① 干燥除雜:新收穫的高粱,具有水分大、雜質多的特點,在徵購中要做到分水分、分等級入倉,對於不符合安全儲藏的高粱必須適時晾曬,使水分降到安全標準以內,如溫度為 5℃~10℃,相對安全水分應在 18%和 17%以下。

② 低溫密閉:高粱的特性適於低溫儲藏,因此,應充分利用寒冬季節降溫後密閉保管,經過干燥除雜、寒冬降溫的高粱,一般可以安全度夏。

113

5. 谷子、糜子

(1)谷子、糜子的儲藏特點。

谷子、糜子的外殼(即內、外稃)比較堅硬,對蟲、霉的侵害能起到一定的保護作用。谷子、糜子的耐熱性較強,雖在烈日下暴曬或初期發熱,經加工後對米質無大影響。

谷子、糜子多種植在較干旱的地區,籽粒又小,容易干燥,一般水分在10%左右,最高不超過12%~14%。因此,通常認為谷子、糜子容易保管。東北地區秋雨較多時,谷子最大含量也可到14%~16%,水分較大的谷子、糜子,由於糧堆空隙小,濕熱不易散發,如管理不當,仍然會發熱和霉變。

(2)谷子、糜子的儲藏方法。

低溫儲藏是確保谷子、糜子安全過夏的最好措施。在東北和西北地區,對含水量在13%左右的谷子,可在1~2月份將糧溫降到-10℃左右,清雜後密閉儲藏,可以安全過夏。可在入庫前將水分降到12.5%以下,於土圓倉或露天囤儲藏,只在氣溫較高時向陽面和上部有發熱現象,所以在入夏之前,應加以苫蓋,防止陽光直曬。

干燥降水以早春為宜,就冷入倉,上面可壓蓋異種糧(綠豆、赤豆),防止蛾類害蟲。

6. 大豆

(1)大豆的儲藏特點。

大豆粒圓,種皮光滑,籽粒堅硬,抗蟲霉能力較強,但破損的大豆易於變質。大豆籽粒中含有豐富的蛋白質和脂肪,在空氣濕度大時容易吸濕,經夏季高溫影響後,易變色變味,發生嚴重的浸油現象,同時,高溫高濕還易使大豆發芽率降低。

在相對濕度為70%以下時,大豆的吸濕性弱於玉米和小麥,但在相對濕度為90%時,大豆的平衡水分則大於玉米和小麥,因此,儲藏大豆要特別做好防潮工作。

大豆水分超過13%以上時,隨著溫度的升高,首先豆粒發軟,然後在兩子葉靠胚部位的色澤變紅,俗稱「紅眼」,以後豆粒內部紅色加深並逐漸擴大,俗稱「赤變」,嚴重時,子葉蠟狀透明,有浸油脫皮現象。

(2)大豆的儲藏方法。

① 充分干燥:大豆脫粒後要抓緊整曬,降低水分。需要長期儲藏的大豆水分不得超過13%,含水量越高,就越容易霉變。

② 適時通風:新入庫的大豆籽粒間水分不均勻,加之後熟作用,呼吸旺盛,大豆堆內濕熱積聚較多,同時正值氣溫下降季節,極易產生結露現象。因此,大豆入庫3~4周左右,應及時通風,散顯散熱,以增強大豆的耐藏性。

③ 低溫密閉:在嚴冬季節將大豆進行冷凍,採用低溫密閉儲藏,既可以隔絕外界溫濕度的影響和害蟲感染,又能防止浸油、赤變,有利於保持大豆的品質。

7. 花生

(1)花生的儲藏特點。

花生為豆科植物,它帶殼的果實叫花生果,脫殼的種子叫花生仁或花生米。花生

第五章　食品原料在庫管理

種子含油量高,約為 45%,同時還含有豐富的蛋白質。

花生收穫期正值晚秋,氣溫較低,收穫水分約為 30%~50%,所以容易遭受凍害,受凍的花生粒變軟,色澤發暗,含油量降低,酸值增高,食物變味,易受霉菌侵害。因此,適時收穫,及時干燥、清理,對花生的安全儲藏十分重要。

花生仁皮薄肉嫩,在干燥過程中容易裂皮變色,甚至產生焦斑,所以花生的干燥應以花生果晾曬和烘干為主。

花生在儲藏期間的劣變現象主要是生霉、變色、走油和變味。花生果的水分超過 10%,花生仁水分超過 8%,進入高溫季節即易生霉。花生霉變要特別注意黃曲霉菌的感染,花生及花生製品是被黃曲霉毒菌污染最嚴重的糧種之一。

花生的種皮(谷稱紅衣)由於受光、氧氣、高溫等影響容易變色。如從原來新鮮的淺紅色變為深紅色,以至暗紫紅色,說明品質開始降低,應立即採取措施,改善儲藏條件。

(2)花生儲藏方法。

① 花生果儲藏:花生果在倉內散存或露天散存均可,要求水分控制在 10% 以內,堆高不超過 2 米。在冬季通風降溫以後,趁冷密閉儲藏,效果更好。

② 花生仁儲藏:花生仁的儲藏要合理掌握干燥、低溫、密閉三個環節。對於長期儲存的花生仁必須將水分控制在 8% 以內,最高堆溫也不宜超過 20℃,並適時密閉防止蟲害感染和外界溫濕度影響,保持堆內低溫、低濕,只有這樣才能較好地保持花生仁的品質。

花生仁也可以進行氣調儲藏,如在真空度為 400 毫米汞柱的情況下,充以適量的氮氣,可以抑制花生的呼吸強度和蟲霉侵蝕。

此外,花生在儲藏中,最易遭致鼠害,應注意加強防鼠工作。

8. 油菜籽

(1)油菜籽的儲藏特點。

油菜籽皮薄,蛋白質含量高,吸濕性能力強容易生芽。油菜籽含油量高,脂肪氧化時能放出較多的熱量與水汽,加之油菜籽籽粒細小,孔隙度小,不易散熱,因此,高溫季節很容易發熱霉變,特別是收穫時,雨水多、濕度大,更易吸濕生芽和發熱霉變。油菜籽呼吸強度比其他糧食大,高水分的油菜籽如保管不當,一夜之間就能霉變,降低品質。因此說,油菜籽的儲藏穩定性差。

(2)油菜籽的儲藏方法。

要切實做到干燥低溫,水分控制在 8%~9%,夏季儲藏溫度為 28℃~30℃,春、秋季為 13℃~15℃,冬季為 0℃~8℃,這樣才能較長期保管。如果散存,其堆高以 1.8~2.3 米為宜,包裝儲存可碼 12 包高。對於水分在 10%~12% 的半安全油菜籽,要加強檢查,可估做短期儲存。對於水分在 12% 以上的不安全油菜籽,應整曬後入庫。如遇連綿陰雨,要採取通風、攤晾、缺氧、化學處理等應急措施進行處理。

入庫後已干燥的油菜籽,在儲藏過程中仍應注意密閉防潮和合理通風,保持倉庫

干燥和糧堆低溫。

9. 棉籽

（1）棉籽的儲藏特點。

棉花是錦葵科植物，它的種子叫棉籽，是種植棉花的副產品。種子外面包有短絨的叫毛棉籽，其含油量為15%～16%，脫絨後的叫光籽，含油量約20%，棉籽是一種重要的油料。

棉籽的耐儲性與收穫期有較大關係，一般霜前收穫的，質堅仁飽，水分低，植絨較長，容易保管；霜後採下的，殼軟仁瘦，水分大，不適宜長期儲藏。經過多次脫絨的棉仁，因皮殼受損，防潮性能差，易受外界環境影響，生理活性較強，應迅速加工處理。

（2）棉籽儲藏方法。

毛棉籽具有堅硬的外殼，殼外有短絨，殼與仁之間具有空氣層，所以有良好的抗潮抗壓性能，且其散落性小，導熱性低，所以有條件進行露天儲存。露天儲存應選擇地勢干燥、排水良好、通風流暢的地基，因地制宜做好垛腳，並將棉籽水分降至12%以下，然後選擇氣溫較低的天氣進行堆垛。堆垛方式可採用邊垛邊踩邊打的一次成垛法、切削堆垛法和麻袋築圍堆垛法。堆垛的原則是結實，有利排水和保持垛底干燥。

10. 蠶豆

（1）蠶豆的儲藏特點。

蠶豆是以含澱粉、蛋白質為主的種子，只要把水分降低到安全含水量12.5%以下，其儲藏期間的穩定性是比較好的。在儲藏期間的主要問題是如何預防種子被蠶豆象危害而變色。

被蠶豆象危害的蠶豆，發芽率下降，品質劣變，損耗增加，蟲害嚴重時，還能引起蠶豆發熱。種子變色是由於蠶豆皮層內含有多酚氧化物質及酪氨酸等，在空氣、水分、溫度的綜合作用下，使氧化酶活性增強，加速了氧化反應，使蠶豆皮色由原來的綠色或乳白色逐漸變成褐色、深褐色甚至紅褐色或黑色等。

（2）蠶豆儲藏方法。

① 防止變色：蠶豆儲藏只要把水分降至12.5%以下，並做好日常管理工作，發熱霉變等不良情況很少發生。再採用低溫、干燥、密閉、避光的方法儲藏，對防止蠶豆變色有較好效果。

② 防治蠶豆象：從蠶豆象的生活史來看，成蟲產卵和孵化幼蟲是在田間進行的，而化蛹和羽化蟲則是在蠶豆保管過程中完成的。蠶豆收穫入庫到7月底為止，正是幼蟲期和蛹期，應在幼蟲很小時抓緊治殺，可用磷化鋁或氯化苦熏蒸。整個熏蒸工作應在7月底前完成。熏蒸結束後應及時放氣通風，以防蠶豆變色。

11. 甘薯

（1）甘薯的儲藏特點。

甘薯又名地瓜、紅薯、紅苕等，是塊根作物，甘薯與其他糧食不同，塊根內含大量水分。保管甘薯的環境對濕度要求較高，最適宜的相對濕度為85%～90%。甘薯儲藏對

第五章　食品原料在庫管理

溫度要求也很嚴格,溫度高於18℃易生芽,低於10℃易腐爛。濕度過低易使薯塊干縮糠心,濕度過高則易使薯堆表面結露引起病害。一般認為,病害是引起甘薯嚴重損失的主要原因,最嚴重、最普遍的病害是甘薯黑斑病和軟腐病,因此,保管甘薯要做好防病、防腐工作。

(2)甘薯保管的方法。

地窖保管法是保管甘薯最常用的方法,集體和農戶都可採用。根據各地氣候特點的不同,儲存甘薯的地窖多種多樣,如井窖、棚窖、埋藏窖等等,但管理措施大致一樣。

甘薯入窖之前,應對窖內進行消毒,其方法是用石灰漿塗抹窖壁,或用0.5千克甲醛加25千克水噴灑,如是舊窖,應先將窖內四壁的舊土鏟除一層。經過剔除破傷、瘡疤、蟲蝕的好薯塊,小心裝窖,輕拿輕放,合理堆放。窖內不宜裝得太滿,一般只裝二分之一,最好是分層堆放,每層薯塊厚度約30厘米左右,堆一層,撒一層干沙土,每層沙土留開幾個碗口大小的空隙,各層的空隙互相錯開,以利於調節各層薯塊的水分和溫度。

防治甘薯黑斑病可用抗菌劑「401」處理。其做法是當甘薯入窖後,在薯堆上覆蓋一層稻草,按0.1千克「401」加2.5千克水,噴625千克甘薯的比例,把藥劑噴灑在稻草上,封窖4天,取出稻草敞窖通風,再按常規方法保管。

甘薯和入窖後的管理要根據氣候季節的變化情況,適時掌握好窖口的啓閉,盡量將窖內溫、濕度調節到最適宜範圍內,一般要求把好以下三個關鍵時期:

①入窖防汗關:入窖初期30天左右為發汗期,鮮薯呼吸旺盛,放出大量的水分和熱量,這一段時間內,一般白天要打開窖門通風,晚上關閉,使窖溫穩定在12℃~15℃。

②「進九」防凍關:冬季「進九」後,要視天氣情況,適時封閉窖門,必要時還要在窖門口加覆蓋物保溫,保證窖內溫度最低不低於10℃。

③春後防熱關:春暖後,氣溫回升,應根據天氣變化情況,適時通風或密閉,使窖內溫度最高不超過18℃。

(二)成品糧

1. 大米

(1)大米的儲藏特點。

① 儲藏穩定性差:大米沒有外殼保護,營養物質直接暴露於外,因此,對外界溫度、濕度、氧氣的影響比較敏感,吸濕性強,易被害蟲、霉菌直接危害,易導致營養物質加速代謝。大米中含有較多的米糠和碎米,堵塞了米堆的空隙,內部積熱不易散發。糠粉中含有較多的脂肪,易氧化分解,使大米的酸度增加。所以大米比稻谷容易受潮、發熱、生霉、生蟲,不耐儲藏。

② 容易陳化:大米儲藏日久,色澤逐漸變暗,香味消失,出現糠酸味,酸度增加,黏性下降,吸水量減少,持水能力減退,食用品質降低。水分越大,溫度越高,儲藏時間越久,陳化越嚴重。

③ 容易爆腰:大米適宜低溫儲藏,但不宜直接吹風或驟然冷卻,只可在常溫下緩

慢降溫。同時，大米適宜干燥儲藏，但不宜高溫烘干或陽光直射暴曬，只可在低溫環境中緩慢降濕。否則都易造成大米爆腰，降低品質。

（2）大米儲藏方法。

① 適時通風：從大米全年儲藏的角度看，大米在冬季通風最有利，既能降溫，又可散濕。在夏季，對於短期內供應週轉的大米，採用包裝堆放，也要合理通風。過夏的大米，不宜在春季攤晾和通風。

② 低溫密閉：冬季加工的大米，如水分、雜質含量在安全標準以內，趁冬季通風，使糧溫降低至10℃以下，春暖前密閉儲藏，一般可延長一個月左右的保管期。

③「雙低」儲藏：「雙低」是指低氧、低劑量藥劑儲藏，需要密封條件。磷化鋁片劑埋入糧堆，施用劑量比常規熏蒸減少80%～90%。「雙低」儲藏對抑制大米呼吸強度，防治蟲霉為害，保持大米的色澤與香味，延緩大米陳化有較顯著的效果，也是保證高水分大米過夏的較好辦法。

④ 充二氧化碳密封儲藏：選擇氣密性好的聚乙烯塑料薄膜，制成一定規格的包裝袋，裝入大米的同時，充入二氧化碳密封儲藏。可以有效地抑制害蟲和霉菌的活動，並具有保鮮效果。每袋容量可根據需要為1～5千克，方便銷售和使用。

2. 小麥粉

（1）小麥粉的儲藏特點。

① 容易發熱霉變：小麥粉顆粒細小，與外界接觸面積大，吸濕性強，同時粉堆孔隙小，導熱性特差，最易發熱霉變。剛出機的小麥粉溫度高，未經攤晾即行碼垛，往往容易引起發熱。小麥粉發熱多從水分大、高度高的部位開始，然後向四周擴散。

② 容易發酸變苦：小麥粉在高濕高溫的環境下儲存或儲存時間過久，其中的脂肪容易在酶和微生物或空氣中氧的作用下被不斷分解產生低級脂肪酸和醛、酮等酸、苦等異味物質，使小麥粉發酸變苦。

③ 容易結塊成團：小麥粉顆粒小，堆垛下層常易受壓結塊成團。儲藏時間越長，水分越大，結塊成團就越嚴重。

（2）小麥粉儲藏方法。

① 注意儲藏條件：小麥粉是直接食用的成品糧，要求倉房必須清潔、干燥、無蟲，包裝材料潔淨無毒，切忌與有異味的物品堆放在一起，以免吸附異味。

② 合理堆放：小麥粉儲藏多為袋裝堆放。干燥低溫的小麥粉，宜實堆、大堆，以減少接觸空氣的面積；新加工的熱機粉宜小堆、通風堆，以利散濕、散熱。不論哪種堆型，袋口都要向內，堆面都要平整，堆底要鋪墊好，防止吸濕生霉。堆垛高度應根據粉質和季節氣候而定。水分在13%以下的小麥粉，一般可堆高20包。長期儲藏的小麥粉要適時翻椿倒垛，調換上下位置，防止下層結塊。大量儲存小麥粉時，新陳小麥粉應分開堆放，便於推陳「儲」新。

③ 密閉防潮：由於小麥粉吸濕性強，導熱性差，採取低濕入庫密閉儲藏，可以延長其安全儲藏期限。即在春暖以前，將水分在13%以下的小麥粉，利用自然低溫入庫密

第五章　食品原料在庫管理

閉儲藏。密閉方法可採用全倉密閉或糧堆壓蓋密閉,也可採用塑料薄膜密閉糧堆的方法。這樣既可防潮、防霉,又能形成一定的缺氧環境,減少氧化作用和害蟲感染。

④ 嚴防蟲害:小麥粉容易生蟲,一旦生蟲較難清除,熏蒸殺蟲效果雖好,但蟲屍仍留在粉內,影響粉質和食用。因此,小麥粉應嚴格做好防蟲工作。防蟲的主要辦法是徹底做好小麥、面粉廠、面袋及倉庫器材的清潔消毒工作,以防感染。

3. 油脂

(1)油脂的儲藏特點。

油脂在儲藏期間的主要變化是在溫度、水分、光線、氧氣、雜質等作用下發生酸敗變質。酸敗變質的油脂,遊離脂肪酸增加,透明度減少,顏色變深,有哈喇味甚至臭味,食用品質大為降低。所以,油脂安全儲藏的關鍵是防止酸敗變質。

(2)油脂儲藏方法。

① 嚴格控制油脂入庫質量:油脂含水多、含雜質多,容易引起酸敗變質。要求油脂在入庫或裝桶前認真進行檢查檢驗,符合安全儲藏要求的,才能裝桶入庫,否則應根據不同情況進行處理。一般油質要求,含水量不超過 0.2%,雜質含量不超過 0.2%,酸值為 4~6。

② 保證裝具清潔、不滲漏:裝具的清潔與否,對油脂質量和儲藏穩定性影響很大,要求裝油前認真做好裝具的清潔工作,除去裝具內的油腳、鐵銹和異味。同時還要檢查有無滲漏、破損情況,一旦發現要及時修補。油脂裝具要在清潔、修補後,經干燥才能裝油。

③ 合理灌裝:向油桶灌油時,不宜灌得太滿,以免發生潑灑、外溢、膨脹,甚至在高溫季節的爆炸事故。但灌得太少,也浪費裝具,並且油桶內空氣太多,易發生氧化酸敗。一般每個標準油桶灌油為 175~180 千克。

④ 密封靜置:密封可以防止外界污染,避免日光照射和與空氣過多地接觸,靜置可起沉降作用,使水分和雜質沉於容器底部,因此可提高油脂的品質。這種措施對大型油池的作用更為明顯。

⑤ 合理堆放:露天堆存時,將油桶一邊墊高,桶身呈 10° 傾斜,以防雨水浸入。庫內堆放時,可採用品形堆或多層堆。各種不同品種的食用油、精油和毛油,出口和內銷等都應分別堆放,有條不紊。特別是食用油與工業油的包裝要加以區別,在桶外加標記,最好放在不同的庫內。

⑥ 儲油場所要求沒有日光直接照射、干燥和清潔。對於儲存的油脂要定期檢查其酸值、色澤和氣味,發現問題應及時處理。

三、果蔬儲藏

中國目前水果和蔬菜的儲藏方式多種多樣,有不少行之有效的儲藏方式,現代化的冷藏和氣調儲藏技術也在不斷發展。儲藏方式和設施有的比較簡單,有的則比較複

雜,產地和銷地可以因地制宜,根據具體條件和要求靈活地選擇採用。

現代果蔬保鮮技術起源於19世紀,到目前已經經歷了三次革命。現代制冷之父澳大利亞的詹姆斯·哈里森1851年在澳大利亞維多利亞州季隆市設計並製造了世界上第一臺制冷壓縮機及其輔助設備,運用於果蔬保鮮,被認為是果蔬保鮮史上的第一次革命。其真正擺脫了利用自然冷源保鮮果蔬造成的季節性和地區性的限制,大大提高了儲藏溫度控制的精確性,這就擴大了低溫保鮮果蔬的地理和季節應用範圍,大大改善了果蔬保鮮質量,並延長了儲藏期限,隨之在商業上得到大量地應用。進入20世紀以後,工業化國家已廣泛應用大型機械式冷庫儲藏梨、蘋果等農產品。中國在新中國成立後也建造了一些機械式冷庫,但主要用於儲藏水產品和畜產品,將冷庫用於水果、蔬菜的商品儲藏則是20世紀70年代才開始的。

1917年英國的基德和韋斯特在前人研究的基礎上,進一步探討了大氣成分對果蔬呼吸的影響及其保鮮作用。研究結果表明,在控制低溫的基礎上,降低空氣中的氧氣濃度,提高空氣中的二氧化碳濃度,在很大程度上比單純冷藏能更進一步地降低果蔬的呼吸代謝,且比冷藏延長儲藏期1倍以上。他們於1920年正式提出氣調儲藏理論。1928年應用該理論在英國建造了世界上第一座氣調庫儲藏蘋果在商業上取得成功。第二次世界大戰後,氣調技術得到了迅速發展,由自發氣調到機械化氣調,又到自動控制氣調,並大量用於農產品儲藏。現在發達國家農產品已基本實現了冷鏈、氣調儲藏,像美國、日本等國80%的蘋果都採用了氣調保鮮儲藏技術。中國於20世紀70年代後期開始引進氣調冷庫、用於農產品儲藏。近年來,中國在氣調庫配套設備研究、製造方面有了長足的進步,中國目前的氣調庫已發展到一百多座。這被認為是果蔬保鮮史上第二次革命。

以後對果蔬氣調保鮮進行了更加廣泛和深入的研究,發現果蔬氣調保鮮儘管在質量上比普通冷藏有了很大改善,儲藏期限有了很大程度的延長,但也存在著局限性。1957年,沃克曼(Workman)和胡梅爾(Hummel)等同時發現,一些果蔬在冷藏的基礎上再加上降低氣壓的條件,與常規氣調相比可明顯地延長其儲藏壽命。1966年,美國的伯格(Burg)等人提出了完整的減壓儲藏理論和技術。此後,在許多國家相繼開展了廣泛的研究,試驗範圍也從最先試用的蘋果迅速擴大到其他品種的果蔬;1975年起美國開始有供商業用的減壓儲藏設備。1991年中國科技人員通過多年的研究獲得了關鍵性的減壓儲藏罐壁生產的突破。1997年在包頭建成了第一座減壓保鮮庫。這被認為是保鮮史上的第三次革命,將在儲藏易腐爛果蔬上發揮巨大作用。

一些地方的水果或蔬菜由於運不出去只能眼睜睜爛在地裡,有的近距離販運,由於當地已經形成產品的相對集聚,造成供大於求的局面,市場價格很低。特別是隨著城鎮生活水平的提高,人們對農產品在安全性、新鮮度等諸多方面的要求越來越高。但是,由於農產品本身的特點,以及產、銷地的相對分散,加之中國農產品採後加工技術相對薄弱,對農產品物流的要求比較高。

要做到「旺季不爛,淡季不淡」,需要通過應用儲藏保鮮技術創造適合果蔬保鮮的

第五章　食品原料在庫管理

外界環境,以抑制微生物的活動和繁殖、調節果品本身的生理活動,從而減少腐爛,延緩成熟,保持果蔬的鮮度和品質。

水果和蔬菜採後仍然是活體,含水量高,營養物質豐富,保護組織差,容易受機械損傷和微生物侵染,屬於易腐爛商品。要想將新鮮水果和蔬菜儲藏好,除了做好必要的採後商品化處理外,還必須有適宜的儲藏設施,並根據水果和蔬菜採後的生理特性,創造適宜的儲藏環境條件,使水果和蔬菜在維持正常新陳代謝和不產生生理失調的前提下,最大限度地抑制新陳代謝,從而減少水果和蔬菜的物質消耗、延緩成熟和衰老進程、延長採後壽命和貨架期;有效地防止微生物生長繁殖,避免水果和蔬菜因浸染而引起的腐爛變質。因此,選擇儲藏方式和設施,維持儲藏環境的適宜溫濕度或氣體成分是我們首先要考慮的問題。

新鮮水果和蔬菜的儲藏方式概括起來,可以分為自然降溫(簡易)儲藏、人工降溫(機械)冷藏和氣調儲藏三種。

（一）自然降溫儲藏

自然降溫儲藏是一種簡易的、傳統的儲藏方式。人們常用的自然降溫儲藏主要有堆藏(垛藏)、溝藏(埋藏)、凍藏、假植儲藏和通風窖藏(窨窖、井窖,它們都是利用外界自然低溫(氣溫或土溫)來調節儲藏環境溫濕度。使用時受地區和季節限制,而且不能將儲藏溫度控制到理想水平。但是,因其設施結構簡單,有些是臨時性的設施(如堆藏、垛藏、溝藏),所需建築材料少,費用低廉,在緩解產品供需上又能起到一定的作用,所以這種簡易儲藏方式在中國許多水果和蔬菜產區使用非常普遍,在水果和蔬菜的總儲藏量上佔有較大的比重。雖然降溫儲藏產品的儲藏壽命不太長,然而對於某些種類的水果和蔬菜,卻有其特殊的應用價值,如溝藏適合於儲藏蘿卜;凍藏適用於菠菜;假植儲藏適用於芹菜、萵筍、菜花;大白菜、蘋果、梨等可以窖藏;白菜、洋蔥可以堆藏或垛藏。自然降溫儲藏多在北方有外界低溫的冬季和早春使用,適用產品的儲藏溫度 0℃左右。中國其他地區也可以,如南通地區柑橘的地窖儲藏。

（二）人工降溫儲藏

人工降溫儲藏是利用機械制冷和調節儲藏環境溫度的儲藏方式,使用時不受季節和地區的限制,可以比較精確地控制儲藏溫度,適用於各種水果和蔬菜,如果管理得當可以達到滿意的儲藏效果。儘管低溫能夠最有效地減緩代謝速度,但是冷藏也不能無限制地延長儲藏壽命。迄今為止,世界上經濟發達國家都將機械冷藏看做儲藏新鮮水果和蔬菜的必要手段。由於機械冷藏的應用,使如獼猴桃,早、中熟蘋果,桃,荔枝,番茄等在常溫下難以儲藏的水果和蔬菜得以較長期儲藏或遠途運輸。

（三）氣調儲藏

人為地控制或改變儲藏環境中的氣體成分(降低氧氣濃度,提高二氧化碳濃度)的儲藏方式稱為氣調儲藏,通常用英文字母 CA 儲藏表示。這是發達國家大量儲藏蘋果和西洋梨以保證長期供應的主要手段之一。但是並非所有的水果和蔬菜都適合於氣調儲藏,有的產品氣調儲藏效果並不明顯,甚至有副作用。一般情況下,呼吸躍變型

果實氣調儲藏的效果較好,而非躍變型果實氣調儲藏對保持產品品質作用不大。

　　此外,不同的水果和蔬菜對氣體的敏感程度不同,要求的氧和二氧化碳配比也不一樣。由於氣調儲藏的成本較高,操作管理的難度也比較大,所以應該選擇那些適合長期儲藏或經濟價值高的水果和蔬菜進行氣調儲藏。目前中國應用較多的是自發氣調儲藏,即利用產品的自身呼吸作用消耗氧氣,累積二氧化碳,從而達到氣調效果,此法雖比不上真正的氣調儲藏,但操作簡單,成本較低,風險也較小。蘋果和蒜薹的硅窗袋或塑料袋小包裝儲藏都屬於自發氣調儲藏,儲藏效果良好。

　　在冷藏的基礎上,又研究出氣調冷藏儲藏,對於一些水果和蔬菜採用氣調冷藏比冷藏的效果更好,如冷藏蘋果只可儲藏 6 個月,但氣調冷藏卻可以儲藏 10 個月,仍然能保持很好的硬度。

　　(四)幾種常見果蔬的儲藏方法

　　1. 花椰菜

　　(1)儲藏特性:花椰菜屬半耐寒性蔬菜,儲藏適宜溫度為 -0.5℃~0.5℃,相對濕度為 90%~95%。

　　(2)採收。花椰菜質地脆嫩,採收時謹防擦傷,同時要保留幾片外葉,以保護花球。

　　(3)儲藏方法

　　① 窖藏法。將已成熟、無病、健壯花球,帶 2~3 輪葉片,裝筐碼垛或放在菜架上,保持溫度在 0℃~5℃,相對濕度在 90% 左右。

　　② 假植儲藏法。入冬前後利用棚窖、儲藏溝等場所,將尚未成熟的花椰菜連根刨下,葉片用稻草捆綁包住花球,整齊地排放在窖底或溝底松軟的土中,進行假植儲藏。儲藏期間注意防寒防風,儲藏場所應稍有光線。

　　2. 茄子

　　(1)儲藏特性。茄子屬喜溫性蔬菜,不耐儲藏,但管理得當,仍能取得較好效果。適宜儲溫 10℃ 左右,相對濕度 75%~80%。

　　(2)採收。茄子一般在下霜前採收,放在陰涼處散熱及表面水分。

　　(3)窖內堆儲。草木灰與稻殼按 3:7 的比例混合,與茄子層積儲藏,最後用紙被或草苫覆蓋。

　　3. 青(辣)椒

　　(1)儲藏特性。青(辣)椒多以嫩綠果供食用,採收後及儲藏中極易萎蔫、變紅和腐爛。它性喜溫暖,屬冷敏型蔬菜,適宜儲存溫度為 8℃~10℃,相對濕度為 90%-95%。

　　(2)採收。青(辣)椒一般應在下霜前採收。採收時要輕拿輕放,保護果柄,保持果型完整無機械傷,無病蟲害。採收後如溫度高,可在陰涼通風處短期儲藏,待氣溫下降後再行入儲。

　　(3)儲藏方法。

第五章　食品原料在庫管理

① 溝藏。選高燥地帶挖溝，溝寬、溝深各 1 米，長度視儲量而定。溝底鋪一層細沙，然後把青椒直接放入溝內，厚約 50~60 厘米。上面加蓋防寒物。前期注意防熱，每隔 10~15 天檢測翻動一次，後期注意防寒，此法儲期可達 2 個月。

② 缸藏。儲藏缸先用 0.5% 的漂白粉溶液洗滌消毒，然後將完好的青椒果柄向上擺在缸內，一層青椒一層沙，待氣溫降低時用塑料薄膜將缸口密封，移至陰涼處。儲藏期間每隔 10~15 天開口透氣，時間為 10~15 分鐘。如天氣轉冷，需用草苫保溫防寒。此法可儲藏 2 個月，好果率可達 90%。

4. 番茄

(1) 儲藏特性。番茄性喜溫暖，適宜儲溫為 10℃~13℃，相對濕度為 85%~90%。

(2) 採收。番茄應在綠熟期採收，採收前 2~3 天不澆水。採果時要輕拿輕放，避免機械傷果。果實要經過嚴格挑選，除去病果、裂果、傷果及果柄。

(3) 土窖儲藏:將好果裝入果箱或果筐，為防壓傷底部果實，一般碼 4~5 層。碼垛前，在窖底鋪一層高約 10~15 厘米的枕木，然後在枕木上碼花垛，垛與垛間距 30~40 厘米，垛距牆 20 厘米，距窖頂 20~30 厘米，以便通風換氣。儲藏期間通過通風換氣進行溫、濕度調節，一般每 7~10 天檢查一次，挑出熟果銷售或使用。

5. 生姜

生姜為姜科多年生草本植物，它不僅是一種常用的中藥材，而且用途廣、用量大，是中國重要的出口創匯蔬菜。

(1) 儲藏特性。生姜具有喜暖怕冷、喜濕怕干的特性，所以做好它的儲藏保鮮工作顯得尤其重要。

(2) 儲藏前的準備。儲藏前，應當挑選肥厚、無病蟲害、無機械損傷、無碰傷的姜塊，還應將挑選好的姜塊薄薄地攤開，晾曬 1~2 天，自然蒸發掉生姜表面的水分，以利於儲藏。

(3) 儲藏方法。

① 地窖儲藏法:選擇地下水位低、排水良好、土質結實的地方挖窖。姜窖與紅薯窖完全一樣。窖的大小以能儲藏 800~1,000 千克生姜為宜。地窖挖好後，先用稻草或艾葉加硫黃 50 克將地窖燒熏一遍，熏後封閉 2~3 天之後打開窖門，等幾天再放需儲藏的生姜。每窖不能裝得過滿，以地窖容量的 60%~70% 為宜。生姜入窖後，要經常調節好窖內溫濕度控制儀。生姜入窖初期要打開窖門通風換氣，嚴冬季節要緊閉窖門，但窖門上方要留一個窗口以便通風。

② 廂框儲藏法:在室內用磚塊砌成廂框，高 1.5 米左右。砌好後，將嚴格挑選的生姜小心放入其中，上面用草簾或麻袋覆蓋。一般要把室內溫濕度控制儀控制在 18℃~20℃ 之間。當氣溫下降時，可增加覆蓋物保溫;如果氣溫過高，可減少覆蓋物散熱降溫。

③ 沙埋儲藏法:在室內選通風干燥的地方，先在底層鋪放 10~12 厘米厚的河沙，然後放一層生姜，這樣一層河沙一層生姜，堆放 5~6 層，再在上面和四周用干稻草或

麻袋覆蓋即可。

無論採用哪種儲藏方法，掌握好儲藏環境的溫、濕度最為關鍵。生姜適宜的儲藏溫度應控制為 10℃~15℃，低於 10℃姜塊易受凍，受凍的姜塊在升溫後又易腐爛；如果溫度過高，姜腐病等病害蔓延，腐爛會更為嚴重。儲藏適宜的相對溫濕度控制宜為 90%~95%，如果濕度過大，病菌容易大量繁殖而導致腐敗；如果濕度過小，則會造成姜塊失水、干縮，降低鮮用品質。同時，要經常檢查生姜是否有腐爛現象，如果發現有爛姜，必須迅速將爛姜清除，並撒上生石灰進行消毒。

（五）果蔬儲藏保鮮新技術

蔬菜水果是鮮活食品，採收後易腐爛，為延長保鮮期，各國科研人員發明了多種保鮮新技術，現介紹如下：

1. 保鮮紙箱

這是由日本食品流通系統協會近年來研製的一種新式紙箱。研究人員用一種「里斯托瓦爾石」（硅酸鹽的一種）作為紙漿的添加劑。因這種石粉對各種氣體，獨具良好的吸附作用，而且所保鮮的蔬果分量不會減輕，所以商家都愛用它，對進行遠距離儲運效果更是獨具一籌。

2. 微波保鮮

這是由荷蘭一家公司對水果、蔬菜和魚肉類食品進行低溫消毒的保鮮辦法。它是採用微波在很短的時間（120秒）內將其加熱到 72℃，然後將這種經處理後的食品置放在 0℃~4℃環境條件下，可儲存 42~45 天，不會變質，十分適宜淡季供應時令菜果，備受人們青睞。

3. 可食用的蔬果保鮮劑

這是由英國一家食品協會所研製成的可食用的蔬果保鮮劑。它是採用蔗糖、澱粉、脂肪酸和聚酯物配製成的一種半透明乳液，既可當噴霧用，又可塗刷，還可浸漬覆蓋於西瓜、西紅柿、甜椒、茄子、黃瓜、蘋果、香蕉等表面，其保鮮期可長達 200 天以上。這是由於這種保鮮劑在蔬果表面形成一層密封薄膜，完全阻止了氧氣進入蔬果內部，從而達到延長蔬果熟化過程、增強保鮮效果的目的。

4. 新型薄膜保鮮

這是日本研製開發出的一種一次性消費的吸濕保鮮塑料包裝膜，它是由兩片具有較強透水性的半透明尼龍膜組成，並在膜之間裝有天然糊料和滲透壓高的砂糖糖漿，能緩慢地吸收從蔬菜、果實、肉表面滲出的水分，達到保鮮作用。

5. 加壓保鮮

這是由日本京都大學糧科所研製成功的，利用壓力製作食品的方法，蔬菜加壓殺菌後可延長保鮮時間，提高新鮮味道，但在加壓狀態下酸無法發揮作用，因此在最好吃的狀態下，保存鹹菜和水果最理想。

6. 陶瓷保鮮袋

這是由日本一家公司研製的一種具有遠紅外線效果的蔬果保鮮袋，在袋的內側塗

第五章　食品原料在庫管理

上一層極薄的陶瓷物質,通過陶瓷所釋放出來的紅外線就能與蔬果中所含的水分發生強烈的共振運動,從而促使蔬果得到保鮮作用。

7. 微生物保鮮法

乙烯具有促進蔬果老化和成熟的作用,所以要使蔬果達到保鮮目的,就必須要去掉乙烯。科學家經過篩選研究,分離出一種 nh-9 菌株,這種菌株能夠制成去乙烯的乙烯去除劑 nh-t 物質,可防止葡萄儲存中發生的變褐、鬆散、掉粒,對番茄、辣椒起到防止失水、變色和鬆軟的作用,有明顯的保鮮作用。

8. 減壓保鮮法

這是一種新興的蔬果儲存法,有很好的保鮮效果,且具有管理方便、操作簡單、成本不高等優點,目前英、美、德、法等一些國家已研製出了具有標準規格的低壓集裝箱,且該種方法已廣泛應用於長途運輸蔬果中。

9. 烴類混合物保鮮法

這是英國一家塞姆培生物工藝公司研製出的一種能使番茄、辣椒、梨、葡萄等蔬果儲藏壽命延長 1 倍的天然可食保鮮劑。它採用一種複雜的烴類混合物。在使用時,將其溶於水中成溶液狀態,然後將需保鮮的蔬果浸泡在溶液中,使蔬果表面很均勻地塗上一層液劑。這樣就大大降低了氧的吸收量,使蔬果所產生的二氧化碳幾乎全部排出。因此,保鮮劑的作用,酷似給蔬果施了麻醉藥,使其處於休眠狀態。

10. 電子技術保鮮法

這是利用高壓負靜電場所產生的負氧離子和臭氧來達到目的的。負氧離子可以使蔬果進行代謝的酶鈍化,從而減小蔬果的呼吸強度,減弱果實催熟劑乙烯的生成。而臭氧是一種強氧化劑,又是一種良好的消毒劑和殺菌劑,既可殺滅蔬果上的微生物及其分泌毒素,又能抑制並延緩蔬果有機物的水解,從而延長蔬果儲藏期。

四、肉類儲藏

在日常生活中,人們都有儲藏保鮮豬肉及豬肉製品的習慣。肉與肉製品的儲藏保鮮方法很多,傳統方法主要有干燥法、鹽醃法、菸熏法等;現代儲藏方法主要有低溫儲藏法、罐藏法、照射處理法、化學保藏法等。

(一) 低溫儲藏法

低溫儲藏法即將肉類及肉類製品冷藏,是在冷庫或冰箱中進行的,是肉類和肉類製品儲藏中最為實用的一種方法。在低溫條件下,尤其是當溫度降到零下 10℃ 以下時,肉中的水分就結成冰,造成細菌不能生長發育的環境。但當肉被解凍復原時,由於溫度升高和肉汁滲出,細菌又開始生長繁殖。所以,利用低溫儲藏肉品時,必須保持一定的低溫,直到食用或加工時為止,否則就不能保證肉的質量。肉的冷藏,一般分為冷卻法和冷凍法兩種。

1. 冷卻法

此法主要用於短時間存放的肉品，通常使肉中心溫度降低到 0℃～1℃ 左右，多用於短期或臨時儲藏。具體要求是，肉在放入冷庫前，先將庫(箱)溫降到零下 4℃ 左右，放入肉後，保持 -1℃～0℃ 之間，可保存 5～7 天。經過冷卻的肉，表面形成一層干膜，從而阻止細菌生長，並減緩水分蒸發，延長保存時間。

2. 冷凍法

將肉品進行快速、深度冷凍，使肉中大部分水凍結成冰，這種方法稱為冷凍法。冷凍肉比冷卻肉更耐儲藏。冷凍法一般採用 -18℃ 以下的溫度，使肉類凍結成堅硬狀態，多用於較長時間的儲藏。為提高冷凍肉的質量，使其在解凍後恢復原有的滋味和營養價值，也可採用速凍法，即將肉放入 -40℃ 的速凍間，可使肉溫很快降低到 -18℃ 以下，然後移入冷凍室。冷凍溫度越低，解凍時間越長。在 -18℃ 條件下，可保存 4 個月；在 -30℃ 條件下，可保存 10 個月左右。

(二) 干燥法

干燥法也稱脫水法，措施是減少肉內的水分，阻礙微生物的生長發育，達到儲藏目的。各種微生物的生長繁殖，一般需要 40%～50% 的水分。如果沒有適當的水分含量，微生物就不能生長繁殖。正常情況下豬肉、牛肉、雞肉的含水量大於 77%，羊肉含水量大於 78%，只有使含水量降低到 20% 以下或降低水分活性，才能延長儲藏期。

(三) 自然風干法

根據要求將肉切塊，掛在通風處，進行自然干燥，使含水量降低。例如風干肉、香腸、風雞等產品都要經過晾曬風干的過程。

(四) 脫水干燥法

在加工肉干、肉松等產品時，常利用烘烤方法，除去肉中水分，使含水量降到 20% 以下，可以較長時間儲存。

(五) 添加溶質法

即在肉品中加入食鹽、砂糖等溶質，如加工火腿、腌肉等產品時，需用食鹽、砂糖等對肉進行腌制，其結果可以降低肉中的水分活性，從而抑制微生物生長。

(六) 鹽腌法

鹽腌法歷史悠久，許多年前人們就通過鹽腌方法在常溫下保存肉類。鹽腌法的儲藏作用主要是通過食鹽提高肉品的滲透壓，脫去部分水分，並使肉品中的含氧量減少，造成不利於細菌生長繁殖的環境條件。食鹽是肉品中常用的一種腌制劑，它不僅是重要的調味料，且具有防腐作用。食鹽可以使微生物脫水；對微生物有生理毒害作用；影響蛋白質分解酶的活性；降低微生物所處環境的水分活度，使微生物生長受到抑制。食鹽能抑制微生物生長繁殖，但不能殺死微生物，而且有些細菌的耐鹽性較強，單用食鹽腌制不能達到長期保存目的。因此，要防腐必須結合其他方法使用。在生活中用食鹽腌制肉類多在低溫下進行，並常常將鹽腌法與干燥法結合使用，製作各種風味的臘肉製品。

第五章　食品原料在庫管理

(七)菸熏法

菸熏法常與加熱一起進行。當溫度為0℃時，濃度較淡的熏菸對細菌影響不大；溫度達到13℃以上，濃度較高的熏菸能顯著地降低微生物的數量；溫度為60℃時，無論濃淡，熏菸均能將微生物的數量降低到原數的萬分之一。熏菸的成分很複雜，有200多種，主要是一些酸類、醛類和酚類物質，這些物質具有抑菌防腐和防止肉品氧化的作用。經過菸熏的肉類製品均有較好的耐保藏性，菸熏還可使肉製品表面形成穩定的腌肉色澤。由於熏菸中還含有某些有害成分，有使人體致癌的危險性，因此，現在人們將熏菸中的大部分多環烴類化合物除去，僅保留能賦予熏菸製品特殊風味、有保藏作用的酸、酚、醇、碳類化合物，研製成熏菸溶液，對肉製品進行菸熏，取得了很好的效果。

五、水產品儲藏

(一)儲藏方法

1. 干制加工法

通過干制過程，除去水產品中的水分，防止細菌繁殖。有自然干燥(曬干、風干等)和人工干燥(烘烤、烘焙、冷凍等)兩種方法。自然干燥方法簡便，操作簡單、成本低，可及時加工處理大量水產品，但質量低，易受污染，易霉變。人工干燥設備的技術要求高，成本較高，但質量較好，衛生及保存效果好。

2. 腌制法

此法具體分干腌法、濕腌法及混合腌制法，實際應用中多採用混合腌制法。將食鹽塗於魚蝦等水產品的內外，裝入容器後再注入飽和食鹽水，蓋住容器密封保存，食鹽的用量依腌制時間的長短合理調整。

3. 菸熏蒸煮法

菸熏和蒸煮相結合，可使水產品有穩定的色澤和特有的氣味。缺點是衛生欠佳，難以避免霉菌生長。

4. 制熟密封法

一般水產品加工成熟製品後還必須密封包裝，延長保存時間。密封保存有兩種方法：一是直接密封，即將水產品密封在容器中，經高溫處理，消除微生物，並防止與外界微生物相接觸；另一種是間接密封，即在密封容器中充入二氧化碳或其他惰性氣體，將容器中的空氣置換出去，防止水產品與空氣接觸，主要用於水產干製品和魚糜製品的儲藏。

5. 微波加工法

微波是一種電磁波，其工業加熱頻率有915兆赫和2,450兆赫兩種。其原理是在外界高頻交變場中，水等極性分子不斷扭轉、摩擦，產生熱。其特點為速度快、加熱均匀、節能高效、清潔衛生、加熱選擇性強。利用微波對水產品進行了調溫解凍、加熱烹

制、殺菌消毒等加工過程後,可以很好地延長水產品的良好品質儲存時間。

6. 臭氧加工法

臭氧有極高的氧化能力,極易氧化細菌細胞壁中的脂蛋白,從而使細胞受到破壞。其特點是在空氣中和水中都可使用,操作方便、速度快、效果好、無殘留、安全性好,用於生產用水、養殖用水消毒、冷庫消毒、加工間殺菌除味。

8. 高壓殺菌法

高壓是指 400～600 兆帕的靜壓力。其原理是 600 兆帕下細胞發生變形、破裂。高壓可改變酶的構象,壓力反應發生導致生化反應變化。其特點是利用高壓殺菌加工後的水產品,其風味和營養、顏色幾乎不發生變化,且殺菌均勻。

(二)幾種常見水產品的儲藏方法

1. 鮮魚

① 除內臟法:先把魚洗乾淨後,將魚肚裡所有的內臟掏乾淨,放入一乾淨的塑料袋,再冷藏起來。

② 熱水處理法:在冷藏之前應先在 80℃ 左右的熱水中浸泡幾秒鐘,直至魚的表面變白後才冷藏。用浸濕的紙貼在魚眼睛上,這樣可有效延長其保鮮時間。

2. 鮮蝦

將鮮蝦用油浸一下,鮮蝦就會斷生,這樣其紅色就不會褪掉,而且還能保住鮮味。

3. 干蝦籽

將干蝦籽裝入布袋內,放 2 個大蒜,這樣既不變質,又能防蟲蛀。

4. 活蟹的存養

將蟹放入一個敞口比較大的容器裡,放進沙子、清水、芝麻和打碎的雞蛋。裝活蟹的容器應放在陰涼的地方。

六、蛋類儲藏

禽蛋的生產具有一定的季節性,禽蛋的消費情況和價格又具有一定的波動性。因此,餐飲企業為滿足市場供應,實現穩定的經濟效益,因地制宜地搞好蛋類的保鮮儲藏,具有非常重要的意義。

(一)鮮蛋在儲藏中的變化

1. 物理變化

① 蛋重:鮮蛋在儲藏期間重量會逐漸減輕,儲存時間越長,減重越多,其變化量與保存條件有關。保存溫度越高,蛋減重越多;保存濕度越大,蛋減重越少;蛋殼厚、致密,氣孔少,則蛋的失重就少,反之就多;保存方法不同(如塗膜法、穀物儲存法等)其失重也各有不同。

② 氣室:氣室是衡量蛋新鮮程度的一個重要標誌。在儲藏過程中,氣室的大小隨儲存時間的延長而增大。氣室的增大是由於水分蒸發,蛋內容物干縮造成的。所以,

第五章　食品原料在庫管理

氣室增大和蛋重減小是相對應的,也受儲存溫度、濕度、蛋殼狀況和儲存方法等的影響。孵化過的蛋比一般儲藏蛋的氣室要大。

③ 水分:隨著儲存時間延長,蛋白中的水分由於不斷通過氣孔向外蒸發,同時通過蛋黃膜向蛋黃滲透,其含量不斷下降,可降至71%以下。而蛋黃中的水分則逐漸增加。

④pH 值:新鮮蛋黃的 pH 值為 6.0~6.4,在儲存過程中會逐漸上升而接近或達到中性。以餐飲企業中用量最大的雞蛋為例,雞蛋剛形成時,蛋白的 pH 值為 7.5~7.6;雞蛋產出後,蛋白的 pH 值迅速上升到8.7;儲存一段時間(10 天左右)後,蛋白 pH 值不斷上升,可達 9 以上。但當蛋開始接近變質時,則蛋 pH 值有下降的趨勢,當蛋白 pH 值降至 7.0 左右時尚可食用,若繼續下降則不宜食用。採用合適的儲藏方法可減緩 pH 值的下降速度。

2. 化學變化

鮮蛋在儲存過程中,各蛋白質比例將發生變化,其中卵類黏蛋白和卵球蛋白的含量相對增加,而卵伴白蛋白和溶菌酶減少;蛋黃中卵黃球白和磷脂蛋白的含量減少,而低磷脂蛋白的含量增加;由於微生物對蛋白質的分解作用,會使蛋內含氮量增加,儲存時間越長,蛋液中含氮量越高,甚至會產生對人體有害的一些揮發性鹽基氮類物質。

剛產的蛋,其脂肪中遊離脂肪酸含量很低,隨儲藏時間延長,接觸空氣後,脂肪酸化速度加快,使其遊離脂肪酸含量迅速增加。蛋在儲藏期間溶菌酶逐漸減少,接觸酶明顯增多,少量的碳水化合物也逐漸減少。

3. 生理學變化

禽蛋在保存期間,25℃以上較高的溫度會使其胚胎發生生理學變化,使受精卵的胚胎周圍產生網狀血絲、血圈、甚至血筋,稱為胚胎發育蛋;較高的溫度會使未受精卵的胚胎有膨大現象,稱為熱傷蛋。

蛋的生理學變化,常常引起蛋質量降低,耐儲性也隨之降低,甚至引起蛋的腐敗變質。控制儲藏溫度是防止蛋生理學變化的重要措施。

4. 微生物學變化

以雞蛋為例,在正常情況下,健康母雞產的鮮蛋,其內容物裡是沒有微生物的。然而生病的母雞,在蛋的形成過程中可能污染上各種病原微生物,如沙門氏菌等。

禽蛋在儲存和流通過程中,外界微生物接觸蛋殼,會通過氣孔或裂紋侵入蛋內,使內容物發生微生物學變化。

蛋內常發現的微生物主要有霉菌和各種細菌,如曲霉屬、青霉屬、毛霉屬、白霉菌、葡萄球菌、大腸杆菌、產鹼杆菌等。各種微生物的侵入,不僅使蛋內容物的結構形態發生變化,而且使蛋內的主要營養成分也發生變化,造成蛋的腐敗變質。

(二)蛋類保鮮儲藏的基本原則

根據以上原理,在禽蛋保鮮儲藏中應遵循以下基本原則:

1. 保持蛋殼和殼外膜的完整性

蛋殼是蛋本身具有的一層最理想的天然包裝材料。分佈在蛋殼上的殼外膜可以將蛋殼上的氣孔封閉,但這層膜很容易被水溶解而失去作用。所以,無論用什麼方法儲存鮮蛋,都應當盡量保持蛋殼和蛋殼膜的完整性。

2. 防止微生物的接觸與侵入

在禽蛋的儲存和流通過程中,要盡量控制環境,減少和外界微生物的接觸。同時採取各種方法,防止外界微生物的侵入。如在儲存前把嚴重污染的蛋挑出,另行處理;儲藏庫嚴格殺菌消毒;用具抑菌作用的塗料塗抹蛋殼;將蛋浸入具有殺菌作用的溶液中,使蛋與空氣隔絕等。

3. 抑制微生物的繁殖

蛋在放置過程中不可避免地會被各種微生物污染,污染過程視包裝容器和庫房的清潔程度而異。鮮蛋在儲藏時應盡量設法抑制這些微生物的繁殖,如對蛋殼進行消毒或低溫儲藏等。

4. 保持蛋的新鮮狀態

蛋在產出之後,會不斷地發生理化和生物學變化。如水分損失、能量的消耗、二氧化碳的逸出及氧氣的滲入、蛋液 pH 值的升高、濃蛋白變稀、蛋黃膜彈性降低、蛋的品質下降等。鮮蛋的儲藏過程中應盡量減緩這些變化。通過低溫或氣調儲藏均可收到良好的效果。

5. 抑制胚胎發育

胚胎發育會降低蛋的品質,所以在蛋的儲藏中必須要想辦法抑制胚胎發育。最好採用低溫儲藏,尤其是在夏季,控制庫溫非常重要,如庫溫超過 23℃,就有胚胎發育的可能。

(三) 蛋類的儲藏方法

鮮蛋的儲藏方法很多,一般根據儲藏量、儲藏時間及經濟條件等來選擇合適的儲藏方法。

1. 民間簡易儲蛋法

在鮮蛋的儲藏方面,中國民間累積了不少很好的經驗、方法,包括用谷糠、小米、豆類、草木灰、松木屑等與蛋分層共儲等方法。其優點是簡便易行,適於家庭少量鮮蛋的短期儲藏。

其共同的要求是,容器和填充物要干燥、清潔。方法是,在容器中放一層填充物,排一層鮮蛋,直到裝滿容器為止,然後加蓋,置於干燥、通風、陰涼的地方存放。儲藏的蛋要新鮮、清潔、無破損、不受潮,每隔半個月或 1 個月翻動檢查 1 次。一般可保存 5~6 個月。

2. 巴氏殺菌儲藏法

巴氏殺菌儲藏法是一種經濟、簡便、適用於偏僻山區和多雨潮濕地區的少量短期儲藏法。

第五章　食品原料在庫管理

其處理方法是，先將鮮蛋放入特製的鐵絲或竹筐內，每筐放蛋100~200枚為宜，然後將蛋筐沉浸在95℃~100℃的熱水中5~7秒後取出。待蛋殼表面的水分瀝干，蛋溫降低後，即可放入陰涼、干燥的庫房中存放1.5~2個月。

鮮蛋經巴氏殺菌後，能殺死蛋殼表面的大部分細菌，同時，靠近蛋殼的一層蛋白的凝固，能防止蛋內水分、二氧化碳的逸失及外界微生物的侵入，達到儲藏的目的。

3. 冷藏法

冷藏法是中國大中城市的餐飲企業廣泛採用的一種方法。其操作簡單、管理方便、儲藏效果好，儲藏期長達半年以上，適宜於各種批量的蛋類儲藏。

蛋在正式冷藏前需先進行預冷，預冷的溫度為3℃~4℃，時間2~3天；經預冷的蛋可移至冷庫儲藏，庫溫保持在0℃±0.5℃，濕度80%~85%。在冷藏期間應每隔1、2個月定期檢查，每次開箱取樣2%~3%進行燈光照檢，根據蛋的品質變化決定冷藏是否應該繼續進行。一般情況下儲藏6~8個月，品質不會有明顯的變化。

蛋在出庫前應事先經過升溫，待蛋溫升至比外界溫度低3℃~5℃時才可出庫，這樣就可以避免蛋殼表面凝結的水珠滲入蛋內，延長出庫鮮蛋的存放時間。

4. 石灰水儲藏法

石灰水儲藏法是一種操作簡便、費用低廉、效果較好、儲藏期較長的儲藏方法，適宜於大量儲藏，但蛋殼外觀差，在煮制時蛋殼易破裂。

此方法需先配製石灰水溶液，即用50千克清水加入1~1.5千克生石灰，攪拌後靜置，任其沉澱、冷卻。待石灰水澄清、溫度下降到10℃以下時，取出澄清液倒入放有鮮蛋的水池或缸中，使溶液淹沒蛋面以上5至10厘米即可。

石灰水儲藏法一定要選擇質量優良的鮮蛋，否則，次劣蛋混入後，隨著蛋的腐敗變質，微生物借助石灰水傳播擴散，導致石灰水發渾變質。

儲藏期間還應盡量降低庫溫及石灰水溫，夏季庫溫不可超過23℃，水溫不高於20℃，冬季不可結冰。溶液溫度越低，鮮蛋的耐儲時間越長，蛋的變化也越小，一般可儲藏4~5個月不變質。儲藏期間應每日早、中、晚3次檢查庫溫和水質，若發現石灰水發混、發綠、有臭味，應及時處理。

5. 表面塗膜法

即利用某些專門的塗料抹在蛋殼表面，使蛋殼上形成一層人工保護膜，降低蛋內二氧化碳和水分的逸失，同時防止外界微生物進入蛋內，從而達到保鮮的目的。如原料蛋不新鮮，蛋內已受到微生物污染，則塗膜後蛋內的微生物仍可繼續繁殖而造成蛋的變質。

此方法一般在蛋產出後很快進行分級、洗滌、塗膜、干燥、包裝等工序，然後出售或儲藏。目前使用的塗劑種類很多，有的使用單一的成分，如液體石蠟、明膠、水玻璃、火棉膠等，也有採用兩種以上的成分配製。

6. 松脂石蠟合劑法

將石蠟18份、松脂18份、三氯乙烯64份，混合攪勻，將新鮮、清潔的雞蛋置於其

中浸泡30秒,取出晾乾,即可在常溫下儲存6~8個月。

7. 蔗糖脂肪酸酯法

將經過挑選的新鮮蛋浸入1%的蔗糖脂肪酸酯溶液中20秒,取出風乾,在25℃下可儲藏6個月以上。

8. 蜂油合劑法

取蜂蠟112毫升於鍋中加熱熔化,然後加入橄欖油224毫升,邊加邊仔細調合勻,然後將挑選好的鮮蛋浸入其中,均勻塗上一層後取出晾乾,可儲存半年以上。

9. 氣體儲藏法

氣體儲藏法是一種儲藏期長、儲藏效果好、既可少量也可大批量儲藏的方法。常用二氧化碳、氮氣、臭氧等氣體。即利用這些氣體的作用,來抑制微生物的活動,減緩蛋內容物的各種變化,從而保持了蛋的新鮮狀態。

採用此法需備有密閉的庫房或容器,以保持一定的氣體濃度。首先將蛋裝入箱內,並通入二氧化碳氣體,置換箱內空氣,然後將蛋箱放在含有3%二氧化碳的庫房內儲藏。此法如和冷藏法配合使用,則效果更理想。

用這種方法儲存鮮蛋,霉菌一般不會侵入蛋內,濃蛋白很少水化,蛋黃膜彈性較好且不易破裂,即使儲藏10個月,品質也無明顯下降。

總之,由於鮮蛋在儲存中會發生各種生理學和微生物學變化,促使蛋內容物的成分分解,降低蛋的質量,所以在蛋的儲藏中,應因地制宜地採用科學的儲藏方法。

第二節 盤點作業

一、盤點作業的概念和工作目標

(一) 盤點作業的概念

貨物在庫房中因不斷的搬運和進出庫,其庫存帳面數量容易產生與實際數量不符的現象。有些物品因存放時間過久、儲存措施不恰當而變質、丟失等,直接造成貨物數量的損失。為了有效地掌握貨物在庫數量,需要對在庫貨物的數量進行清點,即盤點作業。貨物盤點是保證儲存貨物達到帳、貨、卡完全相符的重要措施之一。倉庫的盤點能夠確保貨物在庫數量的真實性及各種貨物的完整性。

盤點作業就是定期或不定期地對庫場內的物品進行全部或部分清點,以確實掌握該期間內的庫存狀況,並使其得到改善,加強管理。它是為了確實掌握物品的「進、銷、存」,可避免囤積太多物品或缺貨情況的產生,為計算成本及損失提供不可或缺的數據。

飯店和餐飲企業每月至少要對餐飲原料的庫存盤點一次,統計庫存的價值。月末是會計期結束的時候,企業要在每個月月末對庫存盤點一次。庫存盤點能全面清點庫

第五章　食品原料在庫管理

房(和廚房)的庫存物資,檢查原料的實際存貨額是否與帳面額相符,以便控制庫存物資的短缺。通過庫存盤點,能計算和核實每月月末的庫存額和餐飲成本消耗,為編製每月的資金平衡表和經營情況表提供依據。

庫存盤點是庫存控制的一種手段,這項工作必須由財務部派工作人員與庫房管理員一起進行,使財務部直接對庫存起到控製作用。在盤點時,要對每一種庫存物資進行實地點數。為加快盤點速度,可以由一名職工清點貨架上原料的數量,另一名核對貨品庫存卡並將實際庫存數量填寫在存貨清單上。貨品庫存卡和存貨清單上的原料編排次序應與原料的實際存放次序一致,這樣使盤點既迅速又不會有遺漏。盤點時,要檢查實際存量與貨品庫存卡的存量是否相符,如有出入要復查並查明原因。盤點完畢,以實際庫存數記帳代替帳面數字計算出各種原料的價值和庫存原料總額,作為月末原料庫存額。月末庫存額自然轉結成下月初的庫存額。月末實際庫存額與帳面庫存額的差額計入資金平衡表的流動資產占用項「待處理流動資產損溢」,數量不大的金額直接計入餐飲成本。

(二)盤點作業的工作目標

1. 確定現存量

通過盤點可以查清實際庫存數量,掌握一定階段的物品虧盈狀況;並確認庫存貨物實際數量與庫存帳面數量的差異。帳面庫存數量與實際庫存數量不符的主要原因通常是作業中產生的誤差,如記錄庫存數量時多記、誤記、漏記;作業中導致的貨物損壞、遺失;驗收與出庫時清點有誤;盤點時誤盤、重盤、漏盤等。如發現盤點的實際庫存數量與帳面庫存數量不符時,應及時查清問題原因,並做出適當的處理。

2. 確認企業損益

庫存貨物的總金額直接反應企業庫存資產的使用情況,庫存量過大,將增加企業的庫存成本。通過盤點,可以定期核查企業庫存情況,從而提出改進庫存管理的措施。

3. 核實貨物管理成效

通過盤點,可以發現呆滯品和廢品及呆廢品處理情況,存貨週轉率以及貨物保管、養護、維修情況,從而採取相應的改善措施。加強管理,防微杜漸,遏阻不軌行為;瞭解目前物品的存放位置;發掘並清除滯銷品、臨近過期物品,整理環境,清除死角等。

二、盤點作業的作用和原則

(一)盤點作業的作用

核實資產,確保帳、卡、物相符;盤點還可以起到量化的作用;為庫存、生產、銷售、投資等決策提供準確的依據。

(二)盤點作業的原則

一般是每月對物品盤點一次,並由盤點小組負責各庫場的盤點工作。為了確保物品的盤點效率,應堅持以下三個原則:售價盤點原則、即時盤點原則、自動盤點原則。

三、盤點作業的基本內容、程序、分類、步驟、方法和注意事項

(一)盤點作業的基本內容

檢查物品的帳面數量與實物數量是否相符,檢查物品的收發情況及按先進先出的原則發放物品,檢查物品的堆放及維護情況,檢查各種物品有無超儲積壓、損壞變質,檢查對不合格品及呆滯品、廢品的處理情況,檢查倉庫內的安全設施及安全情況。

1. 查數量

通過盤點查明庫存貨物的實際數量,核對庫存帳面數量與實際庫存數量是否一致,這是盤點的主要內容。

2. 查質量

檢查在庫貨物質量有無變化,包括:受潮、銹蝕、發霉、乾裂、鼠咬,甚至變質情況;檢查有無超過保管期限和長期積壓現象;檢查技術證件是否齊全,是否證物相符;必要時,還要進行技術檢驗。

3. 查保管條件

檢查庫房內外儲存空間與場所利用是否恰當;儲存區域劃分是否明確、是否符合作業情況;貨架布置是否合理;貨物進出是否方便、簡單、快速;工作聯繫是否便利;搬運是否方便;傳遞距離是否太長;通道是否寬敞;儲區標誌是否清楚、正確、有無脫落或不明顯;有無廢棄物堆置區;溫濕度是否控制良好。檢查堆碼是否合理穩固,苫墊是否嚴密,庫房是否漏水,場地是否積水,門窗通風洞是否良好,等等。即檢查各項保管條件是否與各種貨物的保管要求相符合。

4. 查設備

檢查各項設備使用和養護是否合理,是否定期保養;儲位、貨架標誌是否清楚明確,有無混亂;儲位或貨架是否充分利用;計量器具和工具,如皮尺、磅秤以及其他自動裝置等是否準確,使用與保管是否合理。檢查時要用標準件校驗。

5. 查安全

檢查各種安全措施和消防設備、器材是否符合安全要求;使用工具是否齊備、安全;藥劑是否有效;貨物堆放是否安全,有無傾斜;貨架頭尾防撞杆有無損壞變形;建築物是否因損壞而影響貨物儲存;對於地震、水災、臺風等自然災害有無緊急處理對策等。

(二)盤點作業的程序

一般情況下,盤點工作可按下列程序進行:

1. 盤點前的準備工作

盤點前的準備工作是否充分,關係到盤點作業能否順利進行。事先對可能出現的問題,對盤點工作中易出現的差錯,進行周密的研究和準備是相當重要的。準備工作主要包括:

第五章　食品原料在庫管理

（1）確定盤點的程序和具體方法；
（2）配合會計人員做好盤點準備；
（3）設計、印製盤點用的各種表格；
（4）準備盤點使用的基本器具。

2. 確定盤點時間

一般情況下,盤點時間可選擇在每工作日下班之前、週末、月末或財務決算日之前。盤點次數可以是每天、每週、每月、每季、每年盤點一次或幾次。

從理論上講,在條件允許的情況下,盤點的次數越多越好。但每一次盤點,都要耗費大量的人力、物力和財力。因此,應根據實際情況確定盤點時間。存貨週轉率比較低的企業,可以半年或一年進行一次貨物的盤點。存貨週轉量大的企業、庫存品種比較多的企業可以根據貨物的性質、價值大小、流動速度、重要程度來分別確定不同的盤點時間。

如可按 ABC 分類法將貨物分為 A、B、C 不同的等級,分別制定相應的盤點週期,重點的 A 類貨物,每天或每週盤點一次；一般的 B 類貨物每兩週或三周盤點一次；重要性最低的 c 類貨物可以每個月甚至更長時間盤點一次。

3. 確定盤點方法

不同的儲存場所對盤點的要求不盡相同,盤點方法也會有所差異,為盡可能快速、準確地完成盤點作業,必須根據實際需要確定盤點的方法。

4. 培訓盤點人員

盤點的結果如何取決於作業人員的認真程度和程序的合理性。為保證盤點作業順利進行,必須對參與盤點的所有人員進行集中培訓。培訓的主要內容是盤點的方法及盤點作業的基本流程和要求。通過培訓,盤點工作人員能明確、清楚地掌握盤點的基本要領,以及相關表格及單據的填寫規則。

5. 盤點作業的具體工作

盤點工作開始時,首先要對儲存場所及庫存貨物進行一次清理。清理工作主要包括:

（1）對尚未辦理入庫手續的貨物,應予以表明,不在盤點之列；
（2）對已辦理出庫手續的貨物,要提前通知有關部門,運到相應的配送區域；
（3）帳卡、單據、資料均應整理後統一結清；
（4）整理貨物堆垛、貨架等,使其整齊有序,以便於清點計數；
（5）檢查計量器具,使其誤差符合規定要求；
（6）確定在途運輸貨物是否屬於盤點範圍。

盤點人員按照盤點單到指定庫位清點貨物,並且將數量填入盤點單中實盤數量處。使用盤點機進行盤點,可以採用以下兩種方式:一是輸入貨物編碼及數量；二是逐個掃描貨物條形碼。

135

（三）盤點作業的分類

1. 帳面盤點和現貨盤點

以帳或物來分，可分為帳面盤點和現貨盤點。這是倉庫盤點中最常用的方法。

（1）帳面盤點，又稱永續盤點，就是把每天入庫及出庫貨物的數量及單價，記錄在電腦或帳簿上，根據這些數據資料不斷地累計加總算出帳面上的物品庫存量及庫存金額。

（2）現貨盤點，又稱實地盤點，也就是實地去清點並統計倉庫內庫存物品的庫存數，再依貨物單價計算出庫存金額的方法。可進一步劃分為動態盤點、期末盤點、循環盤點和定期盤點等。

如要得到最正確的庫存情況並確保盤點無誤，最直接的方法是確定帳面盤點與現貨盤點的結果完全一致。如存在差異，即產生帳貨不符的現象，就應分析尋找錯誤原因，弄清究竟是帳面盤點記錯還是現貨盤點點錯，劃清責任歸屬。

2. 全面盤點和分區盤點

以盤點區域來劃分，可分為全面盤點和分區盤點；

3. 營業中盤點、營業前後盤點和停業盤點

以盤點時間來劃分，可分為營業中盤點、營業前後盤點和停業盤點；

4. 定期盤點和不定期盤點

以盤點週期來劃分，可分為定期盤點和不定期盤點。

（四）盤點作業的步驟

盤點作業一般分為：盤點基礎工作、盤點前準備工作、盤點中作業、盤點後處理四個步驟。

1. 盤點基礎工作

它包括盤點方法、帳務處理、盤點組織、盤點配置圖等內容。

2. 盤點前準備工作

它包括人員準備、環境準備、盤點工具準備、盤點前知道、盤點工作分派和單據整理。

3. 盤點中作業

分為三類，即初點作業、復點作業和抽點作業。初點作業應注意先點倉庫、冷凍庫、冷庫，後點賣場；若在作業中盤點，先盤點購買出入庫頻率較低的物品；盤點貨架或冷凍、冷藏櫃時，要依序由左而右、由上而下進行盤點；每一臺貨架或冷凍、冷藏櫃都應視為一個獨立的盤點單元，使用單獨的盤點表、按盤點配置圖進行統計與清理。復點作業應注意，復點可在初點進行一段時間後再進行，復點人員應手持初點的盤點表依序檢查，把差異填在差異欄，復點人員需用紅色圓珠筆填表。

4. 盤點後處理

整理資料，計算盤點結果，根據盤點結果實施獎懲措施，根據盤點結果找出問題點並提出改善對策，做好盤點的財務處理工作。

第五章　食品原料在庫管理

(五)盤點作業的方法

1. 動態盤點法(又叫永續盤點法)

它是指對有動態變化的貨物即發生過收、發的貨物,即時核對該批貨物的餘額是否與帳、卡相符的一種盤點方法。動態盤店法有利於及時發現差錯和及時處理。

2. 重點盤點法

它是指對貨物進出動態頻率高的,或者是易損耗的,或者是昂貴貨物的一種盤點方法。

3. 全面盤點法

它是指對在庫貨物進行全面的盤點清查的一種方法,通常多用於清倉查庫或年終盤點。盤點的工作量大,檢查的內容多,把數量盤點、質量檢查、安全檢查結合在一起進行。

4. 循環盤點法

它是指每天、每週按順序一部分一部分地進行盤點,到了月末或期末則每項貨物至少完成一次盤點的方法。即按照貨物入庫的前後順序,不論是否發生過進出業務,有計劃地循環進行盤點的方法。

5. 定期盤點法

它是指在期末一起清點所有貨物數量的方法,又稱期末盤點法。期末盤點時,必須關閉倉庫,做全面性的貨物的清點。因此,對貨物的核對做到十分準確,可減少盤點中不少錯誤,可簡化存貨的日常核算工作。缺點是關閉倉庫、停止業務會造成損失,並且動員大批員工從事盤點工作,加大了期末的工作量;不能隨時反應存貨收入、發出和結存的動態,不便於管理人員掌握情況;容易掩蓋存貨管理中存在的自然和人為的損失;不能隨時結轉成本。

採用循環盤點法時,日常業務照常進行,按照順序每天盤點一部分,所需的時間和人員都比較少,發現差錯也可及時分析和修正。其優點是對盤點結果出現的差錯,很容易及時查明原因;不用加班,可以節約經費。兩者可做以下比較,如表5-1所示。

表 5-1　期末盤點與循環盤點的差異比較

盤點方式	期末盤點	循環盤點
時間	期末、每年僅數次	日常、每天或每週一次
所需時間	長	短
所需人員	全體動員(或臨時雇用)	專門人員
盤點差錯情況	多且發現很晚	少且發現很早
對營運的影響	須停止作業數天	無
對貨物的管理	平等	A類重要貨物:仔細管理; B類一般貨物:一般管理; C類不重要貨物:稍微管理
盤點差錯原因追究	不易	容易

材料盤點按 ABC 分類法進行；外發加工材料由採購部人員發往供應商處，或委託供應商清點實際數量；盤點時填好盤點發票，盤點發票不得更改塗寫，更改需用紅筆在更改處簽名；初盤完成，將初盤記錄於盤點表上，轉交給復盤人員；

復盤時，由初盤人員帶復盤人員到盤點地點，復盤不受初盤影響；若復盤與初盤有差異，復盤人員應該與初盤人員一同尋找原因，確認後記錄在盤點表上；抽盤時可根據盤點表隨機抽盤或者隨地抽盤，ABC 分類物品比例為 5：3：2。

四、盤點量化指標

常用的盤點量化指標主要有盤點數量誤差率、盤點品項誤差率和平均盤差物品金額和庫存週轉率四種。

（一）盤點數量誤差率

其應用目的為衡量庫存管理優劣，作為是否加強盤點或改變管理方式的依據，以減少公司的損失機會。指標意義：若公司甚少實施盤點，則損失率將無法確實掌握，如此則實際毛利便無法知道，這樣實際損益也就無法知曉。然而，若是連損益都不清楚，則其經營也就變得無意義了。改善對策：必須加強注意可能造成盤點誤差的原因。

（二）盤點品項誤差率

其應用目的為，由盤點誤差數量及誤差品項兩者間指標數據的大小關係，來檢討盤點誤差發生的主要原因。誤差品項太多將使後續的更新修正工作更為麻煩，且會影響出貨速度，因此應對此現象加強管制。

（三）平均盤差物品金額

其應用目的為，判斷是否實行 ABC 分類管理，或已實行 ABC 分類管理，ABC 存貨重點分類是否發生作用。計算公式是：

平均每件盤差物品的金額＝盤點誤差金額÷盤點誤差量。

這個指標高，表示高位物品的誤差發生率較大。這可能是公司未實施物品重點管理的結果，將對公司營運造成很不利的影響。未實施貨物重點管理的企業很容易造成高位物品的流失，因此最好的管理改善對策是切實執行 ABC 分類管理。

（四）庫存週轉率

庫存週轉率是評估庫存管理效率的一項重要指標。其應用目的為，反應企業原料的儲備量是否合適、是否充足，有無過量。為保證餐廳菜單上菜式品種的供應，一般要求廚房的原料儲備要充足，做到單上有名，廚中有菜。但過量儲備會增加原料變質、營養流失的可能性，且會加大庫存管理費和導致資金積壓，因此，在餐飲管理中，計算庫存週轉率就顯得十分必要。

庫存週轉率的計算公式是：為時存週轉率＝原料消耗額／平均庫存額。

例：某酒家食品原料月初庫存額為 326,317.04 元，本月採購額為 386,946.36 元，月末庫存額為 271,655.40 元。則庫存週轉率為：

第五章　食品原料在庫管理

（326,317.04 + 386,946.36 - 271,655.40）/〔（326,317.04 + 271,655.40）/2〕
≈1.48。

庫存週轉率大,說明每月庫存週轉次數快,相對庫存的消耗來說庫存量較小。庫存週轉率應控制在何種數量範圍之內,取決於多種因素。如飯店(或餐館)所處的地點不同,採購的方便程度不同,企業需要儲備的原料量不同等,都會影響庫存週轉率的大小。例如注重使用新鮮原料的餐廳,儲備原料量應小些。另外,企業的經營方式不同,處理剩菜的方法不同也會使庫存週轉率有所不同。一般來說,食品原料的庫存週轉率每月為2~4次為宜,庫存原料週轉1次需要時間為一週到二周。但這只是平均值,並非所有的原料都應以同樣的速度週轉,許多鮮貨原料每天週轉1次,而有些干貨原料則應數周或數月週轉1次。飲料一般不直接發送廚房或酒吧,因而飲料庫存週轉率略小些,一般為每月0.5~1次,一些高檔洋酒也許一年採購一次,用量很多的啤酒也許每天進貨。因此,應具體情況具體分析。

餐飲企業的倉庫管理人員應特別重視庫存週轉率的變化規律。如果某企業的庫存週轉率的正常值為每月2次,當某一月的庫存週轉率增加或降低很多時,就要查明原因。庫存週轉率太快,有時儲備的原料會供不應求;而庫存週轉率太低,又會積壓資金過多,因此企業倉庫管理人員應經常關注、分析庫存週轉率的變化,以保持適當庫存。

五、盤點差錯的原因分析與處理方法

（一）盤點差錯的原因分析

當盤點結束後,發現帳貨不符時,應追查差錯造成的原因。可以從以下因素進行分析:物品盤點的相關規章制度是否已建立健全,制度中是否有漏洞;是否存在丟失、損壞的可能;登帳人員的素質;進出庫作業人員的素質;物品盤點方法是否妥當;物品的特性如何;盤點差異是否可事先預防、如何預防,如何降低帳貨差異等。具體因素有:

（1）是否因記帳員素質較低,記帳及帳務處理有誤,或進、出庫的原始單據丟失,盤點不佳導致帳貨不符。

（2）是否因盤點方法不當,漏盤、重盤或錯盤。

（3）是否因盤點制度的缺點導致帳貨不符。

（4）是否因帳貨處理制度的缺點,導致貨物數目無法表達。

（5）是否在容許範圍之內。

（6）是否可事先預防,是否可以降低帳貨差異的程度。

（二）盤點差錯的處理方法

貨物盤點差錯的因素追查清楚後,應針對主要因素進行調整與處理,制定解決方法,如建立健全進、存、出物品檢驗、記錄、核對制度,並落實到崗位、人員;分別培訓登帳人員和出入庫物品的作業人員,提高倉庫管理人員的素質;推行賞罰分明的獎勵制

度;對易發生貨損、貨差的物品,可委派專人進行循環盤點,發現問題及時解決;對於盤點中發現的呆滯物品,應及時通知採購部門停購,並對庫存的呆滯物品進行處理;對於廢、次品及不良品,應迅速處理。具體方法有:

(1)依據管理績效,對分管人員進行獎懲。

(2)對廢次品、不良品減價的部分,應視為盤虧。

(3)存貨週轉率低,占用金額過大的庫存貨物宜設法降低庫存量。

(4)盤點工作完成以後,所發生的差錯、呆滯、變質、盤虧、損耗等結果,應予以迅速處理,並防止以後再發生。

(5)呆滯品比率過大,應設法研究對策,致力於降低呆滯品比率。

呆滯品是百分之百的可用品,但是由於庫存週轉率極低,特別容易被忽視,久而久之積少成多,不但耗損貨物價值、積壓營運資金,而且占據可利用的庫存空間。呆滯品可採取以下措施進行處理:打折出售、與其他公司進行以物易物的相互交易、修改再利用、調撥給其他單位利用。

(6)除了貨物盤點時產生數量的盤虧外,有些貨物在價格上會產生增減,這些差異經主管部門審核後,必須利用貨物盤點數量盈虧及價格增減更正表修改。如表 5-2 所示。

表 5-2　　　　　　　貨物盤點數量盈虧及價格增減更正表

年　月　日

序號	貨物名稱	帳面資料			盤點實存			數量盈虧				價格增減				差異原因	責任人	備註
								盤盈		盤虧		增價		減價				
		數量	單價	金額	數量	單價	金額	數量	金額	數量	金額	單價	金額	單價	金額			
1																		
2																		
3																		
…																		

六、廚房盤點作業

許多企業每日在廚房中結存價值量很大的庫存物資原料。每日從驗收處向廚房直接發送的原料,以及庫房向廚房發出的原料,不可能一天全部都消耗完。廚房中總會有一些未加工完的半成品和沒銷售完的成品。如果廚房對這些庫存原料不加清點,會使廚房儲存的原料失控,還會使財務報表上反應的資產狀況、經營情況和成本消耗情況失真。

廚房結存物資的盤點與庫房的盤點略有不同。原因之一是因為廚房沒有庫存記

第五章　食品原料在庫管理

錄統計制度,沒有登記貨品的庫存卡,結存的原料的計價難以精確;二是因為廚房儲存的物資種類多、數量少,盤點比較困難;三是因為廚房儲存的物資使用頻繁,沒有使用和消耗的記錄,所以計算廚房儲存原料的短缺率困難重重。

廚房盤點時,只對價值大的主要原料進行逐一點數、稱重算出其價值,對類別多、價值小的原料、調料等只是毛估一下。

首先,要累計需精確盤點的主要原料和價值小的原料的數量、金額,計算出準備重點盤點的主要原料(肉類、魚類、禽類)的價值占全部原料價值(總庫存額)的百分比,以後每個月末只要盤點主要原料即肉類、魚類和禽類的價值,通過它們的價值算出廚房全部原料庫存額的估計值:

廚房總庫存額=主要原料價值/主要原料占總庫存額百分比

例如某酒家據多月統計得出肉類、魚類、禽類原料占廚房全部結存原料價值的48%,9月份對上述幾類原料盤點得出該三項原料的價值為6,500元。那麼,9月份廚房總庫存額的計算公式為:6,500/48%=13,541(元)

第三節　貨物流通加工作業

一、貨物流通加工作業的概念

貨物流通加工作業是流通中一種特殊形式的作業。

商品流通是以貨幣為媒介的商品交換,它的重要職能是將生產及消費(或再生產)聯繫起來,起橋樑和紐帶作用,完成商品所有權利、實物形態的轉移。因此,流通與流通對象的關係,一般不是改變其形態而創造價值,而是保持流通對象的已有形態,完成空間的轉移,實現時間效用及場所效用。

流通加工則與此有較大的區別,總的來講,流通加工在流通中,仍然和流通總體一樣起橋樑和紐帶作用。但是,它卻不是通過「保護」流通對象的原有形態而實現這一作用的,它是和生產一樣,通過改變或完善流通對象的原有形態來實現橋樑和紐帶作用的。

貨物流通加工作業是在物品從生產領域向消費領域流動的過程中,為促進銷售、維護產品質量和提高物流效率,對貨物進行加工,使貨物發生物理、化學或形狀的變化的作業過程。

二、貨物流通加工作業的相關知識

(一)貨物流通加工作業的主要特點

貨物流通加工作業和一般的生產型加工作業在加工方法、加工組織、生產管理方面並無顯著區別,但在加工對象、加工程度方面差別較大。貨物流通加工作業的主要

特點為：

（1）流通加工的對象是進入流通過程的商品，具有商品的屬性。以此來區別多環節生產加工中的一環。流通加工的對象是商品而生產加工對象不是最終產品，而是原材料、零配件或半成品等。

（2）流通加工程度大多是簡單加工，而不是複雜加工。一般來講，如果必須進行複雜加工才能形成人們所需的商品，那麼，這種複雜加工應專設生產加工過程，生產過程理應完成大部加工活動，流通加工對生產加工則是一種輔助及補充。

（3）從價值觀點看，生產加工目的在於創造價值及使用價值，而流通加工則在於完善其使用價值並在不做大改變情況下提高價值。

（4）流通加工的組織者是從事流通工作的人，能密切結合流通的需要進行這種加工活動。從加工單位來看，流通加工由商業或物資流通企業完成，而生產加工則由生產企業完成。

（5）商品生產是為交換、為消費而生產的，而流通加工是為了消費（或再生產）所進行的加工，這一點與商品生產有共同之處。但是流通加工也有時候是以自身流通為目的，純粹是為流通創造條件，這種為流通所進行的加工與直接為消費進行的加工從目的來講是有區別的，這又是流通加工不同於一般生產的特殊之處。

（二）貨物流通加工作業的地位及作用

1. 貨物流通加工作業在物流中的地位

（1）流通加工有效地完善了流通。流通加工在實現時間、場所兩個重要效用方面，確實不能與運輸和儲存相比，因而，不能認為流通加工是物流的主要功能要素。流通加工的普遍性也不能與運輸、儲存相比，流通加工不是所有物流中必然出現的。但這絕不是說流通加工不甚重要，實際上它也是不可輕視的，是起著補充、完善、提高、增強作用的功能要素，它能起到運輸、儲存等其他功能要素無法起到的作用。所以，流通加工的地位可以描述為提高物流水平，促進流通向現代化發展的必不可少的形態。

（2）流通加工是物流中的重要利潤源。流通加工是一種低投入、高產出的加工方式，往往以簡單加工解決大問題。實踐證明，有的流通加工通過改變裝潢使商品檔次躍升而充分實現其價值，有的流通加工將產品利用率一下提高了 20%～50%，這是採取一般方法提高生產率所難以企及的。根據中國近些年的實踐，流通加工僅向流通企業提供利潤這一點，其成效並不亞於從運輸和儲存中挖掘的利潤，是物流中的重要利潤源。

（3）流通加工在國民經濟中也是重要的加工形式。在整個國民經濟的組織和運行方面，流通加工是其中一種重要的加工形態，對推動國民經濟的發展和完善國民經濟的產業結構和生產分工有一定的意義。

2. 貨物流通加工作業的作用

（1）提高原材料利用率。利用流通加工環節進行集中下料，是將生產廠直運來的簡單規格產品，按使用部門的要求進行下料。集中下料可以優材優用、小材大用、合理

第五章　食品原料在庫管理

套裁,有很好的技術經濟效果。

(2)進行初級加工,方便用戶。用量小或臨時需要的使用單位,缺乏進行高效率初級加工的能力,依靠流通加工可使使用單位省去進行初級加工的投資、設備及人力,從而搞活供應,方便了用戶。

(3)提高加工效率及設備利用率。由於建立了集中加工點,可以採用效率高、技術先進、加工量大的專門機具和設備。

案例分析

倉庫帳、物、卡不相符問題的剖析及解決

某餐飲企業因倉庫帳物卡不符、倉庫盤點不準確問題(從抽查的數據來看,帳物相符率僅為60%)找到管理顧問尋求解決方案。管理顧問在倉庫現場調研瞭解到,倉庫的食品原料等擺放零亂,有的物料隨意用一張廢紙作為標示卡,更多的是無物料卡;而且倉庫區域劃分混亂,倉管員找物料完全憑記憶和經驗,要經過長時間的尋找,才能找到物料,嚴重影響了工作的正常開展。

由於倉庫2014年4月初才正式設定倉管員,倉庫管理的各項制度不完善,倉庫管理架構不明確,倉庫的直接上級能力不足,倉管員的責任心不足。

比如採購部門採購的食品原料在某一時段較多,佔用大量倉庫空間,影響倉庫的正常分區和擺放,影響物料的查找與正常發放,而倉管員視而不見。

倉管員平時忙於收貨發料,很多物料的臺帳沒有及時登記,後來僅憑記憶去補記臺帳,因此帳目漏記、錯記現象十分普遍。

(資料來源:佚名.倉庫帳、物、卡不相符問題的剖析及解決[EB/OL].(2013-04-10)[2014-08-10].http://www.haohaosoft.com/show.php?id=98.)

分析與思考:

(1)假設你就是這位管理顧問,根據該企業的實際情況,你如何提出倉庫整頓方案?

(2)為保證倉庫整頓方案得以切實執行,請你做出基本的人力資源以及財務預算。

實訓設計

[實訓項目]

實地參觀CJHZ火鍋連鎖店食品原料的在庫及店堂管理,瞭解糧油、果蔬、肉類、水產品和蛋類的基本儲藏原則。

餐飲企業倉儲管理實務

[實訓目的]

帶領學生參觀火鍋店食品原料的在庫及店堂管理,使學生對糧油、果蔬、肉類、水產品和蛋類的基本儲藏原則有更直觀的認識。

[實訓內容]

(1)學生收集 CJHZ 火鍋連鎖店的相關資料(主要是圖片和數據、文字信息)。

(2)學生聽取火鍋店相關負責人對餐飲企業倉庫的相關介紹,並提出自己的問題,聽取相關工作人員的解答。

(3)學生對相關資料進行整理和存檔,並完成和提交實訓報告。

[實訓要求]

(1)實訓時間為4課時。

(2)引導學生做好參觀前基礎知識的儲備,並提出自己的相關疑問,即帶著問題去實訓。

(3)有序進入火鍋店參觀,做好資料收集工作。

[實訓步驟]

(1)布置任務,讓學生提前瞭解所參觀火鍋店的相關情況,做好參觀前的準備工作。

(2)帶領學生實地參觀。

(3)與火鍋店相關負責人進行專業方面的交流,引導學生提問。

(4)學生撰寫並上交實訓報告。

思考與練習題

一、名詞解釋

1. 農產品
2.「雙低」儲藏
3. 人工降溫儲藏
4. 冷凍法
5. 盤點作業
6. 現貨盤點
7. 貨物流通加工作業

二、單項選擇

1. 根據國家規定,以下(　　)產品不屬於初級農產品。

　　A.種植業　　　　　　　　B.畜牧業
　　C.養殖業　　　　　　　　D.漁業

2. 關於鮮蛋在儲藏期間重量的變化,以下描述中錯誤的一項是(　　)。

　　A.儲存時間越長,蛋減重越多

第五章　食品原料在庫管理

B.保存溫度越高,蛋減重越多

C.保存濕度越大,蛋減重越少

D.蛋殼厚、致密、氣孔少,蛋減重越多

3. 以下盤點作業的工作目標中,最基本的一項是(　　)。

　　A.確認企業損益

　　B.確定現存量

　　C.核實貨物管理成效

　　D.發掘並清除滯銷品、臨近過期物品

4. (　　)是盤點作業的主要內容。

　　A.查數量　　　　　　　　B.查質量

　　C.查保管條件　　　　　　D.查設備

5. 以(　　)來劃分,可將盤點分為營業前盤點、營業中盤點、營業後盤點和停業盤點。

　　A.帳和物　　　　　　　　B.盤點區域

　　C.盤點時間　　　　　　　D.盤點週期

三、思考題

1. 簡述農產品的分類。
2. 舉例說明餐飲企業中幾種常見的食品原料的基本儲藏原則。
3. 簡述其盤點作業的概念和原則。
4. 簡述盤點作業的方法。
5. 在分析盤點差錯主要原因的基礎上,針對性地提出處理方法。
6. 舉例說明幾項具體的盤點差錯,分析其主要原因和具體的處理方法。
7. 舉例說明貨物流通加工作業。

第六章　食品原料的出庫管理

學習目標

◆瞭解食品原料出庫的基本要求
◆掌握食品原料出庫的方式
◆掌握食品原料出庫的程序
◆熟悉食品原料出庫中所發生問題的處理方法

引導案例

A 食品倉儲企業 2013 年 6 月 19 日接到客戶 B 公司的出庫請求，將在 2013 年的 6 月 23 日從 A 公司倉庫提取所存儲的大米 10 袋，食用油 20 瓶，出貨方式為 B 公司自提。在出庫過程中出現了以下問題：

（1）出庫單據通知 2013 年的 6 月 23 日出庫，可是貨主 6 月 29 日才來提貨，這種情況怎麼辦？

（2）在提貨過程中發現食用油的包裝有泄漏的情況，應該怎麼處理？

引例分析：

上述兩個問題均為食品原料在出庫環節因管理不善出現的問題。針對問題一，由於 B 公司超出出庫憑證上記載的提貨期限前來提貨，B 公司必須先辦理手續，按規定繳足逾期倉儲保管費，然後方可發貨。任何非正式憑證都不能作為發貨憑證。針對問題二，食用油出現泄漏，發貨時 A 公司須整理或更換包裝，方可出庫，否則造成的損失應由 A 公司承擔。

第六章　食品原料的出庫管理

● 第一節　食品原料出庫的依據

　　出庫過程管理是指倉庫按照貨主的調撥出庫憑證或發貨憑證(提貨單、調撥單)所註明的貨物名稱、型號、規格、數量、收貨單位、接貨方式等條件,進行的核對憑證、備料、復核、點交、發放等一系列作業和業務管理活動。

　　出庫業務是保管工作的結束,既涉及倉庫同貨主或收貨企業以及承運部門的經濟聯繫,也涉及倉庫各有關業務部門的作業活動。為了能以合理的物流成本保證出庫物品按質、按量、及時、安全地發給用戶,滿足其生產經營的需要,倉庫應主動向貨主聯繫,由貨主提供出庫計劃,這是倉庫出庫作業的依據,特別是供應異地的和大批量出庫的物品更應提前發出通知,以便倉庫及時辦理流量和流向的運輸計劃,完成出庫任務。

　　倉庫必須建立嚴格的出庫和發運程序,嚴格遵循「先進先出,推陳『儲』新」的原則,盡量一次完成,防止差錯。需托運物品的包裝還要符合運輸部門的要求。

　　食品的出庫具有一般物品出庫的共性,同時也具有自己的特點。主要特性表現在：

　　第一,食品貨物種類一般比較多,數量比較大,而單位價值相對較小,管理的重點容易分散,從而會浪費人力、物力;

　　第二,企業以食品為儲存對象,由於食品自身的特點,必須考慮以下問題：

　　(1)保質期限制問題;

　　(2)易損、易碎、易霉變的問題;

　　(3)生鮮及冷凍食品對溫度要求的問題。

　　食品原料出庫必須考慮倉儲對象的特點,同時倉儲管理信息系統的出庫功能模塊必須由貨主的出庫通知或請求驅動,不論在任何情況下,倉庫都不得擅自動用、變相動用或者外借貨主的庫存。貨主的出庫通知或出庫請求的格式不盡相同,不論採用何種形式,它們都必須是符合財務制度要求的有法律效力的憑證,要堅決杜絕憑信譽或無正式手續的發貨。

● 第二節　食品原料出庫的要求和形式

一、食品原料出庫的要求

　　食品原料出庫要求做到「三不、三核、五檢查」。「三不」,即未接單據不翻帳,未經審單不備庫,未經復核不出庫;「三核」,即在發貨時,要核實憑證、核對帳卡、核對實物;「五檢查」,即對單據和實物要進行品名檢查、規格檢查、包裝檢查、件數檢查、重量檢查。原料出庫要求嚴格執行各項規章制度,提高服務質量,使用戶滿意,包括對品

餐飲企業倉儲管理實務

種、規格的要求,積極與貨主聯繫,為用戶提貨創造各種方便條件,杜絕差錯事故。總之,食品原料的出庫工作須準確、及時和安全。

1. 準確

發貨準確與否關係到倉儲服務的質量。要在短促的發貨時間裡做到準確無誤,必須在發貨工作中做好復核工作,要認真核對提貨單,從配貨、包裝直到交提貨人或運輸人的過程中,要注意環環復核。

2. 及時

無故拖延發貨是違法行為,這將造成經濟上的損失。為掌握發貨的主動權,平時應注意與貨主保持聯繫,瞭解市場需求的變動規律。同時,加強與運輸部門的聯繫,預約承運時間,在發貨的整個過程中,各崗位的責任人員應密切配合,認真負責,這樣才能保證發貨的及時性。

3. 安全

在食品原料出庫作業中,要注意安全操作,防止作業過程中損壞包裝,或震壞、壓壞、摔壞貨物。同時,應保證食品原料的質量,在同種貨物中,應做到先進先出。對於已經發生變質的食品原料應禁止發貨。

二、食品原料出庫的形式

出庫方式是指倉庫用什麼樣的方式將食品原料交付用戶。選用哪種方式出庫,要根據具體條件,由供需雙方事先商定。

(一)送貨

倉庫根據貨主單位的出庫通知或出庫請求,通過發貨作業把應發食品原料交由運輸部門送達收貨單位或使用倉庫自有車輛把物品運送到收貨地點的發貨形式,就是通常所稱的送貨制。倉庫實行送貨,要劃清交接責任。倉儲部門與交通運輸部門的交接手續,是在倉庫現場辦理完畢的。運輸部門與收貨單位的交接手續,是根據貨主單位與收貨單位簽訂的協議,一般在收貨單位指定的到貨目的地辦理。

送貨具有預先預付、按車排貨、發貨等車的特點。倉庫實行送貨具有多方面的好處:倉庫可預先安排作業,縮短發貨時間;收貨單位可避免因人力、車輛等不便而發生的取貨困難;在運輸上,可合理使用運輸工具,減少運費。倉儲部門實行送貨業務,應考慮到貨主單位不同的經營方式和供應地區的遠近,既可向外地送貨,也可向本地送貨。

(二)收貨人自提

這種發貨形式是由收貨人或其代理持取貨憑證直接到庫取貨,倉庫憑單發貨。倉庫發貨人與提貨人可以在倉庫現場劃清交接責任,當面交接並辦理簽收手續。此種方式具有提單到庫、隨到隨發、自提自運的特點。

(三)過戶

過戶是一種就地劃撥的形式,食品原料並未出庫,但是所有權已從原貨主轉移到

第六章　食品原料的出庫管理

新貨主的帳戶中。倉庫必須根據原貨主開出的正式過戶憑證,才予辦理過戶手續。

(四)取樣

貨主由於商檢或樣品陳列等需要,到倉庫提取貨樣(通常要開箱拆包、分割抽取樣本)。倉庫必須根據正式取樣憑證發出樣品,並做好帳務登記。

(五)轉倉

轉倉是指貨主為了業務方便或改變儲存條件,將某批庫存自甲庫轉移到乙庫。倉庫也必須根據貨主單位開出的正式轉倉單,辦理轉倉手續。移倉分為內部移倉和外部移倉。內部移倉時,應填製倉儲企業內部的移倉單,並據此發貨;外部移倉則應根據貨主填製的貨物移倉單結算和發貨。

第三節　食品原料出庫的程序

一、食品原料出庫的一般規則

(一)定時發放

為了使倉庫保管員有充分的時間整理倉庫,檢查各種原料的情況,不至於成天忙於發放原料,耽誤其他必要工作,企業應做出領料時間的規定,如上午 8:30 至 10:30,下午 2:30 至 4:30。倉庫不應一天 24 小時都對廚房開放,更不應任何時間都可以領料,以免原料發放失去控制。同時,只要有可能,應該規定領料部門提前一天送交領料單,不能讓領料人員立即取料。這樣,倉儲保管員便於有時間準備原料,以免出差錯,而且還能促使廚房做出周密的用料計劃。

(二)原料物資領用單使用制度

為了記錄每一次發放的原料物資數量及其價值,以正確計算食品成本,倉庫原料發放必須堅持憑領用單(領料單)發放的原則。領用單應由廚房領料人員填寫,由廚師長核准簽字,然後送倉庫領料。保管員憑單發料後應在領用單上簽字。原料物資領用單須一式三份,一聯隨原料物資交回領料部門,一聯由倉庫轉交財務部,一聯用作倉庫留存。

(三)正確如實記錄原料使用情況

廚房經常需要提前準備數日以後需要的食物,如飯店、餐廳一次大型宴會的原物往往需要數天甚至一週的準備時間,因此,如果有的原料不在領取日使用,而在此後某天才使用,則必須在原料物資領用單上註明該原料消耗日期,以便把該原料的價值記入其使用日的食品成本中。

(四)正確計價

原料發放完畢,保管員必須逐一為原料領用單計價。原料的價格,如同以前強調的,都在進料時已註明在原料的包裝上,如果是肉類,則在雙聯標籤的存根上。如果企

業沒有採取這種方法,則常以原料的最近價格進行領用原料計價。計價完畢,連同雙聯標籤存根一起,把所有領用單送交食品成本控制員,食品成本控制員即可以此計算當天的食品成本。飯店原料物資領用單實例如表6-1所示。

表6-1　　　　　　　　　　原料物資領用單

領用部門：　　　　　　　　　年　月　日　　　　　　　　　NO.

品名	規格	單位	數量		金額	
^	^	^	請領數	實發數	單價	小計
合計						
備註						

領料人：　　　　廚師長/部門主管：　　　　倉庫保管員：

（五）內部原料的調撥處理

一些大型旅遊飯店往往設有多個餐廳、酒吧,因而通常會有多個廚房。餐廳之間、酒吧之間、餐廳與酒吧之間不免發生食品原料相互調撥轉讓,而廚房之間的原料物資調撥則更經常。為了使各自的成本核算達到應有的準確性,飯店內部原料物資調撥應堅持使用調撥單(如表6-2所示),以記錄所有的調撥往來。調撥單應一式四份,除原料調出、調入部門各需留存一份外,一份應及時送交財務部,一份由倉庫記帳,以使各部門的營業結構得到正確的反應。

表6-2　　　　　　　　　　原料物資調撥單

調入部門：

調出部門：　　　　　　　　　年　月　日　　　　　　　　　NO.

品名	規格	單位	數量		金額	
^	^	^	請撥數	實撥數	單價	小計

第六章 食品原料的出庫管理

表6-2(續)

品名	規格	單位	數量		金額	
			請撥數	實撥數	單價	小計
合計						
備註						

調入部門經手人：　　　　　　主管：　　　　　　倉庫保管員：

調出部門經手人：　　　　　　主管：

二、出庫前的準備工作

(一)計劃工作

計劃工作,即根據貨主提出的出庫計劃或出庫請求,預先做好物品出庫的各項安排,包括貨位、機械設備、工具和工作人員,提高人、財、物的利用率。

(二)包裝和標記工作

發往異地的貨物,需經過長途運輸,故包裝必須符合運輸部門的規定,如捆扎包裝、容器包裝等。將成套機械、器材發往異地時,事先必須做好貨物的清理、裝箱和編號工作。在包裝上掛簽(貼簽)、書寫編號和發運標記(去向),以免錯發和混發。

三、出庫程序

出庫程序包括核單備貨—復核—包裝—點交—登帳—清理等過程。出庫必須遵循「先進先出,推陳儲新」的原則,使倉儲活動的管理實現良性循環。

不論是哪一種出庫方式,都應按以下程序做好管理工作：

(一)核單備貨

如屬自提物品,首先要審核提貨憑證的合法性和真實性;其次核對品名、型號、規格、單價、數量、收貨單位、有效期等。

出庫物品應附有質量證明書或副本、磅碼單、裝箱單等,備料時應本著「先進先出、推陳儲新」的原則,易霉易壞的先出,接近失效期的先出。

備貨過程中,凡計重貨物,一般以入庫驗收時標明的重量為準,不再重新計重。需分割或拆捆的應根據情況進行。

(二)復核

為了保證出庫物品不出差錯,備貨後應進行復核。出庫的復核形式主要有專職復核、交叉復核和環環復核三種。除此之外,在發貨作業的各道環節上,都貫穿著復核工作。例如,理貨員核對單貨,守護員(門衛)憑票放行,帳務員(保管會計)核對帳單(票)等。這些分散的復核形式,起到分頭把關的作用,都十分有助於提高倉庫發貨業

151

務的工作質量。

復核的內容包括:品名、型號、規格、數量是否同出庫單一致;配套是否齊全;技術證件是否齊全;外觀質量和包裝是否完好。只有加強出庫的復核工作,才能防止錯發、漏發和重發等事故的發生。

(三)包裝

出庫食品原料的包裝必須完整、牢固,標記必須正確清楚,如有破損、潮濕、捆扎松散等不能保障運輸中安全的,應加固整理,破包破箱不得出庫。各類包裝容器上若有水漬、油跡、污損,也均不能出庫。

出庫食品原料如需托運,包裝必須符合運輸部門的要求,選用適宜的包裝材料,即選用重量和尺寸適宜的材料,便於裝卸和搬運,以保證貨物在途的安全。

包裝是倉庫生產過程的一個組成部分。包裝時,嚴禁互相影響或性能互相抵觸的物品混合包裝。包裝後,要寫明收貨單位、到站、發貨號、本批總件數、發貨單位等。

對出庫商品的包裝應符合下列要求:

(1)根據商品的特點和運輸部門的要求,選擇包裝材料,確定包裝大小,包裝應牢固和便於裝卸。

(2)充分利用原包裝皮,節約包裝材料,盡量以舊代新,廢物利用。

(3)充分注意商品在運輸過程中的安全。

(4)嚴禁性質不同、互相影響的食品混合包裝。

(5)包裝時,箱裝食品應每箱附有裝箱單,記重商品應附有磅碼單。

(四)點交

出庫物品經過復核和包裝後,需要托運和送貨的,應由倉庫保管機構移交調運機構;屬於用戶自提的,則由保管機構按出庫憑證向提貨人當面交清。

(五)登帳

點交後,保管員應在出庫單上填寫實發貨數、發貨日期等內容,並簽名。然後將出庫單連同有關證件資料,及時交貨主,以便貨主辦理貨款結算。

(六)裝車發運

點交手續辦完後,應裝車發運,裝車應遵循以下原則:

(1)為了減少或避免差錯,盡量把外觀接近、容易混淆的貨物分開裝載;

(2)重不壓輕,大不壓小,輕貨應放在重貨上面,包裝強度差的應放在包裝強度好的上面;

(3)盡量做到先送後裝。由於配送車輛大多是後開門的廂式貨車,先卸車貨物應裝在車廂的後部,靠近車廂門,後卸車的貨物裝在前部;

(4)貨與貨之間,貨與車輛之間應留有空隙並適當襯墊,防止貨損;

(5)不將散發臭味的貨物與具有吸臭性的貨物混裝;

(6)盡量不將散發粉塵的貨物與清潔的貨物混裝;

(7)切勿將滲水的貨物與易受潮貨物一同存放;

第六章　食品原料的出庫管理

(8)包裝不同的貨物應分開裝載,如板條箱貨物不要與紙箱、袋裝貨物堆放在一起;

(9)具有尖角或其他突出物的貨物應和其他貨物分開裝載,或用木板隔開,以免損傷其他貨物;

(10)裝貨完畢,應在門端處採取適當的穩固措施,防止開門卸貨時,貨物傾倒造成貨損或人員傷亡事故。

(七)現場和檔案的清理

經過出庫的一系列工作程序之後,實物、帳目和庫存檔案等都發生了變化。應按下列幾項工作徹底清理,使保管工作重新趨於帳、物、資金相符的狀態。

(1)按出庫單,核對結存數。

(2)如果該批貨物全部出庫,應查實損耗數量,在規定損耗範圍內的進行核銷,超過損耗範圍的應查明原因,進行處理。

(3)一批貨物全部出庫後,可根據該批貨物入出庫的情況、採用的保管方法和損耗數量,總結保管經驗。

(4)清理現場,收集苫墊材料,妥善保管,以待再用。

(5)代運貨物發出後,收貨單位提出數量不符時,屬於重量短少而包裝完好且件數不缺的,應由倉庫保管機構負責處理;屬於件數短少的,應由運輸機構負責處理;若發出的貨物品種、規格、型號不符,由保管機構負責處理;若發出貨物損壞,應根據承運人出具的證明,分別由保管及運輸機構處理。

在整個出庫業務程序過程中,復核和點交是兩個最為關鍵的環節。復核是防止差錯的必不可少的措施,而點交則是劃清倉庫和提貨方兩者責任的必要手段。

(6)由於提貨單位任務變更或其他原因要求退貨時,可經有關方同意,辦理退貨。退回的貨物必須符合原發的數量和質量,要嚴格驗收,重新辦理入庫手續。當然,未移交的貨物則不必檢驗。

四、發貨復核

在貨物運出時,可有以下幾種發貨復核方式:

(一)托運復核

倉庫保管員根據發貨憑證負責配貨,由理貨員或其他保管員對貨單進行逐項核對,即核對貨物的名稱、規格、貨號、花色、數量等,檢查貨物發往地與運輸路線是否有誤,復核貨物的合同號、件號、體積、重量等運輸標誌是否清楚。經復核正確後,理貨員或保管員應在出庫憑證上簽字蓋章。

(二)提貨復核

倉庫保管員根據貨主填製的提貨單和倉庫轉開的貨物出庫單所列貨物名稱、規格、牌號、等級、計量單位、數量等進行配貨,由復核員逐項進行復核。復核正確,由復

核員簽字後,保管員將貨物當面交提貨人。未經復核或復核不符的商品則不準出庫。

（三）取樣復核

貨物保管員按貨主填製的正式樣品出庫單和倉庫轉開的貨物出庫單配貨,核實無誤,經復核員復核、簽字後,將貨物樣品當面交提貨人,並辦理各種交接、出庫手續。

第四節　食品原料出庫中的問題處理

由於食品倉庫儲存的商品種類較多,故在商品出庫過程中出現的問題也是多方面的,若發現有問題應及時進行處理。

一、出庫憑證（提貨單）上的問題

（1）凡出庫憑證超過提貨期限的,用戶前來提貨,必須先辦理手續,按規定繳足逾期倉儲保管費,然後方可發貨。任何非正式憑證都不能作為發貨憑證。提貨時,用戶發現規格開錯,保管員不得自行調換規格發貨。

（2）凡發現出庫憑證有疑點,以及出庫憑證有假冒、複製、塗改等情況時,應及時與倉庫保衛部門以及出具出庫單的單位或部門聯繫,妥善處理。

（3）商品進庫未驗收,或者期貨未進庫的出庫憑證,一般暫緩發貨,並通知貨主,待貨到並驗收後再發貨,提貨期順延。

（4）如客戶因各種原因將出庫憑證遺失,客戶應及時與倉庫發貨員和帳務人員聯繫掛失;如果掛失時貨已被提走,保管人員不承擔責任,但要協助貨主單位找回商品;如果貨還沒有被提走,經保管人員和帳務人員查實後,做好掛失登記,將原憑證作廢,緩期發貨。

二、提貨數與實存數不符

若出現提貨數量與商品實存數不符的情況,一般是實存數小於提貨數。造成這種問題的原因主要有:

（1）商品入庫時,由於驗收問題,增大了實收商品的簽收數量,從而造成帳面數大於實存數。

（2）倉庫保管人員和發貨人員在以前的發貨過程中因錯發、串發等差錯而形成實際商品庫存量小於帳面數。

（3）貨主單位沒有及時核減開出的提貨數,造成庫存帳面數大於實際儲存數,從而開出的提貨單提貨數量過大。

（4）倉儲過程中造成了貨物的毀損。

當遇到提貨數量大於實際商品庫存數量時,無論是何種原因造成的,都需要和倉

第六章　食品原料的出庫管理

庫主管部門以及貨主單位及時取得聯繫後再處理。

三、串發貨和錯發貨

　　所謂串發和錯發貨,主要是指發貨人員由於對物品種類、規格不很熟悉,或者由於工作中的疏漏把錯誤規格、數量的物品發出庫的情況。如提貨單開具某種商品的甲規格出庫,而在發貨時將該商品的乙規格發出,造成甲規格帳面數小於實存數、乙規格帳面數大於實存數。在這種情況下,如果物品尚未離庫,應立即組織人力,重新發貨。如果物品已經離開倉庫,保管人員應及時向主管部門和貨主通報串發和錯發貨的品名、規格、數量、提貨單位等情況,會同貨主單位和運輸單位共同協商解決。一般在無直接經濟損失的情況下由貨主單位重新按實際發貨數衝單(票)解決。如果形成直接經濟損失,應按賠償損失單據衝轉調整保管帳。

四、包裝破漏

　　包裝破漏是指在發貨過程中,因物品外包裝破損引起的滲漏等問題。這類問題主要是在儲存過程中因堆垛擠壓、發貨裝卸操作不慎等情況引起的。在這種情況下,發貨時都應經過整理或更換包裝,方可出庫,否則造成的損失應由倉儲部門承擔。

五、漏記和錯記帳

　　漏記帳是指在出庫作業中,由於沒有及時核銷明細帳而造成帳面數量大於或少於實存數的現象。錯記帳是指在商品出庫後核銷明細帳時沒有按實際發貨出庫的商品名稱、數量等登記,從而造成帳實不相符的情況。若出現出庫計劃數與商品實存數不符的情況,通常是實存數小於提貨數。造成這種問題的主要原因有:

　　(1)商品入庫時,由於驗收問題,增大了實收商品的簽收數量,從而造成帳面數大於實存數;

　　(2)倉庫保管人員和發貨人員在以前的發貨過程中,因錯發、串發等差錯而形成實際商庫存量小於帳面數;

　　(3)用戶單位沒有及時核減開出的提貨數,造成庫存帳面數大於實際存儲數,從而開出的提貨單提貨數量過大;

　　(4)配送中心倉儲過程中所造成的貨物減損,也會造成實際商品庫存量小於帳面數。

　　當遇到提貨數量大於實際商品庫存數量時,要認真分析原因,根據具體情況及時進行處理;屬於入庫時錯帳,可以用報出報入方法來進行調整,即先按庫存帳面數開具商品出庫單銷帳,然後再核實際庫存數量,重新入庫登帳,並在入庫單上簽明情況;屬於用戶單位漏記帳而多開出出庫數,應由用戶單位出具新的提貨單,重新組織提貨與發貨;屬於倉儲過程中的損耗,需要考慮損耗數量是否在合理的範圍之內,並與貨主單

位進行協商,合理範圍之內的損耗應由貨主承擔,超過合理範圍之外的損耗,則由倉庫負責承擔。

無論是漏記帳還是錯記帳,一經發現,除及時向有關領導如實匯報情況外,同時還應根據原出庫憑證查明原因,調整保管帳,使之與實際庫存保持一致。如果由於漏記和錯記帳給貨主單位、運輸單位和倉儲部門造成了損失,應予賠償,同時應追究相關人員的責任。

案例分析

子項目二　出庫中發生問題的處理

牡丹江市倉儲有限公司 2010 年 11 月 16 日接到客戶牡丹江食品公司的出庫請求,要在 2010 年 11 月 20 日從該中心提取存儲的 50 箱冰紅茶、10 箱色拉油。具體品名及數量如表 6-3 所示。出庫方式為貨主自提,請倉庫工作人員完成貨物的出庫作業。

表 6-3　　　　　　　　　　出庫商品相關信息

序號	品名	規格	單位	數量	包裝
1	冰紅茶	500ml	箱	50	紙箱,24 瓶/箱
2	色拉油	1.8L	箱	10	紙箱,10 瓶/箱

(資料來源:佚名.子項目二　出庫中發生問題的處理[EB/OL].(2014-08-09)[2014-08-13]. http://wenku.baidu.com.)

分析與思考:
根據出庫要求,請設計上述食品的出庫流程。

實訓設計

［實訓項目］
X 餐飲企業生鮮食品出庫管理制度擬定。

［實訓目的］
熟練編製餐飲企業特定食材的出庫管理制度,掌握出庫管理中的注意事項。

［實訓內容］
(1)分析 X 餐飲企業生鮮食品的產品特徵、需求數量及頻率、包裝要求以及出庫方式等,擬定具有可操作性的 2015 年生鮮食品的出庫管理制度。

(2)提交所擬制度的 Word 文檔,並匯報 PPT,用於展示交流。

第六章　食品原料的出庫管理

[實訓要求]
(1)實訓時間為2課時,匯報交流1課時。
(2)對學生進行分組,每組一般4~6人,選好組長。組長做好各組員參與情況的記錄。
(3)必須針對X公司實際,結合生鮮食品的產品特性擬定出庫管理制度。
[實訓步驟]
(1)準備好計算機教室,組長分工,組員獨立進行資料查閱和問題的思考。
(2)組長組織組員進行交流、討論,形成制度的初稿。
(3)對制度進行修改、討論,形成終稿。
(4)各組對擬定制度進行交流與匯報。

思考與練習題

一、名詞解釋
出庫管理　串發貨
二、單項選擇
1.倉庫必須建立嚴格的出庫和發運程序,嚴格遵循(　　)的原則,盡量一次完成,防止差錯,需托運物品的包裝還要符合運輸部門的要求。
　　A.先進先出　　　　　　　　B.後進先出
　　C.先大後小　　　　　　　　D.先重後輕
2.(　　)是指在發貨過程中,因物品外包裝破損引起的滲漏問題。
　　A.漏記和錯記帳　　　　　　B.串發貨
　　C.錯發貨　　　　　　　　　D.包裝破漏
3.(　　)是一種就地劃撥的形式,物品實物並未出庫,但是所有權已從原貨主轉移到新貨主手中。
　　A.過戶　　　　　　　　　　B.取樣
　　C.轉倉　　　　　　　　　　D.送貨
三、多項選擇
1.出庫程序包括(　　)
　　A.核單備貨　　　　　　　　B.復核
　　C.包裝　　　　　　　　　　D.點交
　　E.登帳和清理
2.商品出庫時,要實行「三核」,即(　　)
　　A.核實憑證　　　　　　　　B.帳帳核對
　　C.核對帳卡　　　　　　　　D.核對實物
　　E.核對帳簿

157

四、思考題
1. 食品原料出庫有什麼要求？
2. 試述食品原料出庫中發生問題應該如何處理？

第七章　餐飲企業庫存管理與控制

學習目標

◆ 瞭解庫存控制與管理的含義和方法
◆ 熟悉定量訂貨法和定期訂貨法的原理
◆ 熟悉 ABC 分類法的原理及應用方法

引導案例

讓餐飲連鎖庫存管理在雲時代穿越地域

譚魚頭是一家以「譚魚頭火鍋」為核心產品的餐飲企業，擁有食品研究所、烹飪學院、物流、配送中心等全資子公司，擁有員工 8,000 餘人，年銷售額 5 億多元人民幣。作為一家大型規範的餐飲企業，譚魚頭一直都很重視管理信息化建設，一直以來都在使用財務和餐飲軟件。為了能使全國各地門店可以統一使用管理軟件，譚魚頭通過購買設備自己搭建網絡環境，並使用了進銷存互聯網雲計算服務產品，實現了數據即時同步，使總部可以輕松即時地全面掌控真實的門店庫存數據。各門店採購、入庫、領用數據能夠及時錄入，保證了庫存數據準確與帳目準確，公司可以通過數據統計來制訂經營計劃。

（資料來源：佚名.讓餐飲連鎖庫存管理在雲時代穿越地域［EB/OL］.（2012-02-01）［2014-08-10］.http://www.youshang.com/online-invoicing/solution_casel/.）

引例分析：

一般來說，餐飲庫存管理水平如何？餐飲企業並不是那麼重視。只要保證不斷

貨、不積壓就基本上萬事大吉了。但是，隨著餐飲企業的連鎖發展，集中採購是必然趨勢。為了保證全國性各分店的物資供應，各類物資的需求量越來越大，庫存量也相應加大，物資需求的因素也越來越複雜，而占用的資金也越來越多。這時我們就有必要對餐飲庫存管理水平進行嚴密的監控和管理。

第一節　庫存控制與管理概述

一、庫存

（一）庫存的定義

庫存是指處於儲存狀態的商品物資，是儲存的表現形態。庫存是倉儲最基本的功能，除了進行商品儲存保管外，它還具有整合需求和供給、維持物流系統中各項活動舒暢進行的功能。企業為了能及時滿足客戶的訂貨需求，就必須經常保持一定數量的商品庫存。配送中心為了維持配送的順利進行就必須預先儲存一定數量的商品來滿足訂貨及銷售的需求。

如果企業存貨不足，會造成供貨不及時、供應鏈斷裂、喪失市場佔有率或交易機會；如果整體社會存貨不足，會造成物資貧乏、供不應求。而商品庫存需要一定的維持費用，同時會存在由於商品積壓和損壞而產生的庫存風險。因此，在庫存管理中既要保持合理的庫存數量，防止缺貨和庫存不足，又要避免庫存過量，發生不必要的庫存費用。

（二）庫存的分類

從不同的角度，可以把庫存分為不同的種類。這裡主要按其作業和功能分為五類：

1. 安全庫存

安全庫存，也被認為是額外的庫存，是指對未來物資供應的不確定性、意外中斷或延遲等起到緩衝作用而保持的庫存。例如對未來原材料的供應情況，究竟是否順利不能肯定，這時保持一定量的庫存能提高供應保障。因此，對未來精確的預測是降低安全庫存的關鍵。

2. 週轉性庫存

週轉性庫存是為補充在生產或銷售過程中已消耗或銷售完的物資而設定的庫存，目的是滿足一定條件下的物資需求，保證生產的連續進行。週轉性庫存很大程度上取決於生產批量的規模、經濟運輸批量、存儲空間的限制、補貨提前期、價格—數量折扣以及庫存持有成本等因素。

3. 季節性庫存

季節性庫存是指某些物資的供應或產品的銷售經常受到季節性因素的影響（或

第七章　餐飲企業庫存管理與控制

者類似季節性的影響),為了保證生產和銷售的正常運行,需要一定數量的季節性庫存。例如空調、電扇等季節性產品,一般為了保持生產能力的均衡,將淡季生產的產品置於庫存,以滿足旺季的需求。再比如罐頭產品製造商,必須在水果的收穫季節將水果處理後置入庫存,以滿足全年生產的需要。

4. 在途庫存

在途庫存是指處於運輸過程中的庫存。這是由於物資必須由一地轉移到另一地所產生的,它與運輸密切相關,是指在航空、鐵路、公路、管道等運輸線上的物資,裝配線上的在製品等,這是一種「運動」中的庫存,在庫存管理中有著比較特殊的作用。

5. 投機性庫存

投機性庫存是指為了避免因物價上漲造成的損失或者為了從商品價格上漲中獲利而建立的庫存,具有投機性質。由於某些企業需要使用大量的、價格易於經常波動的物資,如煤、石油、水泥,或者羊毛、糧食等原材料,企業可以在低價時大量購進這些物資而實現可觀的節約;或對預計以後將要漲價的物料進行額外數量的採購,由此產生的庫存就是投機庫存。

要實現庫存控制的目標,就必須考慮以上這些庫存的綜合作用,構建好它們之間功能的共享。

(三)庫存的功能

庫存作為儲存的表現形態,是商品流通的暫時停滯,是商品運輸的必需條件。它使採購、生產、銷售等各個環節的獨立的經濟活動成為可能,並調節著各個環節間供求的不一致,起到了連接和潤滑的作用。庫存在商品流通過程中的功能具體體現在以下六個方面:

1. 調節供需矛盾,消除生產與消費之間時間差

有些企業生產的產品具有一定的季節性,或者所需的供應具有季節性,為實現均衡生產,降低生產成本,就必須適當儲備一定的半成品庫存或保持一定的原材料庫存,否則會導致生產成本的提高,甚至由於缺貨而發生生產的非正常中斷。因此,庫存可以使產品的大批量消費和生產避開季節性因素。庫存的這種平衡功能需要企業在平時儲備時投入大量資金,同時期望在熱銷季節的銷售中得到充分的補償。

2. 穩定生產、經營的規模,使企業獲得規模經濟的效益

保持一定數量的庫存能夠使企業在採購、運輸和生產準備過程中實現單件訂貨無法實現的規模經濟效應。在採購過程中,大批量的採購可以獲得價格折扣,同時也使訂貨費用得以分攤;在運輸過程中,由於整車運輸通常比零擔貨運的費率要低,因此,大批量的運貨可以降低運輸費用;在生產過程中,顯然大批量的生產使生產線的變化較少,利用率得以提高,單位產品的製造成本得以降低,從而獲得規模效益。

3. 促進製造的專業化和物流系統的合理化

保持一定的庫存使得企業製造的專業化成為可能。原材料能夠從倉庫中被合理地配送到各地工廠,滿足生產的需要,並通過從供應鏈上游到下游的不斷流動,從原材

161

料到半成品,最終形成產品,滿足消費者的需要。這種生產和運輸成本的節約,彌補了由於儲存帶來的成本上升,而且使供應鏈上的每個企業(或工廠)都能夠實現自身產品的專業化生產,增強企業的核心競爭力。

4. 創造商品的時間效用

所謂時間效用就是同一種商品在不同的時間銷售(消費),可以獲得不同的經濟效果(支出),以避免商品因價格上漲造成損失或為了從商品價格上漲中獲利而建立的投機庫存恰恰滿足了庫存的時間效用功能。但也應該看到,在增加投機庫存的同時,也占用了大量的資金和庫存維持費用。但只要從經濟核算角度評價其合理性,庫存的時間效用功能就能顯示出來。

5. 降低物流成本

對於生產企業而言,保持合理的原材料和產品庫存,可以消除或避免因上游供應商原材料供應不及時需要進行緊急訂貨而增加的物流成本,也可以消除或避免下游銷售商因銷售波動進行臨時訂貨而增加的物流成本。

6. 防備不確定性

在庫存系統裡,存在供應、需求和提前期三個方面的不確定性。在庫存中維持安全庫存是為了防備這些不確定性。如果知道顧客需求,就能靈活地按需求生產,雖然這不一定是經濟的。在這種情況下,就不需要製成品庫存。然而,需求中的每一個變化應該馬上傳遞給生產系統以維持客戶需求。為了代替這種緊密型的結合,我們維持產成品的安全庫存,以吸收需求的變化而不需要馬上改變生產。同樣,維持原材料安全庫存是為了吸收供應商交貨中的不確定性,維持在製品的安全庫存以防備設備故障、勞動力中的不確定因素以及進度安排的迅速變化。然而,通過在供應鏈中使供應商和客戶更好地協調銜接,則可以減少這些安全庫存的數量。

可見,維持適當的庫存,對於保證生產經營活動平穩而有序地運行,並獲得良好的經濟效益和客戶滿意度是十分必要的。但是庫存控制不是為了增加庫存,而是為了不斷減少庫存,在盡可能低的庫存水平下滿足生產和客戶的需要,實現一種動態的均衡。

(四)庫存的成本構成

1. 訂貨成本

訂貨成本是指訂貨過程中發生的與訂貨有關的全部費用,包括辦公費、差旅費、訂貨手續費、通信費、招待費以及訂貨人員的有關費用。訂貨成本可分為固定性訂貨成本和變動性訂貨成本兩部分。固定性訂貨成本是指與採購次數和數量沒有直接聯繫的,用於維持採購部門正常活動所需要的有關費用,如採購機構的管理費、採購人員的工資等。變動性訂貨成本是指與訂貨數量沒有直接關係,但隨訂貨次數的變動而變動的費用,如差旅費、運輸費等。所以,一般來說,訂貨成本與訂貨量的多少無關,而與訂貨次數有關。要降低訂貨成本,就需要減少訂貨次數。

2. 存儲成本

存儲成本又稱為持有成本,是指存貨在儲存過程中發生的費用。存儲成本包括貨

第七章　餐飲企業庫存管理與控制

物占用資金應付的利息、貨物損壞變質的支出、倉庫折舊費、維修費、倉儲費、保險費、倉庫保管人員的工資等費用。

存儲成本按照其與存貨的數量和時間關係,分為固定性存儲成本和變動性存儲成本兩部分。固定性存儲成本是指在一定時期內總額相對穩定,與存貨數量和時間無關的存儲費用,如倉庫折舊費、倉庫人員的工資等。變動性存儲成本是指總額隨著存貨數量和時間的變動而變動的有關費用,如倉儲費、占用資金的利息等。

3. 進貨與購買成本

進貨與購買成本是指在採購過程中所發生的費用,包括所購物資的買價和採購費用。該成本取決於進貨的數量和進貨的單位成本。在沒有數量折扣的條件下,進貨與購買成本是企業無法控制的。

4. 缺貨成本

缺貨成本是指當存儲供不應求時引起的損失,如失去銷售機會的損失、停工待料的損失、臨時採購造成的額外費用以及延期交貨致使不能履行合同而繳納的罰款等。從缺貨損失的角度考慮:存儲量越大,缺貨的可能性就越小,缺貨成本也就越少。

存貨的總成本即由以上各項成本構成。

二、庫存控制的含義及方法

庫存控制(Inventory Control)是指對製造業或服務業生產、經營全過程的各種物品、產成品以及其他資源進行管理和控制,使其儲備保持在經濟合理的水平上。庫存控制的範圍包括原材料庫、中間庫、零件庫和成品庫。原材料庫控制各種原材料的儲備量;中間庫控制半成品的儲備量;零件庫控制為製造、裝配成品所需儲存的外購零件的儲備量;成品庫控制各種已製造、裝配完畢的成品儲備量。通過庫存控制,各種庫存物品可保持合理的儲備量。

庫存控制具有以下功能:

(1)防止庫存量過小、供貨不及時;

(2)保證有一定的庫存量存在;

(3)節約庫存費用,降低物流成本;

(4)保證生產的計劃性和平衡性;

(5)必要的安全儲備。

此外,庫存控制有利於整體運作更為有效、生產率更高;有利於縮短訂貨至交貨的週期,提高物料的可得性,從而使客戶服務、客戶滿意度以及產品的客戶認同價值方面得到提高;關於運作成本,對提高利潤率、資產回報率、投資回報率以及其他一系列評估企業財務狀況的指標有積極影響;在更為廣泛的範圍內,通過最佳訂購批量、存儲位置以及存儲設施等手段對運作造成影響;可促進其他一些商業組織(如提供特殊服務的供應商和中間商)的發展。

餐飲企業倉儲管理實務

(一)庫存控制中的三個問題

庫存控制是以三個基本問題的回答為基礎的,這三個問題關係到存儲的物品、訂貨的時間和數量。

(1)在存貨中應包括哪些?

存貨的代價是昂貴的,因此,要在客戶服務保持可以接受的水平的基礎上,使存貨水平實現最小化,即意味著把現有物品的存貨控制在合理水平上,杜絕向庫存中加入不必要的物品,把那些不再使用的物品從庫存中清除出去。

(2)應該在什麼時候對供應商發布訂單?

對於這個問題,有三種不同的方式:①進行階段式回顧。在固定的時間間隔,發布批量規模不一的訂單。②採取固定訂單批量方法。企業對存貨水平進行持續性的監控,一旦存貨下降到一定的水平,企業立即實施固定數量訂貨。需求的變化可以通過改變發布訂單的間隔時間來應付。③直接把供給與需求相聯繫,進行較大量的訂貨,以滿足一定時間段內的已知的需求。在這種情況下,訂貨的時間和數量都直接地取決於市場的需求。

(3)應該訂購多少?

每一次訂單的發布都將產生相應的管理成本與送貨成本。

(二)庫存控制的方法

根據庫存控制的對象是獨立需求還是關聯需求,庫存控制方法分為傳統庫存控制方法和現代庫存控制方法,如圖7-1所示。獨立需求利用對需求的預測來確定訂貨的數量和時間;關聯需求則力求找到協調供給和需求的結合點來解決問題。

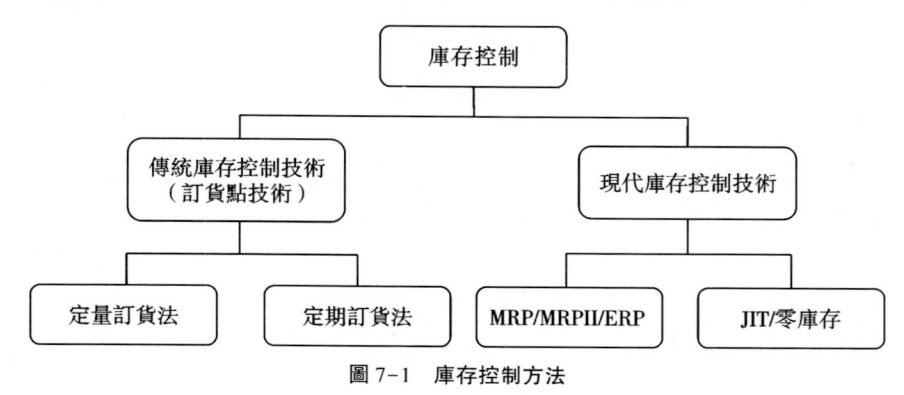

圖7-1 庫存控制方法

傳統庫存控制方法即訂貨點技術。訂貨點技術的重點是對庫存量的控制,它主要影響實際庫行量的兩方面,即訂貨時的庫存數量、訂貨的數量和時間。訂貨點技術用來解決獨立需求庫存控制,具體的方法包括定量訂貨法和定期訂貨法。

現代庫存控制方法包括MRP、MRPⅡ、ERP及零庫存等,源於20世紀60年代美國IBM公司的管理專家奧利佛(Orlicky)博士提出的獨立需求和相關需求(關聯需求)

第七章　餐飲企業庫存管理與控制

的概念,此時 MRP 出現了;20 世紀 80 年代,人們把生產、財務、銷售、工程技術、採購等各個子系統集成為一個一體化的系統,並稱其為製造資源計劃系統,記為 MRP Ⅱ。到了 20 世紀 90 年代,MRP 發展到了一個新的階段:ERP（Enterprise Resource Planning,企業資源計劃）。零庫存（Zero Inventory）的概念源自於日本豐田的 JIT 生產模式。MRP、MRP Ⅱ、ERP 以及零庫存為關聯需求的庫存控制提供了很好的途徑。

三、庫存管理的含義及方法

一般認為,庫存管理就是庫存控制,它們的主要內容基本上是相同的。但從管理層次上看,庫存管理主要針對策略層,而庫存控制主要針對作業層。因此,所謂庫存管理（Inventory Management）是指對庫存的各種物品及其儲備進行科學嚴格的管理,即根據外界對庫存的要求、企業訂購的特點,預測、計劃和執行一種補充庫存的行為,並對這種行為進行控制,重點在於確定如何訂貨、訂購多少、何時訂貨。

庫存管理的目標分為 3 個層次。第一目標是建立在比較高的層次之上,以庫存管理致力於整個供應鏈中物品的有效流動為目標。第二目標是站在一個商業組織的立場上,以庫存管理支持物流運作,從而促進該商業組織整體目標的實現。第三目標是站在庫存管理職能的立場上,當庫存管理者對物品產生需求的時候,要確保物品的順利到位。

庫存管理方法同樣分為傳統庫存管理方法與現代庫存管理方法,如圖 7-2 所示。

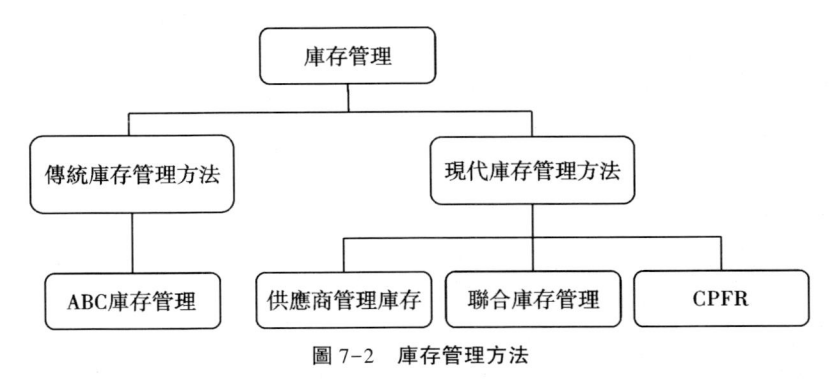

圖 7-2　庫存管理方法

傳統庫存管理方法主要指 ABC 庫存管理方法。ABC 庫存管理是依據對應價值大小的投入努力來獲得利益的有效管理技巧。ABC 分析法（ABC Analysis）從 1951 年由美國通用電氣公司的迪基開發出來以後,在各企業迅速普及,適用於各類管理實務,取得了卓越的績效。

現代庫存管理方法有供應商管理庫存（Vendor Managed Inventory,VMI）、聯合庫存管理（Joint Inventory Management）和合作計劃、預測與補給（Collaborative Planning, Forecasting and Replenishment,CPFR）等。供應商管理庫存的方法源自於 1980 年,寶

165

潔公司與密蘇里州聖路易市一家超市將雙方計算機連接起來,形成一個自動補充紙尿布的雛形系統。聯合庫存管理方法源自於寶潔公司與沃爾瑪公司的合作,改變了兩家企業的營運模式,實現了雙贏。CPFR 則主要為了實現對供應鏈的有效運作和管理,以及對市場變化的科學預測和快速反應,並逐步成為供應鏈管理的一個成熟商業流程,解決了高昂的補貨費用和低效率的溝通方式兩大難題。

第二節　庫存控制技術

一、定量訂貨法

(一)定量訂貨法的含義

定量訂貨法也稱訂購點法,是以固定訂購點和訂購批量為基礎的一種庫存控制方法。它採用永續盤點方法,對發生收發動態的物品隨時進行盤點,當庫存量等於或低於訂購點時就進行訂購,每次購進確定數量的物品。

(二)定量訂貨法的實施

1. 訂購量和批購量的確定

實施定量訂貨的關鍵在於正確確定訂購批量和訂購點。訂購批量一般採用經濟訂購批量(Economic Order Quantity, EOQ)。而訂購點,則是提出訂購時的儲備量標準。如果訂購點偏高,將會增加材料物品儲備及其儲存費用;如果訂購點偏低,則容易發生供應中斷。

訂購點的確定取決於備運時間的需要量和保險儲備量。訂購點計算公式為:

訂購點量＝訂購時間×平均每日正常耗用量＋保險儲備量　　　　　　(7-1)

保險儲備量＝(預計日最大耗用量－每天正常耗用量)×訂購提前日數　　(7-2)

式(7-1)的訂購時間是指提出訂購到物品進入倉庫所需的時間,即前置期(Lead Time)。

2. 定量訂貨法的庫存量變動

定量訂貨的庫存量變動情況如圖 7-3 所示。從圖 7-3 中可看到,當實際消耗速度加快(C～D)或減慢(E～F)時,兩次進貨時間間隔應相應縮短(t_1)或延長($\frac{倉庫可利用面積}{倉庫建築面積}$×100%)。若備運時間裡物品消耗速度大於預計的正常速度,或誤期到貨,則進貨時的庫存量(D 點對應的儲備量)低於保險儲備量(B 點對應的儲備量),進貨後的庫存量(E 點對應的庫存量)低於最高庫存量(訂購點量與訂購批量之和);反之,若備運時間裡物品消耗速度小於預計的正常速度,則進貨時的庫存量(F 點對應的儲備量)高於保險量(B 點對應的儲備量),進貨後的庫存量(C 點對應的庫存量)仍然低於最高庫存量。

第七章　餐飲企業庫存管理與控制

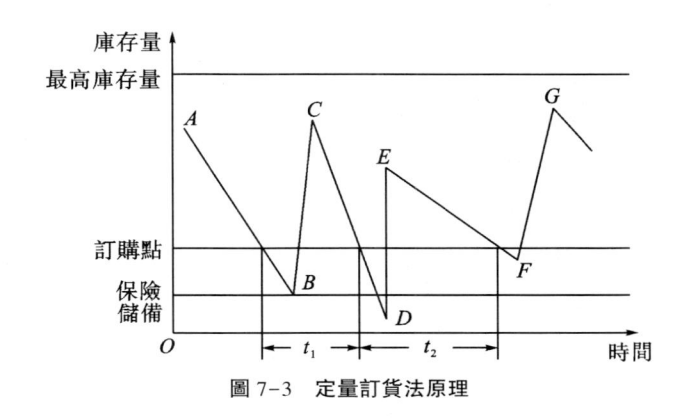

圖7-3　定量訂貨法原理

(三)定量訂貨法的詳解

1915年,哈里斯(Harris)對銀行貨幣的儲備進行研究,建立了一個確定性的庫存費用模型,並確定了最優解。1934年,威爾遜(Wilson)重新得出哈里斯的公式,即經濟訂貨批量公式。經濟訂貨批量模型研究了如何從經濟的角度確定最佳庫存數量。20世紀50年代以來,EOQ及其變形已形成較為完善的庫存控制體系,並廣泛運用於實際中。EOQ模型側重於從企業本身經濟效益來綜合分析物品訂購和庫存保管費用,要求隨著訂貨量的大小考慮增加或減少的費用,去尋求最低庫存總費用。EOQ模型的基本假設條件如下:

①只涉及一種產品;②需求是已知的常數,即需求是均勻的,年需求率以D表示,單位時間需求率以d表示;②不允許發生缺貨的,即當庫存量降為零時,就應該進行物品補充;④訂貨前期是已知的,且為常量;⑤交貨提前期為零,即發出補貨請求後物品補充到位;⑥一次訂貨量無最大、最小限制;⑦訂貨費與訂貨批量無關;⑧物品成本不隨批量而變化,即沒有數量折扣。

在以上假設下,EOQ模型中的庫存變化如圖7-4所示。最大庫存量為Q,最小庫存量為q,不發生缺貨,庫存按固定需求率D減少。當庫存降低到訂貨點R時,就發出訂貨Q^*,經過一個固定的訂貨提前期L_T,新的一批訂貨Q^*到達(訂貨剛好在庫存變為0時到達),庫存量立即到達Q。顯然,平均庫存量為$Q/2$。

為簡單起見,考慮一個年度內的總費用,其基本公式為:

年總費用=庫存維持費用+訂貨費用+購買費用　　　　　　　　　　　　(7-3)

其中,庫存維持費用(庫存保管費用)是維護一定數量庫存所支付的管理人員工資、場地租金、保險費、利息等的總和,其計算公式為:

$$C_K = \frac{1}{2}QH \qquad (7-4)$$

式中,Q——訂貨量;

C_k——單位產品成本(產品購買價格);

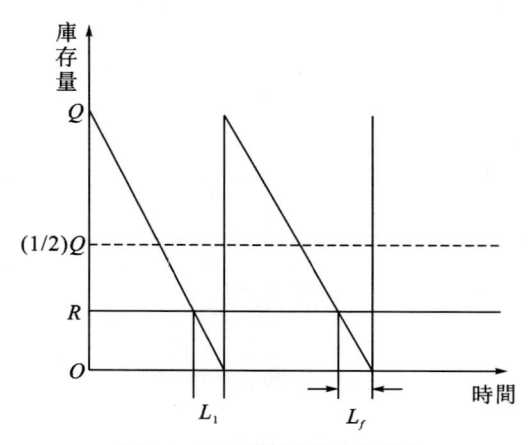

圖 7-4　EOQ 模型中的庫存變化

H——單位庫存維持費。

訂貨費用為訂購一批物品所必須支出的費用，如與供應商的信函聯繫費用、採購人員的差旅費等。設年需求量為 D，每次訂貨的費用為 S，貨物單價為 C，則每年訂貨費用為：

$$C_R = \frac{DS}{Q} \tag{7-5}$$

購買費用為

$$C_P = CD \tag{7-6}$$

所以，年總費用 TC 為

$$TC = \frac{1}{2}QH + \frac{DS}{Q} + CD \tag{7-7}$$

總費用隨訂貨量的變化情況如圖 7-5 所示。

總費用曲線為庫存維持費用曲線、訂貨費用曲線、購買費用曲線的疊加。庫存維持費用曲線與訂貨費用曲線有一個交點，其對應的訂貨量就是最佳訂貨量。為了求出使得年總費用最小的訂貨量，將式(7-7)求導，並令其一階導數等於零，即

$$\frac{dTC}{dQ} = \frac{1}{2}H - \frac{DS}{Q^2} = 0 \tag{7-8}$$

由式(7-8)可得經濟訂貨批量 Q^*：

$$Q^* = \sqrt{\frac{2DS}{H}} \tag{7-9}$$

最優訂貨週期為：

$$T^* = \frac{Q^*}{D} \tag{7-10}$$

在經濟訂貨批量為 Q^* 時的年訂貨量次數 n 為

第七章　餐飲企業庫存管理與控制

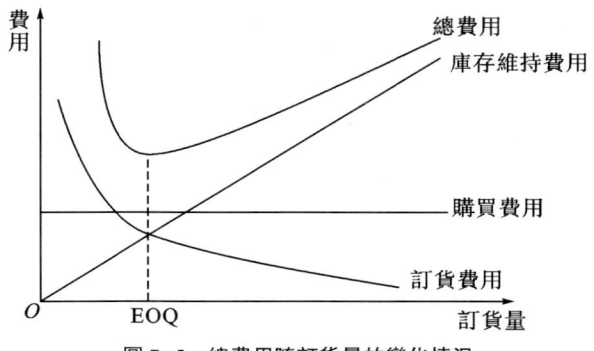

圖 7-5　總費用隨訂貨量的變化情況

$$n = \frac{D}{Q^*} \tag{7-11}$$

將式(7-9)代入式(7-7),得年總費用的最優值為

$$TC^* = \sqrt{2DSH} + CD \tag{7-12}$$

訂貨點 R 為

$$R = dL_T \tag{7-13}$$

式中,d——庫存消耗速率。

二、定期訂貨法

(一)定期訂貨法的含義

定期訂貨法是以固定的檢查和訂購週期為基礎的一種庫存控制方法。它採取定期盤點的方式,即按固定時間間隔檢查庫存量並隨即提出訂購,訂購批量根據盤點時實際庫存量和下一個進貨週期的預計需要而定。所以,這種方法訂購時間固定,而每次訂購的數量不定,按實際儲備量情況而定。

(二)定期訂貨法的實施

1. 訂購批量和訂購週期的確定

訂購批量＝平均每日需要量×(訂購週期＋訂購提前期)＋保險儲備量－現有庫存量－已定未交量 　(7-14)

式中,訂購週期——訂購時間間隔,指相鄰兩次訂購日之間的時間間隔;

現有庫存量——訂購日的實際庫存數量;

已定未交量——過去已經訂購但尚未到貨的數量。

在定期訂貨法中,關鍵問題在於正確規定訂購週期。訂購週期的長短對訂購批量和庫存水平有決定性的影響。訂購週期如果太長,會使庫存成本上升,太短則會增加訂貨次數,使得訂貨費用增加,進而增加庫存總成本。從費用角度出發,如果要使總費用達到最小,可以採用經濟訂貨週期的方法來確定訂購週期,其公式為:

$$T=\sqrt{\frac{2S}{C\times R}} \qquad (7-15)$$

式中，T——經濟訂貨週期；

S——單次訂貨費用；

C——單位商品年儲存量；

R——年庫存商品需求量(銷售量)。

2. 定期訂貨法的庫存量變動

定期訂貨法下的庫存量變動情況如圖7-6所示。從圖7-6中可以看到，在第一個庫存週期，因預先確定了訂貨週期T，也就是規定了訂貨時間，到了訂貨時間A，不論庫存還有多少，都要發出訂貨，檢查庫存，求出訂貨批量Q_1，然後進入第二週期，經過T時間又檢查庫存，發出一個訂貨批量Q_2。從圖7-6中可以看出，訂貨時間間隔T相等，訂貨批量Q_1、Q_2、Q_3根據庫存需求速率的變化隨機變動。

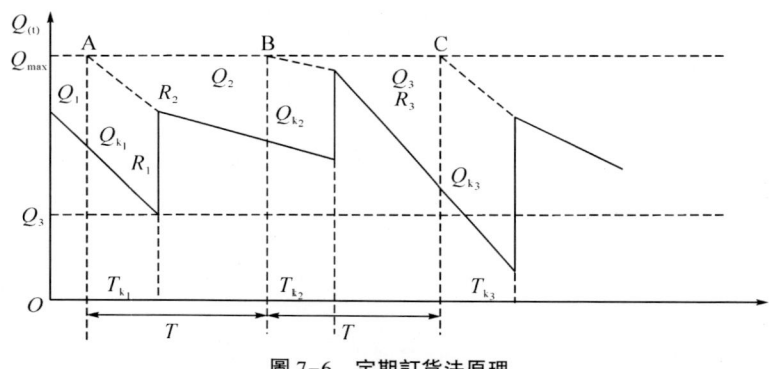

圖7-6 定期訂貨法原理

3. 定期訂貨法的詳解

假設採取每月一次的定期訂貨方式，在每月定期的日子裡(這裡假設為每月15日)，計算下個月的需求量。公司於每月15日確定計劃，然後向外部單位下採購訂單進行補貨，最早在下個月1日完成(入庫)，這是訂貨前置期的問題。接下來按以下順序計算。

(1)在每月固定日期根據庫存總帳查當時庫存結餘。每月15日，用庫存總帳查當日的庫存結餘。

(2)調查計劃收到量。上個月訂的物品可以認為原則上必須在這個月中旬進貨。如果現在是15日，計劃收到量必須在月末之前(完成)進貨。

(3)這個月末之前銷售發貨的物品可以考慮當月的銷售計劃剩餘。

(4)求當月月末的推測庫存。當月月末的推測庫存公式為：

當月末推測庫存＝現有庫存＋計劃收到量－當月銷售計劃剩餘 (7-16)

(5)求下個月的銷售計劃。針對重點管理品的物品，要盡可能制訂正確的銷售計

劃。制訂銷售計劃的方法;最簡單的方法是把過去12個月(或者6個月)的平均銷售量作為下個月的銷售計劃;累積銷售情況也是一種方法,但其精確度有限;反覆接受訂貨的物品使用預測乃至內部指令的數字,即使想使用確定的訂貨量,但由於會錯過時機也不能使用了;依據過去的需求實際使用預測模式的方法,預測模式為指數平滑法;銷售計劃部門從各種情報(如特別的銷售計劃、新產品的發售、競爭公司的動態等)中通過修改A~D的數據,制成銷售計劃(發貨計劃)。

(6)考慮安全庫存。即使做了銷售計劃,也不一定照此銷售計劃銷售。對於重點管理物品,盡可能不要持有庫存,但另一方面也絕對不能引起庫存緊缺。如果銷售計劃混亂,就應該持有適應其混亂程度的安全庫存。

(7)求下個月的庫存必要量。根據以上所述,下個月的庫存必要量的計算公式為:

次月庫存必要量=次月銷售量計劃-當月未推測庫存+安全庫存　　　　(7-17)

(8)做簡單修改的方式。這種方式的問題是要求銷售計劃剩餘。因為訂計劃時間定為每月15日有困難,所以如果錯開到月初就簡單了。就是換成每月1日計算下個月的庫存必要量的方式。如果做這樣的變更,計劃收到量就成了這個月的訂貨量(庫存計劃裡),銷售計劃剩餘也照樣使用這個月的銷售計劃,極為簡單。但這樣會造成計劃提前期過長,引起下次計劃的精確度降低。下個月庫存必要量公式修改為:

下個月庫存必要量=(當月銷售計劃+次月銷售計劃)-(當月初所持庫存+計劃收到量)+安全庫存　　　　(7-18)

但為了避免在每月中旬因不知道銷售計劃剩餘而造成每月的下半個月的計劃打亂、庫存增加等問題,要盡可能正確預測月銷售計劃,從訂立計劃的時間(每月15日)到下月末(計劃對象結束)的一個半月的銷售計劃應該看做下個月銷售計劃的1.5倍。這就是從計劃時間開始到計劃完成末期的銷售計劃,得到公式為:

下個月庫存必要量=(從計劃時間開始到計劃完成末期的銷售計劃)-(現有庫存+計劃收到量)+安全庫存　　　　(7-19)

三、兩種訂貨法比較

(一)適用範圍

(1)定量訂貨法一般適用於單價較低、需要量比較穩定、缺貨損失大的物品。

(2)定期訂貨法一般適用於需要量大的主要原材料、必須嚴格管理的重要物品、有保管期限制的物品;需要量變化大而且可以預測的物品;發貨繁雜、難以進行連續庫存動態等級控制的物品。

(二)各自優缺點

1. 定量訂貨法的優點

(1)控制參數一經確定,則實際操作就變得不困難了,實際中經常採用「雙塔法/

雙堆法」來處理。將某物品庫存分為兩堆，一堆為經常庫存，另一堆為訂貨點庫存，當後者被用完了就開始訂貨，並使用經常庫存，不斷重複操作的方法就是雙堆法。這樣可以使經常盤點庫存的次數得到減少，方便可靠。

（2）當訂貨量確定之後，物品的驗收、入庫、保管和出庫業務可以利用現有規範化方式進行計算，可以節約搬運、包裝等方面的作業量。

（3）經濟批量的作用被充分發揮，可降低庫存成本，節約費用，提高經濟效益。

2. 定量訂貨法的缺點

（1）要隨時掌握庫存動態，對安全庫存和訂貨點庫存進行嚴格控制，占用一定的人力和物力。

（2）訂貨模式過於機械，缺乏靈活性。

（3）訂貨時間不能預先確定，對於人員的計劃安排具有消極影響。

（4）受單一訂貨的限制時還需靈活進行處理。

3. 定期訂貨法的優點

（1）可以一起出貨，減少訂貨費。

（2）週期盤點比較徹底、精確，減少了工作量（因定量訂貨法每天盤存），倉儲效率得到提高。

（3）庫存管理的計劃性強，對於倉儲計劃的安排十分有利。

4. 定期訂貨法的缺點

（1）安全庫存量不能設置太少。因為它的保險週期（$T+T_K$）較長，因此，期間的需求較大，需求標準偏差也較大，因此需要設置較大的安全庫存量來保障需求。

（2）每次訂貨的批量不一致，無法制定出經濟訂貨批量，因而營運成本降不下來，經濟性較差。

（3）只適合於物品分類中重點物品的序存控制。

第三節　庫存管理方法

一、ABC 分析法的原理

倉儲過程中，貨物品種繁雜，有些物品的價值較高，對地區經濟發展影響較大，或者對保管的要求較高。而多數被保管的物品價值較低，要求不是很高。如果我們對每一種物品都採用相同的保管管理方法，則可能投入的人力、資金很多，而效果則事倍功半。如何在管理中突出重點，做到事半功倍，這是應用 ABC 分析方法的目的。

20/80 原則是 ABC 分類的指導思想。所謂 20/80 原則，簡單地說，就是 20% 的因素帶來了 80% 的結果。例如，20% 的物品贏得了 80% 的利潤，20% 的客戶提供了 80% 的訂單，20% 的員工創造了 80% 的財富，20% 的供應商造成了 80% 的延遲交貨等。當

第七章　餐飲企業庫存管理與控制

然,這裡所說的 20% 和 80% 的並不是絕對的,還可能是 25% 和 75% 或 24% 和 76% 等。總之,20/80 原則作為一種統計規律,是指少量的因素帶來了大量的結果。它提示人們,不同的因素在同一活動中起著不同的作用,在資源有限的情況下,注意力顯然應該放在起著關鍵性作用的因素上,ABC 分類法正是在這個原則指導下,企圖對庫存物品進行分類,以找出占用大量資金的少數庫存物品,並加強對它們的控制與管理;對那些占用少量資金的大多數物品,則實行簡單的控制與管理。

一般情況下,人們將價值比率為 65%～80%、數量比率為 15%～20% 的物品劃為 A 類;將價值比率為 15%～20%、數量比率為 30%～40% 的物品劃分為 B 類;將價值比率為 5%～15%、數量比率為 40%～55% 的物品劃分為 C 類。

二、ABC 庫存管理方法

1. 掌握 A 類物品的管理要點

重點關注 A 類物品,絕對不能出現缺貨現象,同時庫存水平要維持在最低水平。

憑經驗和感覺進行庫存管理,往往會使 A 類物品庫存過多。因為 A 類物品暢銷,不用擔心因銷售不出去而剩餘下來,則人們常常就持有大量庫存,以防引起缺貨。但事實上,正是 A 類物品要進行重點管理,因而必須徹底地降低其庫存水平。

如果 A 類物品占所有庫存金額的比率為 80%,B 類物品為 15%,C 類物品為 5%,A、B、C 各類物品都維持在一個月庫存,這時,全部庫存物品的回轉週期就是一個月。將這個水平改變一下,將 A 類物品的庫存水平削弱到現在的一半即半個月,B 類物品的庫存水平也同樣變成半個月,C 類物品則相反地增加到兩個月。這時的庫存回轉週期可變成了 0.65 個月。占所有品種 50% 的常備庫存品的庫存可以變成兩倍,只要重點管理僅占 15% 的品種就能縮短庫存回轉週期。

在對餐飲企業物料進行庫存管理時,針對 A 類物品,應調查過去公司內的需求動向和主要的銷售情報、生產計劃、庫存狀況,進行盡可能正確的需求預測,只採購必要量,這種思考方法是重要的。如果能正確地預測需求,則沒有必要持有幾乎所有的庫存。月末保留下來的庫存應該只是應對預測誤差的。

2. 掌握 B 類物品的管理要點

對於 B 類物品,不光是要籌備必要量,也要考慮某種程度的經濟訂購量。

B 類物品的品種數量不多時,用定量訂購方式確定基本的庫存量(訂購點),與這個水平相比,庫存下降時,也可以採用定量採購(經濟的訂購量)的簡便庫存管理方式。

3. 掌握 C 類物品的管理要點

品種數量多,但整體重要性低是 C 類物品的特點。因此,應該採用盡可能簡便的庫存管理方式,以減少管理的步驟和時間。

三、ABC 庫存管理步驟

1. 開展分析

這是區別主次的過程，包括以下步驟：

（1）收集數據，即確定構成某一管理問題的因素，收集相應的特徵數據。以庫存控制涉及的各種物品為例，如擬對庫存物品的銷售額進行分析，則應收集年銷售量、物品單價等數據。

（2）計算整理，即對收集的數據進行加工，並按要求進行計算，包括計算特徵數值、特徵數值占總計特徵數值的百分數、累計百分數、因素數目及其占總因素數目的百分數、累計百分數等，包括以下五個步驟。

第一步，計算每一種物品的金額；

第二步，按照金額由大到小排序並列成表格；

第三步，計算每一種物品金額占庫存總金額的比率；

第四步，計算累計比率；

第五步，分類。累計比率為 0~60% 的，為最重要的 A 類物品；累計比率為 60%~85% 的，為次重要的 B 類物品；累計比率為 85%~100% 的，為一般的 C 類物品。

（3）ABC 分類。根據一定分類標準，進行 ABC 分類，列出 ABC 分析表。各類因素的劃分標準並無嚴格規定，習慣上常把主要特徵值的累計百分數達 70%~80% 的若干因素稱為 A 類，累計百分數為 10%~20% 的若干因素稱為 B 類，累計百分數在 10% 左右的若干因素稱 C 類。

（4）繪製 ABC 分析圖。以累計因素百分數為橫坐標，累計主要特徵值百分數為縱坐標，按 ABC 分析表所列示的對應關係，在坐標圖上取點，並聯結各點成曲線，即繪製成 ABC 分析圖。除利用直角坐標繪製曲線圖外，也可繪製成直方圖。

2. 實施對策

實施對策是分類管理的過程。根據 ABC 分類結果，權衡管理力量和經濟效果，制定 ABC 分類管理標準表，對三類對象進行有區別的管理。

案例分析

中國餐飲企業存貨現狀——以某餐飲公司為例

某國際連鎖餐飲有限公司是江蘇省常熟市一家擁有國際品牌的知名企業。自 1996 年創辦第一家專營粵菜的海鮮大酒樓以來，公司現已發展成為集餐飲、休閒、娛樂為一體的連鎖性綜合機構，現占地 1,410 平方米，固定資產有 2,000 多萬元，在職員工 104 人。公司設置了營運部門、財務部、採購部、餐飲部以及綜合部等七個管理部門。

第七章　餐飲企業庫存管理與控制

一、該餐飲公司存貨管理中存在的問題

1. 沒有合理的管理制度

企業沒有制定明確、詳細的存貨管理制度，這樣使存貨管理部門變得懶散，無制度可依。例如該餐飲企業沒有設置倉庫庫存的審核人員和存貨帳本的人員，人員分工不明確，很大可能導致公司員工作假帳，造成公司損失。因為管理制度存在缺陷而且沒有得到改善，在平時存貨管理工作中導致了莫名其妙找不到存貨的情況，這種情況有可能是因為管理人員未做到本職工作，也有可能是因為管理人員利用管理漏洞隨意使用庫存物品，若存貨積壓嚴重，最後只能作假帳以表明此存貨被正常領用。

2. 各部門無有效溝通

根據調查，在日常工作中，該餐飲公司各部門之間並沒有做到有效溝通。存貨部門通常是在其他生產部門的提醒或者臨時需要的情況下，才知道某一種材料庫存短缺，這時候才著手準備告知採購部門，這樣做導致了生產停滯不前，最終可能導致公司營運效率低下。可見，造成存貨不能及時採購的原因還包括生產部門和存貨管理部門之間未能及時溝通生產需要的材料。

3. 存貨管理不規範導致帳實不符

企業沒有規範存貨在出庫時領料單的填製要求，使得管理者管理鬆懈，例如存貨在領用時未按照其型號具體標明，例如生產部門在領用某一種食用香料時，香料的型號有100#、150#、180#。但是在領用單上卻統一寫著香料，未標明型號，這會導致最後做盤庫時，香料各個型號的數量對不準，在平時領用時就應該嚴格按照要求管理，避免最後盤存時帳實不符。該公司的存貨是根據存貨的種類和倉庫的情況，而進行的簡單劃分，在盤存時有一定難度，所以在盤存時都是取大概的數量進行盤算，所以帳上最終的數量並不是實際的庫存。很多原材料在領用時並沒有稱重的計量儀器，因此在領用時只取大概重量計算，這也會導致最後帳實不符。還有種情況是存貨管理人員認為只有在貨到發票也到的情況下才能辦理入庫手續，因此在發生貨到發票未到的情況時未辦理暫估入庫，這導致這批貨物已經被領用但卻未入帳，使得帳上的庫存數明顯少於實際庫存。

4. 儲存不合理和存貨積壓

餐飲行業中對原材料的管理要求比較嚴格，原材料的要求在追求低成本的前提下，還要注重其保質期和新鮮程度。但有時候為降低訂貨成本，一次性進貨太多，管理上未能嚴格按照要求執行。存貨管理員因不清楚帳上的存貨可能會重複進貨從而導致存貨積壓。這樣的行為也會導致原材料因過期不被允許使用所造成的浪費。所在的餐飲公司由於對存貨的管理非常鬆散，所以存貨利用率不高，積壓數量較多，材料浪費嚴重，從而導致成本增加，利潤減少。

5. 上級不重視存貨管理，無內部審核人員監督

上級沒有認識到存貨管理和控制是生產經營中的重要環節，不夠重視存貨管理這一環節，重視的僅僅是每個月各個存貨是否過多領用。這種現象在一些效益比較好的

中小企業中表現得更加明顯，因為效益好的緣故，所以管理者不會太在意存貨占用資金的大小，除非是等到沒錢花時才會去關注存貨是否採購過多。

6. 對易耗品管理不夠嚴格

大部分中小企業都追求利益最大化，因此沒有注重長遠的利益，相反地比較注重眼前的利益，因此在存貨管理上存在問題，對成本計算過於緊張，尤其是對有些易耗品或者餐飲需要的原材料，例如油等易耗品。

二、該公司存貨管理不恰當導致的後果

1. 可能導致存貨的浪費和損失

由於存貨的驗收保管機制不健全，因此企業對一些存貨的質量問題警惕性不高，常常未發現破損的貨物混在一起，或者是入庫時只是檢查了數量卻未注意型號，還有就是在一批貨使用後有剩餘，這個時候往往會隨意存放在任意一個角落，這樣就容易忘記這批剩餘存貨，在下次需要時往往會又去進一批新的存貨，給企業帶來了浪費。在一次採購中，購買了500套餐具，但是由於進貨太多，所以暫時將餐具放在潮濕的儲物間，但是由於時間久了這批餐具一直沒想到用。直到有人提醒才想起這批餐具的存在。原因是在於在購買當時就未填製入庫單，因此帳上是沒有這批貨，這就導致了最後將這批貨遺忘，險些導致了存貨的浪費。還有的情況就是在需要用一種材料時不清楚其型號，盲目再購進一批材料，最後發現材料重複購入導致庫存過多，而材料是不會經常被使用的，這樣一來存貨積壓嚴重占用資金利率。庫存量過大所產生的問題有：增加倉庫面積和庫存保管費用，從而提高了產品成本；占用大量的流動資金，造成資金呆滯，既加重了貨款利息等負擔，又會影響資金的時間價值和機會收益；造成產成品和原材料的有形損耗和無形損耗；造成企業資源的大量閒置，影響其合理配置和優化。

2. 可能導致存貨不足，經營生產停滯不前

採購的隨意性，覺得材料不夠便去買一些，或者是當一種材料被領用完，不能及時與採購部門取得聯繫，導致下次領用時無存貨，等到來貨後才能繼續正常工作。有些包裝物雜亂無章地存放在倉庫內，帳上無記錄，每次需要包裝物時都會缺這缺那。這種情況造成服務水平的下降，影響銷售利潤和企業信譽；造成經營生產系統原材料或其他物料供應不足，影響經營生產過程的正常進行；使訂貨間隔期縮短，訂貨次數增加，生產成本提高；影響生產過程的均衡性和裝配時的成套性。例如例子中的餐飲公司未能提前盤點剩餘餐具而臨時購買，因此導致公司運作不流暢。

3. 增加員工鑽空子的可能性

存貨管理的不恰當為人員提供了鑽空子的可能性，存貨管理部門對公司存貨不熟悉，導致了部分員工鑽空子——今天拿走一袋洗衣粉，明天拿走一把刷子。這樣的行為不僅損害公司的利益，也直接降低了員工素質，更會引起整個公司素質的降低。

（資料來源：佚名.淺談餐飲企業存貨成本核算和控制［EB/OL］.［2013-10-27］.http://wenku.baidu.com.）

第七章 餐飲企業庫存管理與控制

思考題：
(1)該公司存貨管理的不恰當可能會導致哪些後果？
(2)對該公司完善存貨管理有哪些建議？

實訓設計

[實訓項目]
ABC分類管理法技能操作實訓。

[實訓目的]
在庫存管理中，對種類繁多的商品實施有效的管理非常必要。採用ABC分類管理法，就是對庫存商品進行分類，在管理中突出重點，以便有效地節約人力、物力和財力。通過本項目的實訓，學生能掌握ABC分類管理法應用於庫存控制中的操作方法，並能針對不同類別商品進行合理有效的管理。

[實訓內容]
1. 學生調查某倉庫
2. 畫出所調查倉庫的貨區位置圖
3. 將調查的結果進行匯總，並對觀察到的情況進行分析

[實訓任務]
某企業年底對庫存10種商品進行盤點，它們的年平均庫存品種數量和單價情況如下表所示。試將其進行ABC分類，以便更好地管理與控制。

序號	產品代碼	年平均庫存量（千件）	單價（元）
1	X—30	50	8
2	X—23	200	12
3	K—9	6	10
4	G—11	120	6
5	H—40	7	12
6	N—15	280	9
7	Z—83	15	7
8	U—6	70	8
9	V—90	15	9
10	W—2	2	11

[實訓要求]
(1)實訓時間為2課時。
(2)知識準備：瞭解ABC分類管理法的基本思想以及貨物分類標準。
(3)工具準備：倉儲貨物資料、紙、筆、計算器、繪圖尺。

餐飲企業倉儲管理實務

[實訓步驟]

1. 收集數據

收集分析對象的有關數據。本實訓項目中需要收集10種商品在統計期內的平均庫存數量及單價，以便對庫存商品占用資金的情況進行分析和計算，從而實施分類重點管理（本實訓任務中已經給出相關數據）。

2. 處理數據

將收集的數據資料進行計算、匯總，整理出所需要的數據。所需要的數據包括各類商品的平均資金占用額、累計資金占用額、品目數所占比例和累計品目數所占比例。

3. 繪製 ABC 分類管理表，並將處理數據填入表格

物品名稱	品目數累計	品目累計百分數	物品單價	平均庫存量	物品平均資金占用額（千元）	平均資金占用額累計	平均資金占用額累計百分數	分類結果
(1)	(2)	(3)	(4)	(5)	(6)=(4)×(5)	(7)	(8)	(9)
N—15	1	10%	9	280	2,520	2,520	35.9%	A
X—23	2	20%	12	200	2,400	4,920	70.2%	A
G—11	3	30%	6	120	720	5,640	80.5%	B
U—6	4	40%	8	70	560	6,200	88.5%	B
X—30	5	50%	8	50	400	6,600	94.2%	B
V—90	6	60%	9	15	135	6,735	96.1%	C
Z—83	7	70%	7	15	105	6,840	97.6%	C
H—40	8	80%	12	7	84	6,924	98.8%	C
K—9	9	90%	10	6	60	6,984	99.7%	C
W—2	10	100%	11	2	22	7,006	100%	C

填表步驟要求：

(1) 將計算出的平均資金占用額的數據，從大到小進行排序，並從高到低依次填入上表中第(6)欄；

(2) 以第(6)欄為準，依次在第(1)欄填入相應的物品名稱、在(4)欄填入對應的物品單價以及在第(5)欄填入對應的商品平均庫存量；

(3) 在第(2)欄填入商品累計編號（即品目數累計），然後計算品目累計百分數，並填入第(3)欄；

(4) 依據第(6)欄計算平均資金占用額累計，並將計算結果填入第(7)欄；

(5) 計算平均資金占用額累計百分數，填入第(8)欄；

第七章　餐飲企業庫存管理與控制

4. 分類

依據 ABC 分類管理表中第(3)欄和第(8)欄的數據,將商品分成 A、B、C 三大類,並將分類結果填入第(9)欄。貨物分類標準參看下表:

ABC 管理法的分類標準

A 類商品	B 類商品	C 類商品
占庫存品種數目 5%～15%	占庫存品種數 20%～30%	占庫存品種數 70%左右
占庫存資金總數 70%左右	占庫存資金總數 20%～30%	占庫存資金總數 5%～15%

5. 繪製 ABC 分類管理圖

繪圖要求:以品目累計百分數為橫坐標,以平均資金占用額累計百分數為縱坐標,按 ABC 分類表第 3 欄和第 8 欄提供的數據,在直角坐標圖上取對應點,連接各點的曲線,畫出 ABC 分類曲線。

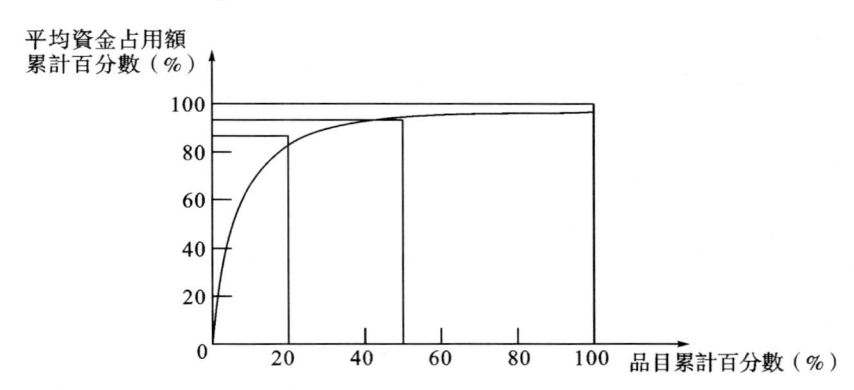

6. 確定不同類別貨物的管理方法

(1) A 類庫存物資的管理方法。

①按最優批量,採用定期訂貨方式;

②重點管理,經常進行檢查和盤點;

③提高貨物的機動性,把貨物放在易於搬運的地方;

④恰當選擇安全系統,盡可能降低倉庫的安全儲備量;

⑤與供應商密切聯繫;

⑥與用戶密切聯繫,及時瞭解用戶需求的動向。

(2) C 類庫存物資的管理方法。

①按經濟訂貨批量,一般採用比較粗放的定量訂貨方式;

②一般管理,定期進行檢查和盤點,週期可以長一些(年度或季度);

③給予最低的優先作業次序;

④為防止缺貨,安全庫存要多一些,或減少訂貨次數以降低費用。

(3) B 類庫存物資管理方法。

179

①按經濟訂貨批量進行訂貨，可採用定量訂貨為主，定期訂貨為輔的方式；
②正常控制與管理，檢查和盤點週期介於 A 和 C 類物資之間。

實訓考核：

考評項目					
被考評人	班級：	姓名：			
考評標準	考評內容	分值	自我評價	小組評價	老師評價
	1. 遵循 ABC 分類管理法的基本操作步驟	20			
	2. 按要求處理數據，計算準確，填表準確	30			
	3. 會繪製 ABC 分類管理圖	20			
	4. 能針對不同類別貨物提出有效的管理措施	20			
	5. 技能操作認真、積極；團隊合作情況良好	10			
	合計				
綜合得分（自評 10%、組評 30%、師評 60%）					

思考與練習題

一、填空題

1. 根據庫存控制的對象是_____還是_____，庫存控制方法分為傳統庫存控制方法和現代庫存控制方法。

2. 現代庫存管理方法有_____、_____、_____、_____等。

3. 實施定量訂貨的關鍵在於確定訂購批量和訂購點。訂購批量一般採用_____，訂購點是_____。

4. 定期訂貨法中，_____固定，_____不定，按_____確定。

二、名詞解釋

庫存控制　定量訂貨法　定期訂貨法　庫存管理

三、簡答題

1. 庫存控制與管理的含義是什麼？
2. 定量訂貨和定期訂貨的原理是怎樣的？
3. ABC 庫存管理的步驟是怎樣的？

第七章　餐飲企業庫存管理與控制

四、計算題

1. 某餐館如果一次性大批量採購總價值為 30 萬元的食品原料，可以得到 8% 的價格折扣率，假定這批食品原料可使用 8 個月，其占用的採購資金月息貸款利率為 1.2%。問：該餐館是採用一次性大批量採購這批食品原料合算還是分小批採購更合算？

2. 某餐飲企業對番茄罐頭採取每 10 天訂貨一次的方法，該番茄罐頭訂購期需要 4 天，其每天的消耗為 12 罐，企業對其的標準儲存量為 180 罐，在其還剩餘 80 罐時須立即組織訂貨。問：在接到採購番茄罐頭已達到最低儲存量須立即訂貨的通知後，採購人員該組織對番茄罐頭多少數量的採購？

第八章　餐飲企業倉儲管理信息技術

學習目標

- ◆ 掌握倉儲信息和倉儲信息技術的含義
- ◆ 熟悉條形碼技術的原理和其在餐飲企業倉儲管理中的應用
- ◆ 熟悉射頻識別技術的原理和其在餐飲企業倉儲管理中的應用
- ◆ 熟悉銷售時點技術的原理和其在餐飲企業倉儲管理中的應用
- ◆ 熟悉電子訂貨技術的原理和其在餐飲企業倉儲管理中的應用
- ◆ 瞭解餐飲企業倉儲管理信息系統的組成和應用

引導案例

中儲倉儲信息化解決方案

中國物資儲運總公司(以下簡稱「中儲」)是國有儲運系統中最大的國有儲運企業、中國最大的提供倉儲、分銷、加工、配送、國際貨運代理、進出口貿易以及相關服務為主的綜合物流企業。其在全國中心城市和重要港口設有子公司以及控股上市公司78家,分佈在全國20多個大中城市,總資產60億元,占地面積1,300萬平方米,其中貨場面積450萬平方米、庫房面積200萬平方米,鐵路專用線129條,共114千米、自備列車3列,起重設備900臺,載重汽車400輛,年吞吐貨物2,500萬噸,年平均庫存300萬噸。

應倉儲管理發展的需求,中儲對其倉儲業務進行了信息系統的建設和改造,以中

第八章 餐飲企業倉儲管理信息技術

儲的標準化儲運業務航程規範為基礎,提出了For-WMS倉儲信息化解決方案。該系統為企業提供科學規範的業務管理、即時的生產監控調度、全面及時的統計分析、多層次的查詢對帳功能、包括網上查詢在內的多渠道方便靈活的查詢方式、新型的增值業務的管理功能。這不僅滿足了中儲生產管理、經營決策的要求,而且有力地支持了中儲開發新客戶。

基於標準業務流程之上的倉儲管理信息系統For-WMS,採用大集中方式實現中國物資儲運總公司對全國性倉儲業務的統一調控。通過先進的通信技術和計算機技術即時反應庫存物資狀況,管理人員可以隨時瞭解倉庫管理情況。系統對庫存物品的入庫、出庫、在庫等各環節進行管理,實現了對倉庫作業的全面控制和管理。For-WMS在包含了一般倉庫管理軟件所擁有的功能外,另增加了針對庫內加工、存儲預警、儲位分配優化、在庫移動、組合包裝分揀、補貨策略等強大功能。同時,For-WMS系統解決了在實際的企業運作過程中生產管理監控、靈活分配崗位角色等實際問題,主要功能模塊有倉儲協調控制模塊、儲運業務管理模塊、資源管理模塊和標準化管理模塊。

(1)倉儲協調控制模塊。為了便於處理儲運業務活動中的特殊情況,滿足客戶需要,提高倉容利用率,軟件中對臨時發貨、以發代驗、多卡並垛等具體情況都有相應處理辦法,在維護標準業務流程統一性的同時,又體現出了一定的靈活性。倉儲協調控制模塊包括補貨、存儲預警、儲位分配優化、在庫移動組合、包裝分揀。通過登錄互聯網,無論是單個倉庫存貨的貨主會員,還是多個倉庫存貨的會員,以及集團客戶,都可以得到滿意的查詢結果。用計算機對倉庫業務進行管理,其中一個很大的優勢就是能很方便地對貨物進行查詢統計,從而可以節省大量的手工操作,提供一些手工無法實現的服務項目,使倉庫工作人員從繁雜的手工統計工作中解脫出來。軟件中包含進庫、出庫、庫存、倉容等信息內容,使得綜合查詢功能非常豐富。除可以滿足倉儲自身管理和經營需要,以及廣大客戶對庫存物品信息按照不同需求查詢外,倉庫生產調度還能隨時掌握現場作業信息,從而科學調度,合理安排機械、人力來指揮生產。

(2)儲運業務管理模塊。儲運業務管理包括收貨(一般收貨、個轉收貨)、發貨(自提發貨、代運發貨、指定發貨、非指定發貨、以發代驗、臨時發貨、個轉發貨)、過戶(不移位過戶、移位過戶)、並垛、移垛、遲單、變更、掛失、凍結/解凍、存量下限、特殊業務中命審批、盤點、清卡/盈虧報告、存檔工作、臨時代碼管理(申請/審批/替換)等。根據運輸方式和入庫方式的不同,貨物入庫流程也不同:①接運員收貨,一般用於火車專線到貨,由接運員將貨物卸到站臺或貨位上,然後由理貨員對貨物進行驗收入庫;②理貨員收貨,一般用於存貨人將貨物用汽車直接送達倉庫,由理貨員將貨物直接卸到貨位上,並同時對貨物進行驗收。根據企業的業務範圍不同,For-WMS解決方案將在基礎功能基礎上擴充。

(3)資源管理模塊。該模塊分為倉庫資料管理、合同管理、客戶資料管理。若在客戶檔案中被確定為集團客戶或地區級客戶,還包括分支機構管理功能,用來設置總

公司、地區級、普通級用戶之間的隸屬關係。另外，軟件設計中，充分考慮到了合同的重要性，包括倉儲合同、代運合同、中轉合同、租賃合同、抵押合同。合同管理和客戶資料管理可由合同管理員負責。

（4）標準化管理模塊。標準化管理的主要功能是在數據準備好之後、系統並行之前的初始數據的建立和錄入工作，如在系統運行過程中基礎數據發生了變化，也在此處進行修改，這是系統正常運行、數據準確的基礎。標準化管理主要包括對以下基礎信息的管理：貨物代碼管理、貨物臨時代碼管理、倉庫倉容管理、倉庫基本資料管理、初始碼單錄入。碼單是表現倉儲物品進出庫變化的核心單據，在倉儲管理工作中起著十分重要的作用。碼單的電子化有助於實現理貨員間的不定位發貨工作制度，為提高勞動效率、保證24小時發貨提供了條件。電子碼單的另外一個突出作用是可以實現貨主指定發貨，一次結算，減少了客戶過去為一筆業務來回奔波的麻煩，也為開展電子商務和物流配送奠定了基礎。

中儲以For-WMS倉儲管理系統為支撐，整合物流組織體系，重構倉儲管理模式，有效地降低了營運成本，取得了明顯的經濟效益，良好的信息系統大大提高了服務水平。

（資料來源：佚名.中國物資儲運總公司倉儲信息化解決方案［EB/OL］.［2011-12-20］.http://www.Chinawuliu.com.cn/imformation/201112/20/176221.shtml.）

引例分析：

現代物流與傳統物流最大的區別之一即信息技術的使用。中儲For-WMS系統基於倉儲管理需求分析，以業務流程為基礎，設置倉儲協調控制模塊、儲運業務管理模塊、資源管理模塊和標準化管理模塊，實現倉儲管理的信息化、標準化、規範化與智能化。隨著傳統餐飲向現代餐飲過渡，中央廚房、連鎖經營趨勢將越發明顯，現代餐飲倉儲物流對信息化程度的要求將越來越高，以保證食材的新鮮、安全。

第一節　倉儲信息技術概述

一、信息與信息技術

1. 信息

對於信息（Information）的含義，人們從不同的角度進行了多種描述：「信息就是談論的事情、新聞和知識」（《牛津辭典》）；「信息，就是在觀察或研究過程中獲得的數據、新聞和知識」（《韋氏字典》）；「信息是所觀察事物的知識」（《廣辭苑》）；「信息是通信系統傳輸和處理的對象，泛指消息和信號的具體內容和意義，通常需通過處理和分析來提取」（《辭海》1989年版）。儘管眾說紛紜，但廣義上可進行如下概括：信息是能夠通過文字、圖像、聲音、符號、數據等為人類獲知的知識。然而，對信息的概念僅僅

第八章　餐飲企業倉儲管理信息技術

這樣描述是遠遠不夠的。那麼,到底什麼是信息呢? 一般而言,信息是指與客觀事物相聯繫,反應客觀事物的運動狀態,通過一定的物質載體被發出、傳遞和感受,對接受對象的思維產生影響並用來指導接受對象的行為的一種描述。從本質來說,信息是反應現實世界的運動、發展和變化狀態及規律的信號與消息。

一般而言,信息由六大要素構成:

(1)信源,是指信息的主體,可以是各種客觀存在。信息總是一定主體的信息,總要反應一定的客觀存在,沒有信源或者說無主體的信息是不存在的。不同的信源所具有的信息量、發出信息的能力和對信息的控制能力是不同的。掌握信息首先要瞭解信源,不瞭解信源就不可能掌握信息的內涵。

(2)語言符號。任何信息都是通過一定的語言符號來表達的。語言符號可分為自然語言和人工語言。自然語言是在客觀事物之間長期交流和發展中形成的,以不同的形式和符號,按照各種客觀存在的規則而構成的,包括人類語言、表情、動植物和其他客觀事物之間交流信息的形式等。人工語言是人類為了表達、交流、傳遞和理解信息的需要而創造出來的一些符號,如文字、各種符號、編碼等。

(3)載體。信息必須附著在一定的物質之上,通過這個物質載體進行儲存、加工、傳遞和反饋。

(4)信道。它是指信息在收發雙方之間傳遞的通道。

(5)信宿。它是指信息的接收者。

(6)媒介。任何信息都離不開傳遞,不能傳遞就不能稱之為信息。信息傳遞要通過一定的媒介,語言、載體、信道都屬於信息傳遞的媒介形式。

2. 信息技術

信息技術(Information Technology,IT)是指在信息科學的基本原理和方法的指導下擴展人類信息功能的技術。一般而言,信息技術是以電子計算機和現代通信為主要手段,實現信息的獲取、加工、傳遞和利用等功能的技術總和。信息技術有如下兩方面的特徵:

(1)信息技術具有技術的一般特徵——技術性,具體表現為方法的科學性、工具設備的先進性、技能的熟練性、經驗的豐富性、作用過程的快捷性、功能的高效性等。

(2)信息技術具有區別於其他技術的特徵——信息性,具體表現為信息技術的服務主體是信息,核心功能是提高信息處理與利用的效率。由信息的特性決定信息技術還具有普遍性、客觀性、相對性、動態性、共享性、可變換性等特性。

二、倉儲信息技術概要

1. 倉儲

倉儲信息(Warehousing Information)屬於物流信息的範疇。物流信息(Logistics Information)是反應物流各種活動內容的知識、資料、圖像、數據、文件的總稱。

倉儲管理系統(WMS)是對倉儲信息進行管理的一種管理信息系統，是物流信息系統(Logistics Information System, LIS)的子系統。物流信息系統與物流作業系統一樣，都是物流系統的子系統，是指由人員、設備和程序組成的，為後勤管理者行使計劃、實施、控制等職能提供相關信息的交互系統。

2. 倉儲信息技術

倉儲信息技術(Warehousing Information Technology, WIT)是實現物流信息化的一個重要環節。物流信息化是指物流企業運用現代信息技術對物流過程中產生的全部或部分信息進行採集、分類、傳遞、匯總、識別、跟蹤、查詢等一系列處理活動，以實現對貨物流動過程的控制，從而降低成本、提高效益。

倉儲信息技術包括條形碼技術(Bar Code, BC)、無線射頻識別技術(Radio Frequency Identification, RFID)、銷售時點技術(Point of Sale, POS)和電子訂貨技術(Eletronic Ordering System, EOS)等。

第二節　倉儲條形碼技術

一、條形碼技術概述

1. 條形碼的含義

條形碼是由一組按一定編碼規則排列的條、空符號，表示一定的字符、數字及符號的信息。條形碼系統是由條形碼符號設計、製作及掃描閱讀等組成的自動識別系統。條形碼是由不同寬度的淺色和深色的部分(通常是條形)組成的圖形，這些部分代表數字、字母或標點符號。由條與空代表的信息編碼的方法稱作符號法。

一個完整的條形碼的組成次序依次為空白區(前)、起始符、數據符、校驗符(可選)和終止符以及供人識讀字符、空白區(後)組成，如圖8-1所示。

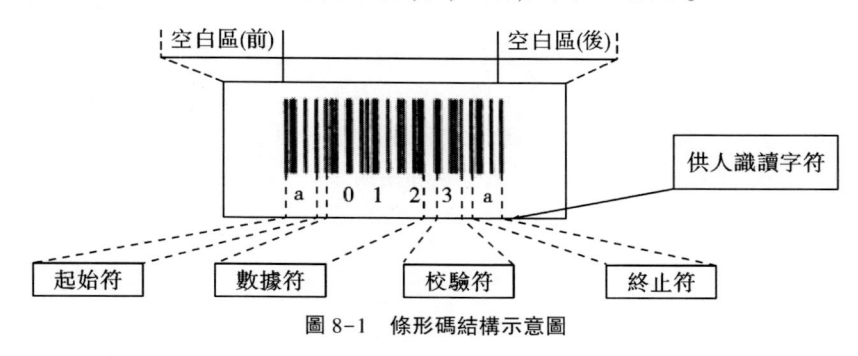

圖8-1　條形碼結構示意圖

空白區是指條形碼左右兩端外側與空的反射率相同的限定區域。它能使閱讀器進入準備閱讀的狀態，當兩個條形碼相距較近時，空白區有助於對它們進行區分。起

第八章　餐飲企業倉儲管理信息技術

始符、終止符是指位於條形碼開始和結束的若干條與空,標誌著條形碼的開始和結束,同時提供了碼制識別信息和閱讀方問的信息。數據符是指位於條形碼中間的條、空結構,它包含條形碼所表達的特定信息。構成條形碼的基本單位是模塊,模塊是指條形碼中最窄的條或空。

2. 條形碼的分類

(1) 條形碼按維數分類。

條形碼按維數分類可分為一維條形碼、二維條形碼和多維條形碼。

一維條形碼是由一個接一個的「條」和「空」排列組成的,條形碼信息靠條和空的不同寬度和位置來傳遞,信息量的大小是由條形碼的寬度和印刷的精度來決定的,條形碼越寬,包括的條和空越多,信息量越大;條形碼印刷的精度越高,單位長度內可以容納的條和空越多,傳遞的信息量也就越大。這種條形碼技術只能在一個方向上通過「條」與「空」的排列組合存儲信息,所以叫「一維條形碼」。一維條形碼按碼制一般分為八類,即 UCP 碼、EAN 碼、交叉 25 碼、39 碼、庫德巴碼、128 碼、93 碼和 49 碼;按條形碼長度分為定長與非定長條形碼;按排列方式分為連續與非連續條形碼;從校驗分式上可分為自校驗與非自校驗條形碼;從應用方面則可分為商品條形碼、儲運條形碼。

二維條形碼依靠其龐大的信息攜帶量,能夠把過去使用一維條形碼時存儲於後臺數據庫中的信息包含在條形碼中,可以直接通過閱讀條形碼得到相應的信息,並且二維條形碼還有錯誤修正技術及防偽功能,增強了數據的安全性。二維條形碼作為一種新的信息存儲和傳遞技術,從誕生之時就受到了國際社會的廣泛關注。經過幾年的努力,二維條形碼現已應用在國防、公共安全、交通運輸、醫療保健、工業、商業、金融、海關及政府管理等多個領域。目前二維條形碼主要有 PDF417 碼(如圖 8-2 所示)、Code49 碼(如圖 8-3 所示)、Codel6K 碼、Date Maxi 碼和 Maxi Code 碼等,主要分為堆積或層排式、棋牌或矩陣式兩大類。

圖 8-2　PDF417 碼　　　　圖 8-3　Code49 碼

多維條形碼進一步提高了符號的信息密度,是信息化建設的一個重要目標,也是研究單位的重要科研方向,所以許多科研機構開始對多維條形碼進行研究。信息密度是描述條形碼符號的重要參數,即單位長度中可能編寫的字母的個數,通常記作 n/

cm，其中 n 代表字母個數。影響信息密度的主要因素是條、空結構和窄元系的寬度。128 碼和 93 碼就是為提高密度而進行的成功嘗試，分別於 1981 年和 1982 年投入使用。這兩種條形碼的符號密度均比 39 碼高將近 30%。多維條形碼的應用是未來商品貿易信息化的發展趨勢。

（2）條形碼按碼數分類。

條形碼按碼數分類有八種，主要有 EAN 碼（如圖 8-4 所示）、UPC 碼、39 碼（如圖 8-5 所示）、庫德巴碼、交叉 25 碼（如圖 8-6 所示）、Code128 碼（如圖 8-7 所示）、93 碼和 49 碼。

圖 8-4　EAN-128 碼

圖 8-5　39 碼

圖 8-6　交叉 25 碼

圖 8-7　Code128 碼

除上述碼外，還有其他的碼制，如出現在 20 世紀 60 年代後期的 25 碼，主要用於航空系統的機票的順序編號；11 碼出現於 1977 年，主要用於電子元器件標籤；還有如矩陣 25 碼、Nixdorf 碼、Plessey 碼等，其中 Nixdorf 碼已經被 EAU 碼取代，Plessey 碼出現於 1971 年，主要用於圖書館。

3. 條形碼技術特點

條形碼技術對物流現代化、自動化、信息化都產生了巨大的影響。條形碼是一種簡易自動識別的符號，可利用相關自動化設備自動閱讀，從而簡化了跟蹤、監管、錄入作業這些程序。因此，條形碼識別技術是目前最普及的識別方法。無論製造業、商業或服務業，在商品製造、銷售與運輸過程中均能見到條形碼技術識別系統的應用；在自動化的物流系統中，條形碼識別技術更可以輔助物品裝卸、分類、揀貨、庫存，使作業程序簡單而且準確。具體而言，條形碼具有以下特殊優點：

（1）高速自動輸入數據。以鍵盤方式輸入 13 個數字，約需 6 秒。而接觸式掃描器掃描條形碼只需 1~2 秒，若用固定式掃描器，瞬間即可完成讀取。

（2）高讀取率。讀取率是指對條形碼掃描的總次數中能夠有效識讀的百分比，這取決於包裝紙、紙箱、標籤紙的印刷精度及條形碼掃描器的光學分辨力。

（3）低誤讀率。利用校驗碼以使誤讀率控制在幾十萬分之一內。

第八章 餐飲企業倉儲管理信息技術

（4）非接觸式讀取。以手持式掃描器接觸閱讀條形碼，省力效果不明顯。而使用非接觸式掃描器，能夠讀取輸送帶上迅速移動的物品上貼的條形碼，叉車駕駛員可以讀取高處或遠處的貨架或托盤上的條形碼，這些在物流作業現場是非常有用的。

（5）容易操作。任何種類的條形碼掃描器都很容易操作。

（6）設備投資少。條形碼掃描器可用 7 年以上，每年一兩次的保養費也很低，而印製條形碼標籤的費用也很低，若在包裝上直接印製條形碼，幾乎不增加任何費用。

（7）掃描條形碼可以自動、迅速、正確地收集數據，目前在商品流通的很多領域都得以廣泛應用。

流通業未來的需求趨勢是多品種、小批量、多頻率、及時制，若仍然依賴人工作業，就無法滿足顧客需求，因為人無法持續、長時間地進行識別和尋找作業，作業效率與正確性會遞減；而條形碼自動識別系統最適應物流作業的高速化、正確化、效率化的新需求。

4. 漢信碼

「漢信碼」是一項具有中國自主知識產權的國家標準，是中國物品編碼中心取得的諸多科研成果之一。「漢信碼」這個名稱有兩層含義。首先，「漢」代表中國，「漢信」即表示中國的信息，也表示漢字信息，「漢信碼」就是標示中文信息性能最好的二維碼。其次，「漢信碼」是中國在二維碼領域向世界發出的信息和聲音，標誌著中國開始走上國際條形碼技術的主要舞臺，開始具有自己的技術話語權，即「漢之信」。漢信碼有以下技術特點：

（1）超強的漢字表示能力（支持國家標準 GB18030-2005《信息技術中文編碼字符集》中規定的 160 萬個漢字信息字符）。

（2）漢字編碼效率高（採用 12 比特的壓縮比率，每個符號可表示 12~2174 個漢字字符）。

（3）信息密度高（可以用來表示數字、英文字母、漢字、圖像、聲音、多媒體等一切可以二進制化的信息）。

（4）信息容量大（可以將照片、指紋、掌紋、簽字、聲音、文字等凡可數字化的信息進行編碼）。

（5）支持加密技術（它是第一種在碼制中預留加密接口的條形碼，可以與各種加密算法和密碼協議進行集成，因此具有極強的保密、防偽性能）。

（6）抗污損和畸變能力強（可以附著在常用的平面或桶裝物品上，並且可以在缺失兩個定位標的情況下進行識讀）。

（7）修正錯誤能力強（採用世界先進的數學糾錯理論，採用太空信息傳輸中常採用的 Reed-solomon 糾錯算法，使得漢信碼的糾錯能力可以達到 30%）。

（8）可供用戶選擇的糾錯能力（漢信碼提供 4 種糾錯等級，使得用戶可以根據自己的需要在 8%、15%、23%和 30%各種糾錯等級上進行選擇，從而具有很強的適應能力）。

（9）符號無成本（利用現有的點陣、激光、噴墨、熱敏/熱轉印、制卡機等打印技術，即可在紙張、卡片、PVC、甚至金屬表面上印出漢信碼，由此所增加的費用僅是油墨的

成本,可以真正稱得上是一種「零成本」技術)。

(10)條形碼符號的形狀可變(支持84個版本,可以由用戶自主進行選擇,最小碼僅有手指大小),外形美觀(考慮到人的視覺接受能力,在視覺感官上具有突出的特點)。

二、條形碼識別技術原理

1. 條形碼識讀原理

條形碼識讀的基本工作原理:有光源發出的光線經過光學系統照射到條形碼符號上面,被反射回來的光經過光學系統成像在光電轉換器上,產生電信號,信號經過電路放大後產生一個模擬電壓,它與照射到條形碼符號上被反射回來的光成正比,再經過濾波、整形,形成與模擬信號對應的方波信號,再經譯碼器解釋為計算機可以直接接收的數字信號。條形碼識讀系統如圖8-8所示。

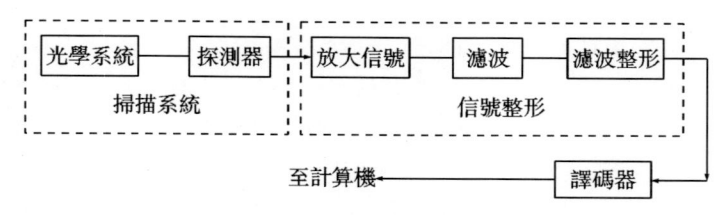

圖8-8 條形碼識讀系統構成

識讀時,掃描器光源發出的光,經透鏡聚焦形成掃描光點,以45°角照射到條形碼上。掃描光點的直徑應等於或稍小於條形碼符號中最小條或空的寬度;實際掃描光點的大小決定了分辨率,即可正確讀入的最窄條寬度值。利用條形碼經照射後產生的不同的反射率(也就是條和空的對比度)來對條形碼進行識讀。條空印刷對比度(Print Contrast Signal,PCS)是指條形碼的條和空的反射率之差與空的反射率的比率,它是衡量條形碼符號的光學指標之一。條形碼PCS的計算公式為:

$$PCS = \frac{R_L - R_D}{R_L} \times 100\% \qquad (8-1)$$

式中,R_L——空的反射率,R_D——條的反射率。

條的反射率R_D越低越好,空的反射率R_L越高越好。條形碼的PCS值越大,則表明條形碼的光學特性越好,識讀率就比較高。一般而言,當條形碼PCS的值為50%~98%時,就能夠被條形碼掃描設備正確識讀。

2. 條形碼識讀設備

(1)條形碼掃描器的分類。

①CCD掃描器和激光掃描器。

CCD掃描器(如圖8-9所示)利用電耦合(CCD)原理,對條形碼印刷圖案進行成像然後再譯碼。其優勢是無轉軸、電動機、使用壽命長、價格便宜。

第八章　餐飲企業倉儲管理信息技術

圖 8-9　CCD 80-SX 條形碼掃描槍

激光掃描器(如圖 8-10 所示)利用激光二極管作為光源的光學距離傳感器,它主要有轉鏡式和顫鏡式兩種。轉鏡式是採用高速電動機帶動一個棱鏡組旋轉,使二極管發出的單點激光變成一線。顫鏡式的製作成本低於轉鏡式,但這種原理的激光槍不易提高掃描速度,一般為每秒 33 次,最高可以達到每秒 100 次。

圖 8-10　BCSL-690 自動激光掃描器

②手持式、平臺式條形碼掃描器。

手持式條形碼掃描器(如圖 8-11 所示)是 1987 年推出的產品,外形很像超市收銀員拿在手上使用的條形碼掃描器。手持式條形碼掃描器絕大多數採用 CIS 技術,光學分辨率為 200dpi,有黑白、灰度、彩色多種類型。其中彩色類型一般為 18 位彩色,也有個別高檔產品採用 CCD 作為感光器件,可實現 32 位彩色,掃描效果更好。

圖 8-11　手持式條形碼掃描器

平臺式條形碼掃描器(如圖 8-12 所示)又稱平板式條形碼掃描器、臺式條形碼掃描器。目前在市面上大部分的條形碼掃描器都屬於平臺式條形碼掃描器,它是現在掃描器中的主流。這類條形碼出描器光學分辨率為 300~8000dpi,色彩位數為 24~48 位,掃描幅面一般為 A4 或者 A3。平臺式的好處在於其與複印機的用法相似,只要把條形碼掃描器的上蓋打開,不管是書本、報紙、雜誌、照片底片都可以放上去掃描,相當

191

方便,而且掃描出的效果也是所有常見類型條形碼掃描器中最好的。

圖 8-12　MS7580 平臺式條形碼掃描器

其他的還包括大幅面掃描用的大幅面條形碼掃描器、筆式條形碼掃描器、實物條形碼掃描器,還有用於印刷排版領域的滾筒式條形碼掃描器等;

(2)條形碼掃描器的接口。

條形碼掃描器的常用接口類型有以下三種。

①SCSI(小型計算機標準接口):此接口最大的連結設備數為 8 個,通常最大的傳輸速度為 40Mbps,速度較快,一般連接高速的設備。SCSI 設備的安裝較複雜,在 PC 上一般要另外加 SCSI 卡,容易產生硬件衝突,但是功能強大。

②EPP(增強型並行接口):一種增強了的雙向並行傳輸接口,最高傳輸速度為 105Mbps。優點是不需要在 PC 中加其他的卡,不限制連續數目(只要你有足夠的端口),設備的安裝及使用容易。缺點是速度比 SCSI 慢。此接口的安裝和使用簡單方便,因而在對性能要求不高的中低端場合取代了 SCSI 接口。

③USB(通用串行總線接口):最多可連接 127 臺外設,目前,USB1.1 標準的最高傳輸速度為 12Mbps,並且有一個輔通道用來傳輸低速數據。將來如果有了 USB2.0 標準的條形碼掃描器,速度可能擴展到 480Mbps。它具有熱插拔功能,即插即用。此接口的條形碼掃描器隨著 USB 標準在 Intel(英特爾)的力推之下得以確立和推廣並逐步普及。

(3)條形碼掃描器的分辨率。

條形碼掃描器的分辨率要從三個方面來確定:光學部分、硬件部分和軟件部分。也就是說,條形碼掃描器的分辨率等於其光學部件的分辨率加上自身通過硬件及軟件進行處理分析所得到的分辨率。

三、條形碼技術在餐飲企業倉儲管理中的應用

1. 貨物入庫

貨物入庫之前,應先做好以下準備工作:

第一,對餐飲企業倉庫的庫位進行科學編碼,並用條形碼符號進行標示,並在入庫

第八章 餐飲企業倉儲管理信息技術

時採集貨物所入的庫位,同時導入管理系統。餐飲企業倉庫的庫位管理有利於在倉庫或多品種倉庫快速定位庫存品所在的位置,有利於實現先進先出的管理目標及提高倉庫作業的效率,從而降低倉管成本。

第二,對食品進行科學編碼,根據不同的管理目標列印庫存品條形碼標籤(例如要追蹤單品,還是實現保質期及批次管理)。在科學編碼的基礎上,入庫前打印出貨物條形碼標籤,粘貼在貨物包裝上,以便於以後數據的自動化採集。

第三,當指定貨物被運送到餐飲企業倉庫,倉儲管理人員按單驗收貨品,採用手持終端條形碼數據採集器,可以快速、準確無誤地完成收貨數據採集。在收貨時,倉儲管理人員按照單據內容,使用手持終端掃描或輸入貨品條形碼及實收數量,將數據保存到餐飲企業倉儲管理系統,貨物管理人員可以查詢相關收貨數據。數據的上傳與同步將採集的數據上傳到物品管理系統中,並自動更新系統中的數據。同時也可以將系統中更新以後的數據下載到手持終端中,以便在現場進行查詢和調用。條形碼技術在入庫中的應用流程如圖8-13所示(以漢信碼為例)。

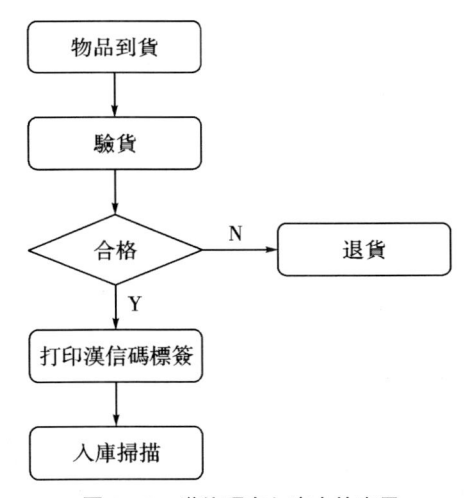

圖8-13 漢信碼在入庫中的應用

貨物入庫具體包括以下操作步驟:

(1)貨物入庫時,掃描不同貨物的條形碼,並將條形碼相應的內容錄入系統。這樣通過條形碼就會看到該貨物的入庫時間、單價、存放位置、供應商等相關信息。在貨物的領取等流動環節,只要掃入條形碼,寫入所需數量,其他信息都會自動載入。如果原包裝貨物沒有條形碼,要準備好內部條形碼,貨到後就將內部條形碼標貼到沒有原條形碼的相應貨物包裝上。

(2)貨物入庫後按照分類和屬性將其安排到相應庫位上,用手持終端掃描貨物的條形碼後再掃描一下貨架上的位置條形碼(或直接輸入庫位號),再輸入相關信息,如單據號、捆包號、實際重量等,使不同條形碼的貨物與倉庫位置相對應,提高盤貨和取

貨的效率。

（3）所有貨物擺放好後，將手持終端與計算機系統相連，將食品的到貨和庫存位置數據傳送給計算機，完成最後的操作。

入庫採用條形碼技術的優勢：①無紙化的收貨操作；②檢查貨單和收貨物品的差別，確保所收物品和數據的正確性；③方便保存相應數據並上傳回PC機，供更新和查詢；④操作快捷，提高工作效率。

2. 貨物出庫

餐飲企業倉儲管理人員按單據的需要在指定的貨位進行揀貨，並將所發的貨送到公共發貨區，使用數據採集終端掃描貨品貨位及貨品條形碼，輸入實發物資數量（如果所發的物品與出庫單號不相符時，終端自動顯示報警提示，避免錯誤操作），便於倉儲管理人員可以查詢相關發貨數據。食品出庫時，在手持終端上添加出庫單，然後掃描物資條形碼，辦理物資出庫。物品消耗公司和班組利用手持終端將準備使用的物品進行消耗。倉儲管理人員將設備進行移動貨位時，用移動手持終端先掃描物資條形碼，同時將該食品的原貨位條形碼和現在的貨位條形碼進行掃描，該物品的貨位信息就記錄在系統中。

條形碼技術在出庫中的應用流程如圖8-14所示（以漢信碼為例）。

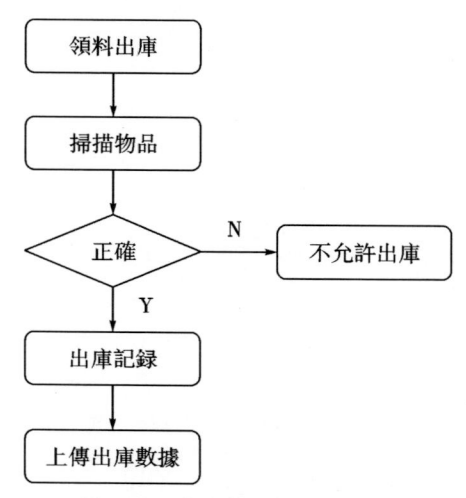

圖8-14 漢信碼在出庫中的應用

貨物出庫具體包括以下操作步驟：

（1）餐飲企業倉儲管理人員根據提貨單生成出庫單，打印出庫單時同時生成小庫單號及其物品條形碼，打印後交給發貨員。

（2）餐飲企業倉儲管理人員把出庫單數據下載到手持式掃描終端上，並將相對應的食品的庫存地址列出，方便直接取貨，然後示意發貨員按照訂單發貨。

（3）發貨時，發貨員先掃描準備發貨的出庫單號及其單據上商品條形碼，可掃描多個出庫單（代替數據下載）。如果一次下載了多個出庫單，先輸入準備發貨的出庫

第八章　餐飲企業倉儲管理信息技術

單號,然後用手持終端掃描準備發貨的商品條形碼,如果不正確,給予提示報警信息。

(4)正確點貨後,將貨物裝車運走,完成發貨。

出庫採用條形碼技術的優勢:①通過手持終端驗對能及時進行補碼的發貨操作;②檢查貨單與發貨物品的差別,確保所收物品和數據的正確性;②方便保存相應數據上傳回 PC 機,供更新和查詢;④記錄完成發貨時間,可提高統計員的工作效率;

3. 盤點貨物

盤點是指定期或不定期地對倉庫的貨物進行清點,比較實際庫存及數據統表單的差異,提高庫存數據準確性,其目的在於以下幾個方面:

(1)確定現存量。

盤點可以確定現庫存物品實際庫存數量,並通過盈虧調整使庫存帳面數量與實際庫存數量一致。因為多記、誤記、漏記造成庫存與資料記錄不符,因為商品損壞、丟失、驗收與出貨時清點有誤,或有時盤點方法不當產生誤盤、重盤、漏盤等,所以,必須定期盤點確定庫存數量,發現問題應查明原因並及時調整。

(2)確認企業資產的損益。

庫存商品總金額直接反應企業流動資產的使用情況。庫存量過高,流動資金的正常運轉將受到威脅,而庫存金額又與庫存量及其單價成正比,因此為了能準確地計算出企業實際損益,必須進行盤點。

(3)核實商品管理成效。

通過盤點可以發現作業與管理中存在的問題,且可以通過解決問題來改善作業流程和作業方式,提高人員素質和企業的管理水平。

條形碼技術在盤點中的應用流程如圖 8-15 所示(以漢信碼為例)。

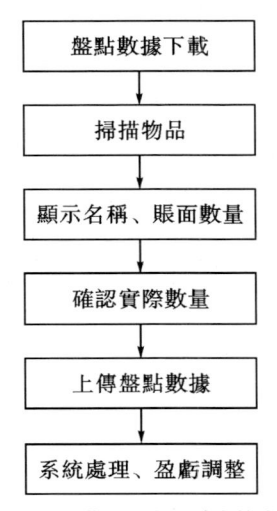

盤點數據下載
↓
掃描物品
↓
顯示名稱、賬面數量
↓
確認實際數量
↓
上傳盤點數據
↓
系統處理、盈虧調整

圖 8-15　漢信碼在盤點中的應用

盤點貨物具體包括以下操作步驟：

（1）餐飲企業倉儲管理人員使用手持終端盤點機在指定倉庫區對貨物進行盤點：掃描貨位條形碼、貨物條形碼，並輸入貨物盤點數量。

（2）所有貨物盤點完畢後，即可獲得實際庫存數量，同時產生系統庫存與實際庫存的差異報表。如果庫存上界在可以接受地圍內及管理人員確認後，系統按盤點結果更新庫存數據，否則需要復盤處理。

（3）盤點完畢後，將盤點的實際庫存和帳面數據進行對比，形成盤盈盤虧表。根據盤盈盤虧表，進行盤盈入庫和盤虧出庫，使帳面和實物相符。

應用條形碼技術盤點貨物時的優勢：①無紙化的盤點操作；②掃描貨位條形碼，快速檢查貨架上的物品庫存信息；③保證系統的庫存與實際庫存數具有一致性；④準確的庫存數據，可增加庫存的週轉，降低營運成本。

4. 移庫管理

餐飲企業倉庫對實物按庫位進行管理，系統提供移庫管理功能，可實現庫位間的相互移動，以達到各庫位間商品的準確性，為保管員發貨提供方便。企業可以根據所需的要求進行移庫操作。

移庫管理具體包括以下操作步驟：

（1）移庫前，餐飲企業倉儲管理人員先確定要移庫的物品，掃描相應的物品條形碼，然後輸入新的庫位。

（2）移庫時，餐飲企業倉儲管理人員將相應貨物掃描以後點出，並將目的倉庫輸入到 PC 系統。

（3）移庫後，餐飲企業倉儲管理人員確定移庫是否正確。如果不正確則要檢查出錯原因並進行相應改正。

移庫管理採用條形碼技術的優勢：①數據可靠性強，近乎為零的出錯率，可保證掃描出的條形碼的正確性，減少人為的錯誤輸入；②節約成本，無紙化的操作可減少紙張的開銷；③提高員工工作效率，形成快速、高效的物流環；④有效的庫存空間利用，降低營運成本；⑤增加庫存的準確率；⑥各種當前和歷史事務的統計報表，為決策者提供準確、有用的信息。

第三節　無線射頻識別技術

一、無線射頻識別技術概述

1. 無線射頻識別技術的含義

無線射頻識別技術（Radio Frequency Identification，RFLD），又稱射頻識別技術，常被稱為感應式電子晶片或近接卡、感應卡、非接觸卡、電子標籤、電子條形碼等。其原

第八章　餐飲企業倉儲管理信息技術

理為由掃描器發別某一特定頻率的無線電波能量給接收器,用以驅動接收器電路將內部的代碼送出,此時掃描器便接收此代碼。接收器的特殊性在於其免用電池、免接觸、免刷卡,故不怕臟污,且晶片密碼為世界唯一,無法複製,安全性高,壽命長。RFID 的應用非常廣泛,目前典型應用有動物晶片、汽車晶片防盜器、門禁管制、停車場管制、生產線自動化、物料管理。不同的射頻識別系統所實現的功能不同。RFID 系統大致可分為四種類型:EAS 系統、便攜式數據採集系統、物流控制系統和定位系統。

(1)EAS 系統。

EAS(Electronic Article Surveillance)系統是一種設置在需要控制物品出入的門口的 RFID 技術,在商店、圖書館、數據中心等地方被廣泛使用,當未被授權的人從這些地方非法取走物品時,EAS 系統就會發出警告。在應用 EAS 技術時,先須在物品上粘貼 EAS 才可以取走。物品經過裝有 EAS 的裝置能自動檢測標籤的活動性,發現活動性標籤,EAS 系統就會發出警告。

(2)便攜式數據採集系統。

便攜式採集系統是使用帶有 RFID 閱讀器的手持式數據採集器採集 RFID 標籤上的數據。這種系統具有比較大的靈活性,適用於不易安裝固定式 RFID 系統的應用環境。手持式閱讀器(數據輸入終端)可以在讀取數據的同時,通過無線電波數據傳輸方式即時地向計算機系統傳輸數據,也可以暫時將數據存儲在閱讀器中,再一批一批地向主計算機系統傳輸數據。

(3)物流控制系統。

在物流控制系統中,固定布置的 RFID 閱讀器分散布置在給定的區域,並且閱讀器直接與數據管理信息系統相連,信號發射機是移動的,一般安裝在移動的物體、人上面。當物體、人經過閱讀器時,閱讀器會自動掃描標籤上的信息並把數據信息輸入數據管理信息系統進行存儲、分析、處理,達到控制物流的目的。

(4)定位系統。

定位系統用於自動化加工系統中的定位以及對車輛、輪船等進行定位支持。閱讀器放置在移動的車輛、輪船上或者自動化流水線中移動的物料、半成品、成品上,信號發射機嵌入操作環境的地表下面。信號發射機上存儲著位置識別信息,閱讀器一般通過無線的方式或者有線的方式連接到主信息管理系統。

2. 無線射頻識別技術的特點及優勢

RFID 技術是一項易於操控、簡單實用且特別適合用於自動化控制的靈活性的應用技術。其識別工作無需人工干預,它既可支持只讀工作模式也可支持讀寫工作模式,且無需接觸或瞄准,可自由工作在各種惡劣環境下。短距離射頻產品不怕油漬、灰塵污染等惡劣的環境,可以替代條形碼。例如,其用在工廠的流水線上跟蹤物體。長距離射頻物品多用於交通上,識別距離可達幾十米,如自動收費或識別車輛身分等。其所具備的獨特優越性是其他識別技術無法比擬的,主要體現在以下幾個方面:

(1)讀取方便快捷。數據的讀取無需光源,甚至可以透過外包裝來進行。有效識

197

別距離更長，採用自帶電池的主動標籤時，有效識別距離可達到 30 米以上。

（2）識別速度快。標籤一進入磁場，閱讀器就可以及時讀取其中的信息，而且能夠同時處理多個標籤，實現批量識別。

（3）數據容量大。數據容量最大的二維條形碼 PDF417，最多也只能存儲 2,725 個數字，若包含字母，存儲量則會更少，RFID 標籤則可以根據客戶的需要擴充到 10KB。

（4）壽命長、應用廣。其無線電通信方式，使其可以應用於粉塵、油污等高污染環境和放射性環境，而且它的封閉式包裝使得其壽命大大超過了印刷的條形碼。

（5）標籤數據可動態更改。利用編程器可以向電子標籤單寫入數據、從而賦予 RFID 標籤交互式便攜數據文件的功能，而且寫入時間比打印條形碼更短。

（6）更好的安全性。RFID 標籤不僅可以嵌入或附著在不同的形狀、類型的物品上，而且可以為標籤數據的讀寫設置密碼保護，從而具有更高的安全性。

（7）動態即時通信。標籤以每秒 50～100 次的頻率與閱讀器進行通信，所以只要 RFID 標籤所附著的物體出現在解讀器的有效識別範圍內，就可以對其位置進行動態的追蹤和監控。

二、RFID 技術的原理

1. RFID 系統的組成

RFID 系統由 RFID 電子標籤（Tag）、RFID 閱讀器（Reader）和天線（Antenna）三個部分組成，如圖 8-16 所示。

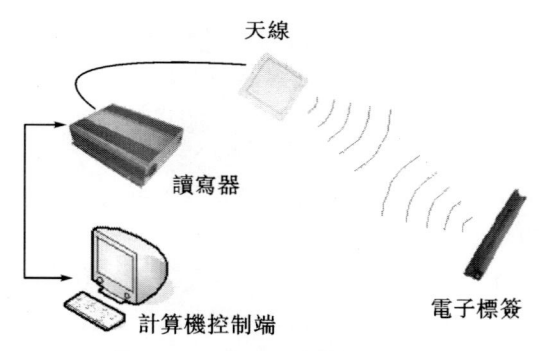

圖 8-16　RFID 系統的組成示意圖

（1）RFID 電子標籤由耦合元件及芯片組成，每個標籤具有唯一的電子編碼，高容量電子標籤有用戶可寫入的存儲空間，附著在物體上標示目標對象。電子標籤又稱射頻標籤、應答器、數據載體。

（2）RFID 讀寫器是讀取（有時還可以寫入）標籤信息的設備，可設計為手持式或固定式。為適應實際需求，一般都帶有計算機連接的接口。閱讀器又稱讀出裝置、掃描器、讀頭、通信器、讀寫器（取決於電子標籤是否可以無線改寫數據）。

第八章　餐飲企業倉儲管理信息技術

（3）天線是一種以電磁波形式把無線電收發機的射頻信號功率接收或輻射出去的裝置，在標籤和讀寫器間傳遞射頻信號。它分為標籤天線和讀寫器天線兩種，標籤天線的目的是傳輸最大的能量進出標籤芯片，發射時，把高頻電流轉換為電磁波；接收時，把電磁波轉換為高頻電流。讀寫器天線則用來為電子標籤提供工作能量或喚醒有源電子標籤。

根據實際需要，有的 RFID 系統還配有計算機應用軟件系統。

2. RFID 硬件系統

RFID 系統中用到的硬件設備有手持式讀寫器、固定式讀寫器、天線、電子標籤等。

使用手持式讀寫器（如圖 8-17 所示）在電子標籤中寫入貨物編號數據。手持式讀寫器的寫信息距離應不小於 50 厘米，通過 WiFi 方式與主機通信。

固定式讀寫器具有讀取電子標籤用戶數據區的功能，與天線配合讀取電子標籤用戶數據區的距離不小於 3 米，讀寫器由控制 PC 進行讀寫工作，可以通過 RJ45 網口和串行接口與控制 PC 通信。

圖 8-17　RFID 讀寫器

天線（如圖 8-18 所示）採用線極化高增益天線。天線工作頻段寬：905～928MHz。天線頻率範圍：902～928MHz；極化方式：圓極化；天線增益：7.15dBi；半功率波束寬度：>120；接頭方式：N 型接頭；三防性能：防水、防酸、防霉菌；天線罩材料：PC 工程塑料。

電子標籤（如圖 8-19 所示）採用支持 ISO18000-6B 空中協議標準的電子標籤，電子標籤具有 64 位全球唯一 ID 號碼，並且具有 216 字節的用戶數據區，用戶數據區可以反覆擦寫超過 100,000 次。整個系統中 RFID 硬件支持 ISO18000-6B 空中接口標準，此標準的優勢是協議成熟、讀寫距離遠、標籤中可以有很大用戶數據區空間。

3. 射頻識別原理

RFID 技術的基本工作原理並不複雜：標籤進入磁場後，接收解讀器發出的射頻信號，憑感應電流所獲得的能量發送出存儲在芯片中的產品信息（Passive Tag，無源標籤或被動標籤），或者主動發送某一頻率的信號（Active Tag，有源標籤或主動標籤）；解讀器讀取信息並解碼後，送至中央信息系統進行有關數據處理。其原理如圖 8-20 所示。

图 8.18　RFID 天线

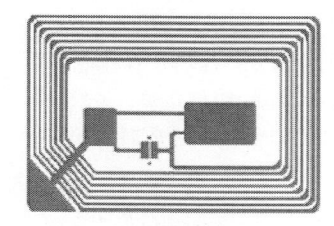

图 8.19　RFID 电子标签

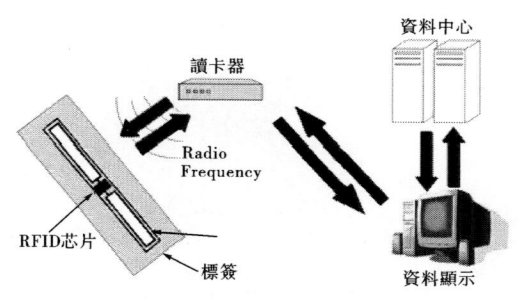

图 8-20　RFID 系统的技术原理图

　　RFID 系统中阅读器通过天线发出电磁脉冲，收发器接收这些脉冲并发送已存储的信息到阅读器作为回应。实际上，这就是对存储器的数据进行非接触读写或删除处理。从技术上来说，「智能标签」包含了具有 RFID 射频部分和一个超薄天线环路的 RFID 芯片的 RFID 电路，这个天线与一个塑料薄片一起嵌入标签内。通常，在这个标签上还粘一个纸标签，在纸标签上可以清晰地印上一些重要信息。当前的智能标签一般为信用卡大小，对于小的货物还有 4.5×4.5 厘米尺寸的标签，也有 CD 和 DVD 上用的直径为 4.7 厘米的圆形标签。

　　与条形码或磁条等其他 ID 技术相比较而言，收发器技术的优势在于阅读器和收发器之间的无线连接：读/写单元不需要与收发器之间可视接触，因此可以完全集成到产品里面。这意味着收发器适合于恶劣的环境，收发器对潮湿、肮髒和机械影响不敏感。因此，收发器系统具有非常高的可靠性，能够快速获取数据，最后一点也是重要的

第八章　餐飲企業倉儲管理信息技術

一點就是節省勞力和紙張。

三、RFID 技術在餐飲企業倉儲管理中的應用

無線射頻識別技術可以用來跟蹤和管理幾乎所有物理對象,因此可在餐飲企業倉儲管理中發揮重要的作用。

1. 在餐飲企業倉儲中的應用範圍

(1) 餐飲企業倉儲庫存、資產管理領域。

因為電子標籤具有讀寫與方向無關、不易損壞、遠距離讀取、多產品同時一起讀取等特點,所以可以提高對出入庫產品信息的記錄採集速度,保證準確性,減少庫存盤點時的人為失誤。

(2) 產品跟蹤領域。

電子標籤能夠無接觸地快速識別,在網絡的支持下,可以實現對附有 RFID 標籤產品的跟蹤,並可以清楚地瞭解到產品的移動位置,如訊寶(Symbol)公司為香港國際機場和美國麥卡倫國際機場提供的行李跟蹤系統和中國鐵路列車監控系統。

(3) 供應鏈自動管理領域。

電子標籤自動讀寫和網絡中信息的方便傳遞功能將大大提高供應鏈的管理水平,通過這個過程降低庫存,提高生產的有效性和效率,從而大大提高了企業的核心競爭力。電子標籤在零售商店中的應用包括電子標籤貨架、出入庫管理、自動結算等各方面。

2. 應用的基本方法

(1) 製作與安裝庫位標籤。使用計算機和 RFID 讀寫器把庫位、編碼等信息寫入電子標籤,該標籤稱為庫位標籤,每個庫位安裝庫位標籤,進行庫房管理作業時,讀取該標籤編號,就可判定當前作業的位置是否正確。

(2) 製作與粘貼貨物標籤。在產品入庫時,給庫存管理物品貼電子標籤,該標籤為貨物標籤(粘貼標籤的物品應該是整托盤、整箱或大件貨物)。在進行庫房作業時,讀取標籤的編號,確定作業產品是否正確。為了節省運行成本,產品標籤可重複使用。在產品出庫時取下,送到入庫處再重新使用。

(3) 在倉庫作業區建立無線網絡。所有作業數據實現即時傳輸。

(4) 在出入倉庫的門口安裝 RFID 讀寫設備。當運輸物品的叉車或 AGV 車進出倉庫時,該設備能主動識別托盤或 AGV 車上的物品,完成出入庫確認,並安裝報警裝置,警示錯誤或不當的出入庫行為。

(5) 自動盤點。利用安裝識讀器設備的 AGV 車,自動對庫房進行盤點。

3. 在出入庫中的應用

(1) 入庫作業。

入庫作業流程如圖 8-21 所示。主要步驟是:①檢查實物與送貨單是否一致;②

製作和粘貼物品標籤;③讀取標籤後,現場計算機自動分配庫位;④作業人員把物品送入指定庫位(如有必要,修改庫位標籤);⑤把入庫實況發送給現場計算機,更新庫存數據。

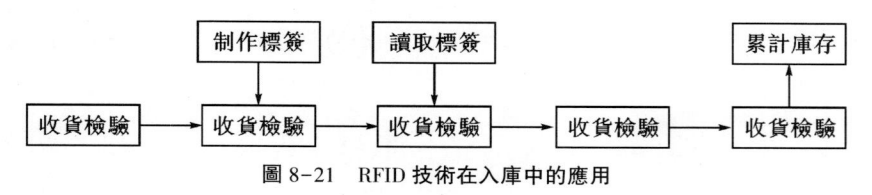

圖 8-21　RFID 技術在入庫中的應用

(2)出庫作業。

出庫作業流程如圖 8-22 所示。其主要步驟是:①下達出庫計劃;②現場計算機編製出庫指令;③作業人員到達指定庫位;④從庫位上取出指定物品,改寫庫位標籤;⑤物品運送到出門處,取下物品標籤;⑥把出庫實況發送給現場計算機,更新庫存數據。

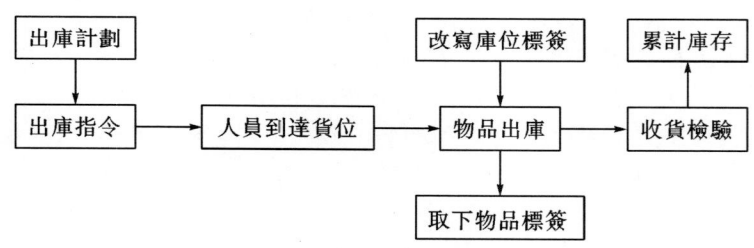

圖 8-22　RFID 技術在出庫中的應用

第四節　倉儲銷售時點技術

一、銷售時點技術概述

1. 銷售時點技術的含義

銷售時點系統(Point of Sale,POS)最早應用於零售業(如圖 8-23 所示),以後逐漸擴展至其他金融、旅館等服務性行業,利用 POS 信息的範圍也從企業內部擴展到整個供應鏈。現代 POS 系統已不僅僅局限於電子收款技術,還要考慮將計算機網絡、電子數據交換技術、條形碼技術、電子監控技術、電子收款技術、電子信息處理技術、遠程通信、電子廣告、自動倉儲配送技術、自動售貨、備貨技術等一系列科技手段融為一體,從而形成一個綜合性的信息資源管理系統。

第八章　餐飲企業倉儲管理信息技術

圖 8-23　超市收銀處的 POS 系統

2. 銷售時點系統的結構

POS 的系統結構主要依賴於計算機處理信息的體系結構,在商場管理系統中 POS 的基本結構可分為單個收款機、收款機與微機相連構成 POS 以及收款機、微機與網絡構成 POS。目前,大多採用第三種類型的 POS 結構,它包括硬件和軟件兩大部分。

POS 系統的硬件主要包括收款機、掃描器、顯示器、打印機、網絡、微機與硬件平臺等(如圖 8-24 所示)。

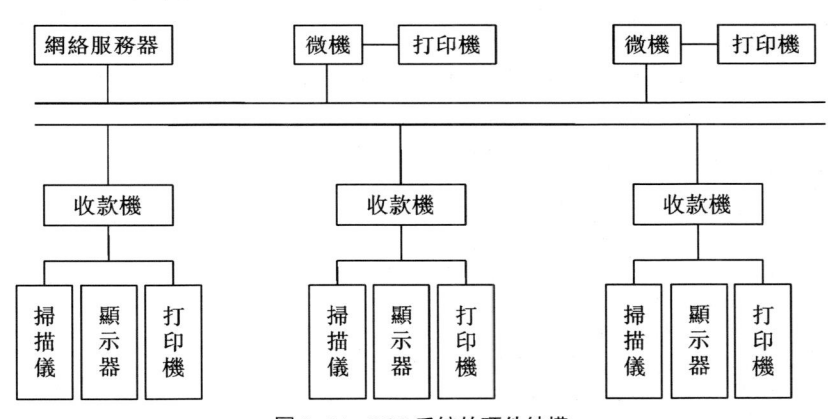

圖 8-24　POS 系統的硬件結構

POS 系統的軟件部分由前臺 POS 銷售系統和後臺 MIS 信息管理系統組成。

前臺 POS 系統是指通過自動讀取設備(如收銀機),在銷售商品時直接讀取商品銷售信息(如商品名、單價、銷售數量、銷售時間、銷售店鋪、購頭顧客等),實現前臺銷售業務的自動化,對商品交易進行即時服務和管理,並通過通信網絡和計算機系統傳送至後臺,通過後臺計算機系統的計算、分析與匯總等掌握商品銷售的各項信息,為企業管理者分析經營成果、制定經營方針提供依據,以提高經營效率的系統。

後臺 MIS(Management Information System) 又稱管理信息系統。它負責整個商場進、銷、調、存系統的管理以及財務管理、庫存管理、考勤管理等。它可根據商品進貨信

息對廠商進行管理,又可根據前臺 POS 提供的銷售數據,控制進貨數量,合理週轉資金,還可分析統計各種銷售報表,快速準確地計算成本與毛利,也可對售貨員、收款員的業績進行考核,它是分配職工工資、獎金的客觀依據。因此,商場現代化管理系統中前臺 POS 與後臺 MIS 是密切相關的,兩者缺一不可。

3. 銷售時點系統的特徵

(1)單品管理、職工管理和顧客管理。零售業的單品管理是指對店鋪陳列展示銷售的商品以單個商品為單位進行銷售跟蹤和管理的方法。由於 POS 信息反應了單個商品的銷售信息,因此,POS 系統的應用使高效率的單品管理成為可能。職工管理是指通過 POS 終端機上的計時器的記錄,依據每個職工的出勤狀況、銷售狀況(以月、周、日甚至時間段為考核期)進行考核管理。顧客管理是指在顧客購買商品結帳時,通過收銀機自動讀取零售商發行的顧客 ID 卡或顧客信用卡來把握每個顧客的購買品種和購買額,從而對顧客進行分類管理。

(2)自動讀取銷售時點的信息。在顧客購買商品結帳時,POS 系統通過掃描器自動讀取商品條形碼標籤或光學字符識別(Optical Character Recognition,OCR)標籤上的信息,在銷售商品的同時獲得即時的銷售信息是 POS 系統的最大特徵。

(3)信息的集中管理。在各個 POS 終端機獲得的銷售時點信息以在線連接方式匯總到企業總部,與其他部門發送的有關信息一起由總部的信息系統進行集中並進行分析加工,如把握暢銷商品以及新商品的銷售傾向,對商品的銷售量和銷售價格、銷售量和銷售時間之間的相互關係進行分析,對商品店鋪陳列入式、促銷方式、促銷期間、競爭商品的影響進行相關分析。

(4)連接供應鏈的有力工具。供應鏈與各方合作的主要領域之一是信息共享,而銷售時點信息是企業經營中的重要信息之一。通過它能及時把握顧客需要的信息,供應鏈的各參與方可以利用銷售時點信息並結合其他的信息來制定企業的經營計劃和市場營銷計劃。目前,領先的零售商正在與製造商共同開發一個整合的物流系統整合預測和庫存補充系統(CFAR,Collaboration Forecasting and Replenishment),該系統不僅分享 POS 信息,而且一起進行市場預測,分享預測信息、POS 信息。

二、銷售時點在餐飲企業倉儲管理中的應用

以餐飲倉儲式超市為例,POS 的運行步驟包括以下五步:

(1)店裡銷售商品都貼有表示該商品信息的條形碼或 OCR 標籤。

(2)在顧客購買商品結帳時,收銀員使用掃描器自動讀取商品條形碼或 OCR 標籤上的信息,通過店鋪內的微型計算機確認商品的單價,計算顧客購買總金額等,同時返回收銀機,打印出顧客購買清單和付款總金額。

(3)各個店鋪的銷售時點信息通過 VAN 以在線聯結方式即時傳送給總部或物流中心。

第八章　餐飲企業倉儲管理信息技術

（4）在總部，物流中心和店鋪利用銷售時點信息來進行庫存調整、配送管理、商品訂貨等作業。通過對銷售時點信息進行加工分析來掌握消費者購買動向，找出暢銷食品和滯銷食品，以此為基礎，進行食品品種配置、食品陳列、價格設置等方面的作業。

（5）在零售商與供應鏈的上游企業（批發商、生產廠商、物流作業等）結成協作夥伴關係（也稱戰略聯盟）的條件下，零售商利用 VAN 以在線聯結的方式把銷售時點信息即時傳送給上游企業。這樣，上游企業可以依據銷售現場的最及時、準確的銷售信息制訂經營計劃、進行決策。例如，生產廠家利用銷售時點信息進行銷售預測，掌握消費者購買動向，找出暢銷商品和滯銷商品，把銷售時點信息和訂貨信息進行比較分析來把握零售商的庫存水平，以此為基礎制訂生產計劃和零售商庫存連續補充計劃。

第五節　電子訂貨技術概述

一、電子訂貨系統

電子訂貨系統（Electronic Ordering System，EOS）是指將批發、零售商場所發生的訂貨數據輸入計算機，即通過計算機通信網絡連接的方式將資料傳送至總公司、批發商、商品供貨商或製造商處。因此，EOS 能處理從新商品資料的說明直到會計結算等所有商品交易過程中的作業，可以說涵蓋了整個物流。在寸土寸金的情況下，零售業已沒有許多倉儲空間用於存放物品。在要求供貨商及時補足售出物品的數量且不能有缺貨的前提下，更必須採用 EOS 系統。EOS 內含了許多先進的管理手段，因此在國際上使用非常廣泛，並且越來越受到商業界的青睞。

2. 電子訂貨系統的特點

電子訂貨系統的特點：①商業企業內部計算機網絡應用功能完善，能及時產生訂貨信息；②POS 與 EOS 高度結合，產生高質量的信息；③滿足零售商和供應商之間的信息傳遞；④通過網絡傳輸信息訂貨；⑤信息傳遞及時、準確；⑥電子訂貨系統在零售商和供應商之間建立起了一條高速通道，因為 EOS 是許多零售商和供應商之間的整體運作系統，而不是單個零售店和單個供應商之間的系統。這使雙方的信息及時得到溝通，使訂貨過程的週期大大縮短，既保障了物品的及時供應，又加速了資金的週轉。

3. 電子訂貨系統的組成

一個 EOS 系統包括供應商、物品的製造者或供應者（生產商、批發商）；零售商、商品的銷售者或需求者；網絡，用於傳輸訂貨信息（訂單、發貨單、收貨單、發票等）；計算機系統，用於產生和處理訂貨信息。電子訂貨系統的組成如圖 8-25 所示。

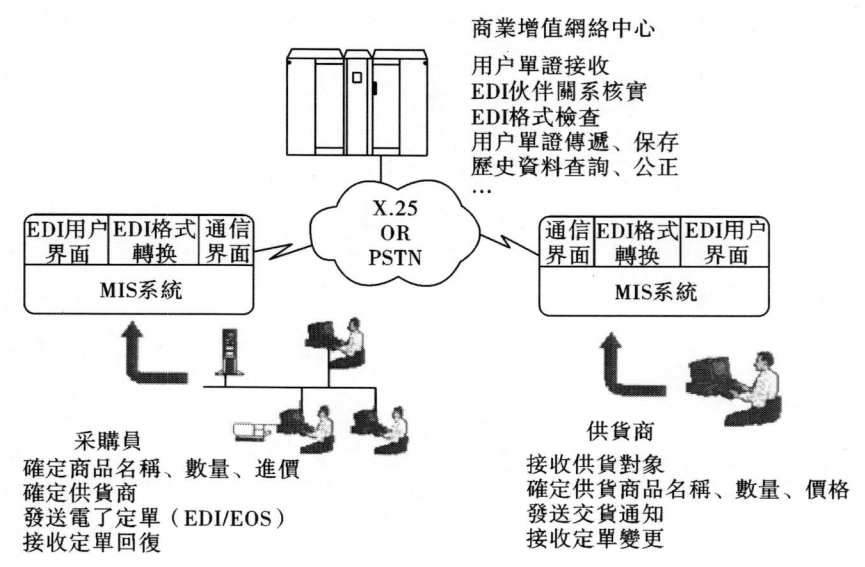

圖 8-25 電子訂貨系統的組成

4. 電子訂貨系統的結構和配置

　　電子訂貨系統的構成內容包括訂貨系統、通信網絡系統和接單電腦系統。就門店而言，只要配備了訂貨終端機和貨價卡（或訂貨簿），再配上電話和數據機，就可以說是一套完整的電子訂貨配置。就供應商而言，凡能接收門店通過數據機的訂貨信息，並可利用終端機設備系統直接處理訂單，打印出出貨單和揀貨單，就可以說已具備電子訂貨系統的功能。但就整個社會而言，標準的電子訂貨系統絕不是「一對一」的格局，即並非單個的零售店與單個的供應商組成的系統，而是「多對多」的整體運作，即許多零售店和許多供貨商組成的大系統的整體運作方式。

　　電子訂貨系統的配置主要包括硬件設備配置和電子訂貨方式的確立。

　　（1）硬件設備配置。硬件設備一般由以下三個部分組成。

　　①電子訂貨終端機。其功能是將所需訂貨的商品和條形碼及數量以掃描和輸入的方式暫時儲存在記憶體中，當訂貨作業完畢時，再將終端機與後臺電腦連接，取出儲存在記憶體中的訂貨資料，存入電腦主機。電子訂貨終端機與手持式掃描器的外形有些相似，但功能卻有很大差異，其主要區別是電子訂貨終端機具有存儲和運算等電腦基本功能，而掃描器卻只有閱讀及解碼功能。

　　②數據機。它是傳遞訂貨主與接單主電腦信息資料的主要通信裝置，其功能是將電腦內的數據轉換成線性脈衝資料，通過專有數據線路，將訂貨信息從門店傳遞給商品供方的數據機，供方以此為依據來發送商品。

　　③其他設備。如個人電腦、價格標籤及店內碼的印製設備等。

　　（2）確立電子訂貨方式。EOS 的運作除硬件設備外，還必須有記錄訂貨情報的貨

第八章　餐飲企業倉儲管理信息技術

架卡和訂貨簿,並確立電子訂貨方式。常用的電子訂貨方式有三種。

①電子訂貨簿。它是記錄包括物品代號/名稱、供應商代號/名稱、進/售價等物品資料的書面入式。利用電子訂貨簿訂貨就是由訂貨者攜帶訂貨簿及電子訂貨終端機直接到現場巡視缺貨狀況,再由訂貨簿尋找物品,對條形碼進行掃描並輸入訂貨數量,然後直接接上數據機,通過電話線傳輸訂貨信息。

②電子訂貨簿與貨架卡並用:貨架卡就是裝設在貨架槽上的一張物品信息記錄卡,顯示內容包括中文名稱、物品代碼、條形碼、售價、最高訂量、最低訂量、廠商名稱等。利用貨架卡訂貨,不需攜帶訂貨簿,而只要手持電子訂貨終端機,一邊巡視一邊訂貨,訂貨手續完成後再直接接上數據機將訂貨信息傳輸出去。

③低於安全存量訂貨法,即將每次進貨數量輸入電腦,銷售時電腦會自動將庫存扣減,當庫存量低於安全存量時,會自動打印貨單或直接傳輸出去。

二、電子訂貨技術在餐飲企業倉儲管理中的應用

電子訂貨技術在倉儲管理中包括以下操作流程:

(1)在餐飲企業倉庫終端利用條形碼閱讀器獲取準備採購的物品條形碼,並在終端機上輸入訂貨資料,利用 EDI 技術傳輸到批發商的計算機中。

(2)批發商開出提貨傳票,並根據傳票開出揀貨單,實施揀貨,然後根據送貨傳票進行物品發貨。

(3)送貨傳票上的資料便成為零售商店的應付帳款資料及批發商的應收帳款資料上傳到應收帳款的系統中去。

(4)餐飲企業倉儲管理人員對送到的物品進行檢驗後,就可以入庫了。

使用電子訂貨系統時應注意以下幾個方面:

(1)訂貨業務作業的標準化,這是有效利用 EOS 系統的前提條件。

(2)物品代碼的設計。物品代碼一般採用國家統一規定的標準,這是應用 EOS 系統的基礎條件。

(3)訂貨物品目錄帳冊的做成與更新。訂貨物品目錄帳冊的設計和運用是 EOS 系統成功的重要保證。

(4)計算機以及輸入和輸出訂貨信息的終端設備的添置是應用 EOS 系統的基礎條件。

(5)在應用過程中需要制定 EOS 系統應用手冊並協調部門間、企業間的經營活動。

應用電子訂貨技術的倉儲作業流程如圖 8-26 所示。

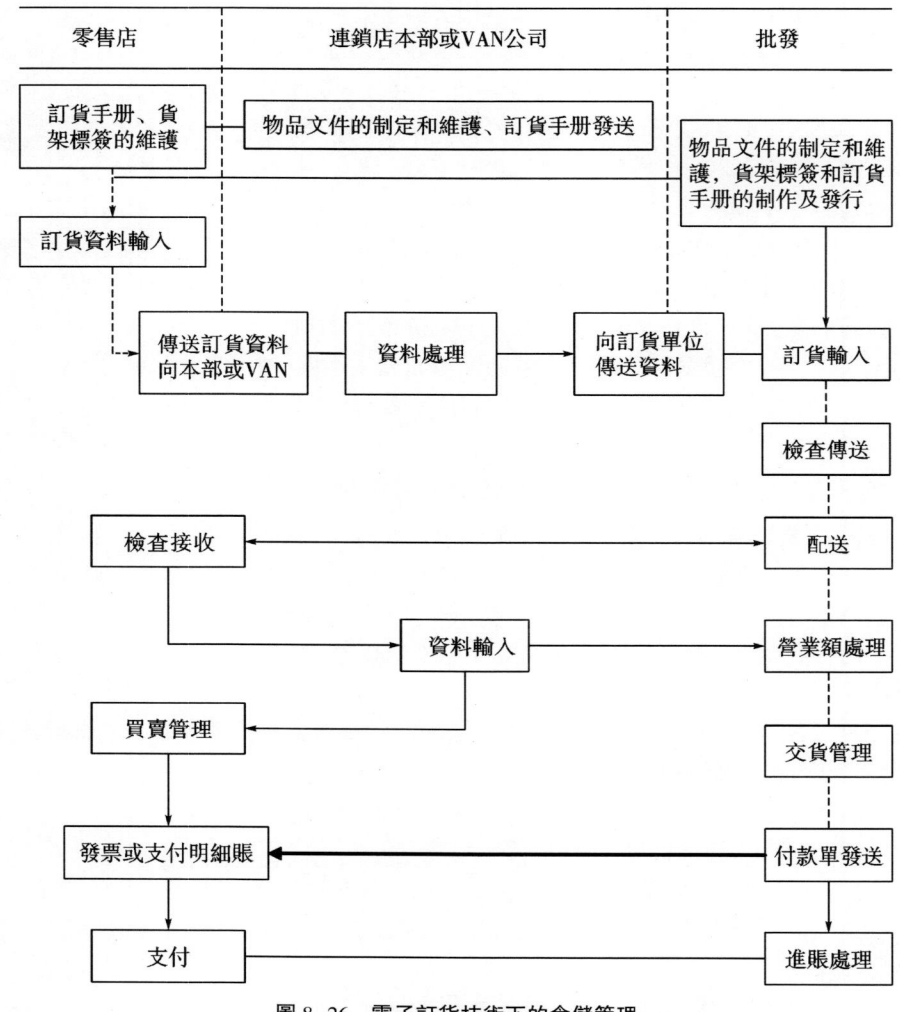

图 8-26　电子订货技术下的仓储管理

注：图中虚线为信息流。

第六节　仓储管理信息系统

一、仓储管理信息系统概述

1. 仓储管理信息系统的含义

仓储管理信息系统（Warehousing Management Information System，WMIS）是仓储管

第八章　餐飲企業倉儲管理信息技術

理系統(WMS)的重要組成部分,是通過入庫業務、出庫業務、倉庫調撥、庫存調撥和虛倉管理等功能,綜合批次管理、物料對應、庫存盤點、質檢管理、虛倉管理和即時庫存管理等功能綜合運用的管理系統,可有效控制並跟蹤倉庫業務的物流和成本管理全過程,實現完善的企業倉儲信息管理。該系統可以獨立執行庫存操作,與其他系統的單據和憑證等結合使用,可提供更為完整、全面的企業業務流程和財務管理信息。

2. 倉儲管理信息系統的意義

目前,許多企業已認識到企業管理信息對企業發展的戰略意義。從財務軟件、進銷存軟件到 CIMS,從 MRP、MRP2 到 ERP,體現了企業從粗放型管理走向集約管理的要求,競爭的激烈和對成本的要求使得管理對象表現為整合上游、企業本身、下游一體化供應鏈的信息和資源。而倉庫,尤其是製造業中的倉庫,作為鏈上的節點,不同供應鏈的節點上的庫存觀不同。在物流供應鏈的管理下,不再把庫存作為維持生產和銷售的措施,而將其作為一種供應鏈的平衡機制,其作用主要是協調整個供應鏈。但現代企業同時又面臨著許多不確定因素,無論他們來自於供方還是生產方或客戶,對企業來說處理好庫存管理與不確定關係的唯一辦法是加強企業之間信息的交流和共享,增強庫存決策信息的透明性、可靠性和即時性。而這,正是 WMIS 所要幫助企業解決的問題。

WMIS 和進銷存管理軟件的最大區別在於:進銷存軟件的目標是針對特定對象(如倉庫)的物品、單據流動,對倉庫作業結果進行記錄、核對、管理、報警和報表結果分析,如記錄物品出入庫的時間、經手人等;而 WMIS 軟件則除了管理倉庫作業的結果記錄、核對和管理外,其最大的功能是對倉庫作業過程的指導和規範,即不但對結果進行處理,而且通過對作業動作的指導和規範保證作業的準確性、速度和相關記錄數據的自動登記(錄入計算機系統),提高倉庫的效率、管理透明度、真實度,降低成本。例如,通過無線終端指導操作員給某訂單發貨:當操作員提出發貨請求時,終端提示操作員應到哪個具體的倉庫貨位取出指定數量的哪幾種物品,掃描貨架和物品條形碼核對是否正確,然後送到接貨區,錄入運輸單位信息,完成出貨任務,重要的是包括出貨時間、操作員、物品種類、數量、產品序列號、承運單位等信息在物品裝車的同時已經通過無線方式傳輸到了計算機信息中心數據庫。

3. 倉儲管理信息系統可實現的功能

(1)業務批次管理。該功能提供完善的物品批次信息、批次管理設置、批號編碼規則設置、日常業務處理、報表查詢以及庫存管理等綜合批次管理功能,使企業進一步完善批次管理,滿足經營管理的需求。

(2)保質期管理。在批次管理基礎上,針對物品提供保質期管理及到期存貨預警,以滿足食品和醫藥行業的保質期管理需求。用戶可以設置保質期物料名稱、輸入初始數據、處理日常單據以及查詢即時庫存和報表等。

(3)質量檢驗管理。集成質量管理功能是與採購、倉庫、生產等環節相關的功能,實現對物品的質量控制,包括購貨檢驗、完工檢驗和庫存抽檢三種質量檢驗業務。同

時,可為倉庫系統提供質量檢驗模塊,綜合處理與質量檢驗業務相關的檢驗單、質檢方案和質檢報表,包括設置質檢方案檢驗單、質檢業務報表等業務資料以及查詢質檢報表等。

（4）即時庫存智能管理。該功能用來查詢當前物品即時庫存數量和其他相關信息,庫存更新拌制隨時更新當前庫存數量,查看方式有以下幾種:①所有倉庫、倉位、物品和批次的數量信息;②當前物品在倉庫和倉位的庫存情況;③當前倉庫中物品的庫存情況;④當前物品的各批次在倉庫和倉位的庫存情況;⑤當前倉庫及當前倉位中的物料庫存情況。

（5）贈品管理。該功能實現贈品管理的全面解決方案,包括贈品倉庫設置、連屬單據定義、贈品單據設置、定義業務單據聯繫、日常業務流程處理以及報表查詢等功能。

（6）虛倉管理。倉庫不僅指具有實物形態的場地或建築物,還包括不具有倉庫實體形態,但代行倉庫部分功能且代表物品不同管理方式的虛倉。倉庫管理設置待檢倉、代管倉和贈品倉三種處倉形式,並提供專門單據和報表綜合管理虛倉業務。

（7）倉位管理。該功能在倉庫戶增加倉位屬性,同時進行倉位管理,以豐富倉庫信息,提高庫存管理質量,主要包括基礎資料設置、倉庫倉位設置、初始數據錄入、日常業務處理和即時庫存查詢等。

（8）業務資料聯查。單據關聯（包括上拉式和下推式關聯）是工業供需鏈業務流程的基礎,而單據關聯可查詢業務流程戶的單據關係,在倉庫系統中提供了單據、憑證、帳簿、報表的全面關聯,以及動態連續查詢。

（9）多級審核管理。多級審核管理是對多級審核、審核人、審核權限和審核效果等進行授權的工作平臺,是採用多角度、多級別及順序審核處理業務單據的管理方法。它體現了工作流管理的思路,屬於 ERP 系統的用戶授權性質的基本管理設置。

（10）系統參數設置。該功能初始設置業務操作的基本業務信息和操作規則,包括設置系統參數、單據編碼規則、打印及單據類型等,幫助用戶把握業務操作規範和運作控制。

（11）完善的系統輔助工具。利用功能強大、使用靈活方便的系統工具,用戶可以處理數據,滿足自身需要。

二、餐飲企業倉儲管理信息系統的組成

餐飲企業倉儲管理信息系統是由多功能軟件子系統組合而成的。

1. 入庫管理子系統

（1）入庫單數據處理（錄入）。入庫單可包含多份入庫分單,每份入庫分單可包含多份托盤數據。入庫單的基本結構是每個托盤上放一種物品,因為這樣會使倉儲的效率更高、流程更清晰。

第八章　餐飲企業倉儲管理信息技術

（2）條形碼打印及管理。條形碼打印及管理的目的僅是避免條形碼的重複，以使倉庫內的每一個托盤物品的條形碼都是唯一的標誌。

（3）物品托盤及托盤數據登錄註記（錄入）。入庫單的庫存管理系統可支持大批量的一次性到貨。該管理系統的運作過程是批量到貨後，首先要分別裝盤，然後進行托盤數據的登錄註記。所謂托盤數據是指對每個托盤物品分別給予一個條形碼標誌，登錄註記時將每個托盤上裝載的物品種類、數量、入庫單號、供應商、使用部門等信息與該唯一的條形碼標誌聯繫起來。註記完成後，條形碼標誌即成為一個在庫管理的關鍵，可以通過掃描該條形碼得到該盤貨物的相關庫存信息及動作狀態信息。

（4）貨位分配及入庫指令的發出。托盤資料註記完成後，該托盤即進入待入庫狀態，系統將自動根據存儲規則（如貨架使用區域的區分）為每一個托盤分配一個適當的空貨位，並向手持終端發出入庫操作的要求。

（5）占用的貨位重新分配。當所分配的貨位實際已有貨時，系統會指出新的可用貨位，通過手持終端指揮操作完成。

（6）入庫成功確認。從註記完成至手持終端返回入庫成功的確認信息前，該托盤的物品處於入庫狀態。直到收到確認信息，系統才會把該托盤物品狀態改為正常庫存，並相應更改數據庫的相關記錄。

（7）入庫單據打印。打印實際收貨入庫單。

2. 出庫管理子系統

（1）出庫單數據處理是指製作出庫單的操作。每份出庫單可包括多種、多數量物品出庫單，分為總出庫單和出庫分單，均由手工輸入生成。

（2）出庫品項內容生成及出庫指令發出。系統可根據出庫內容以一定規律（如先進先出、就近等），具體到托盤及貨位，生成出庫內容，並發出出庫指令。

（3）錯誤物品或倒空的貨位重新分配。當操作者通過取貨位置掃描圖確認物品時，如果發現物品錯誤或實際上無貨，只要將信息反饋給系統，系統就會自動生成下一個取貨位置，指揮完成操作。

（4）出庫成功確認。手持終端確認物品無誤後，發出確認信息，該托盤物品即進入出庫運行中的狀態。在出庫區現場終端確認出庫成功完成後，即可取數據庫中的托盤條形碼，並修改相應數據庫中的記錄。

（5）出庫單據打印是指打印與托盤相對應的出庫單據。

3. 數據管理子系統

（1）存庫管理。

①貨位管理查詢，查詢貨位使用情況（空、占用、故障等）。

②以物品編碼查詢庫存，查詢某種物品的庫存情況。

③入庫時間查詢庫存，查詢以日為單位的在庫情況。

④盤點作業，進入盤點狀況，實現全庫盤點。

(2)數據管理。

①物品編碼管理。提供與物品編碼相關信息的輸入界面,包括編碼、名稱、所屬部門、單位等的輸入。

②安全庫存質量管理。提供具體到某種物品的最大庫存、最小庫存的參數設置,從而實現庫存量的監控預警。

③供應商。錄入供應商編號、名稱、聯繫方法,供入庫單使用。

④使用部門數據管理。錄入使用部門、編號、名稱等,供出、入庫單使用。

⑤未被確認操作的查詢和處理。提供未被確認操作的查詢和逐條核對處理功能。

⑥數據庫與實際不符記錄的查詢和處理。逐條提供,決定是否更改為實際記錄或手工輸入記錄。

4. 系統管理子系統

(1)使用者及其權限設定。使用者名稱、代碼、密碼、可使用程序模塊的選擇。

(2)備份操作。提供存儲過程每日定時備份數據庫或日誌。

(3)數據庫通信操作。若系統有無線通信部分,應提供對通信的開始和關閉操作功能。

(4)系統的登入和退出。提供系統登入和退出界面的相關信息。

三、餐飲企業倉儲管理信息系統的應用

1. 餐飲企業倉儲管理中的應用及發展趨勢

從 20 世紀 80 年代末期開始,眾多倉庫廣泛採用 PC 機來輔助工作。一般情況下,這些單機系統往往用來進行文字處理、信息存儲、查詢和統計等簡單規模的管理信息系統應用,各單位內部的計算機設備並未形成功能統一、資源共享、配合作業的有機系統,因而,這種單機結構的 MIS 系統的性價比指標很低,它們往往只能用於某個倉庫管理中的具體單位業務管理,如進出庫管理、庫存管理、財務工資管理等。

早期運行的倉庫信息系統是在 DOS 環境下開發的單機 MIS 系統,該系統有許多不足之處,主要表現在系統的文檔完整性不好,可維護性、可重用性均較差。原系統應用在 DOS 環境下,人機界面差,與 Windows 圖形界面相比操作繁瑣且性能低;缺乏客戶機/服務器、數據倉庫、地理信息系統等技術的支持;原有的 286、486 等 PC 設備也難以支持客戶機/服務器網絡環境的運行。原系統整體功能不全,如缺乏地理信息系統等功能的支持;原系統的各子系統功能也有限,不能滿足倉庫管理人員對數據的多方位查詢處理;原系統缺乏輔助決策功能,它是單機應用系統,只能應用在一臺計算機上,不能滿足倉庫網絡條件下的運行需要,而且原系統處理的數據量有限,網絡環境下無法實現資源共享,不利於信息傳輸和交換,已不適應新形勢下的應用需要。

目前,隨著計算機技術的飛速發展,倉儲管理信息系統在倉庫管理中得到越來越廣泛的應用。倉庫各個上級業務部門都開發出適應倉庫業務管理需要的信息系統,許

第八章　餐飲企業倉儲管理信息技術

多倉庫還開發出各種針對倉庫管理(如倉庫業務收發管理、倉庫安全管理、倉庫人事管理等方面)的應用軟件。這些應用軟件對於全面提高倉庫的科學管理水平、減少倉庫人員的工作量等方面都起到了非常重要的作用,可以幫助有關人員全面掌握倉庫的基本情況,如庫房容量、主要領導、倉庫人員編製等,並形成各種統計匯總數據,為倉庫管理人員的科學管理提供輔助決策。目前,各種管理信息系統基本上都是基於Windows或Windows NT操作平臺上編製的管理軟件,它們具有一致的操作界面和操作風格極好的人機交互功能,大大方便了倉庫管理人員的應用。有些管理信息系統還是基於局域網的應用系統,多用戶可同時在網上查閱、匯總各種倉庫相關數據,網絡的開通為各個部門之間的業務交流提供了便利。

2. 餐飲企業倉儲管理信息系統建立步驟

(1)建立倉儲管理信息系統的必要性分析。

首先,回顧一下過去倉儲作業情況。檢查倉庫庫存準確度、運送庫存量、服務水平和綜合生產能力。接著,對倉庫進行全面考查,以確定完成倉庫職能所必需的信息,如收貨便需要掌握倉庫空儲存點信息。同時,還要檢查哪些數據已經被掌握,建立系統還需要收集哪些類型的數據(有時還根據情況決定是否安裝自動化數據採集系統)。通過考察,便可決定倉庫應改進的範圍並決定是否採用倉儲管理信息系統。

(2)建立系統詳細說明書。

一旦確定了建立倉儲管理信息系統的計劃,接下來便應著手建立系統的詳細說明書,包括系統軟件功能、靈活性(可否適應業務發展要求)以及軟件供應者異地提供支持的能力。一般而言,一個倉庫管理系統應具備以下基本功能:運輸、收貨、包裝、物資登錄、儲存、訂貨、揀選、集結物資和資源管理。

(3)尋找合適的軟件商建立系統。

建立倉儲管理信息系統不需要一切都從頭做起。企業可以開出一個系統應具備的功能清單,然後對照清單看哪家提供的商品軟件滿足要求。當然,一般情況下不可能找到一個完全滿足企業要求的現成系統。一般而言,有20%~40%的功能要求專門設計。所以,比較好的做法是找一家能完全理解企業需求的軟件商,雙方合作編製出滿意的軟件。下列幾種技術的發展使得倉庫管理系統軟件的水平可以進一步提高:窗式接口技術、目標程序語言技術、分佈式處理機技術、加速運動快速處理技術和並行處理技術。

3. 餐飲企業倉儲管理信息系統中的信息採集

信息採集是倉儲管理信息系統的前提和基礎。實現自動化信息採集是一個優秀的倉儲管理信息系統不可缺少的組成部分。隨著即時通信技術的發展,無線頻率設備、局域網、條形碼及掃描裝置使人們可以迅速而準確地採集信息,並即時反應信息變化的情況。

無線頻率信息採集技術是一種準確性和及時性很強的信息採集技術,其在倉庫中應用最多的是使用起重機車的場合。地面人員通過終端將指令傳遞給起重機車操

員,並接受操作員傳回的信息,其反應時間為3~6秒。概括而言,使用無線頻率信息採集系統具有以下優點:①可很容易地使用隨機儲存計劃,極大地節省庫存空間;②節省勞動力(8%~35%);③消除庫存人工計數;④提高準確率,使其達到99%以上;⑤便於執行;⑥能自動生成重要數據並可產生十分有利的問題報告;⑦減少了日常文書工作;⑧實現了先進先出原則;⑨容易處理緊急訂貨。

此外,無線頻率信息採集系統還為單位提供了多種員工培訓手段。它適合於對各種水平的員工進行全面培訓;菜單選擇形式使使用者可以根據自己的情況和資料內容確定學習方式和進度;培訓可以貫穿整個生產過程;形象的圖示加上聲音作用比單純的文字教學效果更好;便於對培訓進行管理。

4. 基於網絡技術的倉儲管理信息系統

在WMIS開發應用的早期,其體系結構一般都是由單臺主機系統構成,並採用集中處理方式,也就是數據庫和應用界面(如查詢、統計、修改等)都在同一臺計算機中,這種模式下的WMS系統受處理「過於集中」和系統「過於封閉」等局限,進而轉向Client/Server,即客戶機/服務器方式(簡稱C/S)。C/S模式下的倉庫MIS系統作為倉庫現代化管理工具發揮著重要作用,大大提高了倉庫的效益。但是,隨著倉庫管理機制和運行方式的不斷變化,用C/S模式構築倉庫MIS系統時,客戶端的機制變化(如收發作業方式的變化)使軟件的管理變成了嚴重的問題,這時一種採用Internet技術建立的倉庫內部網絡Intranet便應運而生。餐飲企業倉庫Intranet是一個倉庫內部信息管理和交換的基礎設施,它基於Internet通信標準、Web技術和設備,構造或改建成可提供Web信息服務以及連接數據庫等其他服務應用的自成獨立體系的倉庫內部網。近年來,一種全新的基於Intranet下的MIS系統體系結構B/S出現並得到廣泛的應用,它必然為WMIS的開發提供新的思路。

案例分析

美的電子倉儲管理系統案例

創建於1968年的美的集團,是一家以家電業為主,涉足房產、物流等領域的大型綜合性現代化企業集團,是中國最具規模的家電生產基地和出口基地之一。目前,美的集團員工達7萬人,擁有美的、威靈等十餘個品牌,除順德總部外,還在廣州、中山、安徽蕪湖、湖北武漢、江蘇淮安、雲南昆明、湖南長沙、安徽合肥、重慶、江蘇蘇州建有生產基地,總占地面積達700萬平方米。營銷網絡遍布全國各地,並在美國、德國、日本、韓國、加拿大、俄羅斯等地設有10個分支機構。

在2005年8月國家商務部公布的「2004年中國出口額最大的200家企業」名單中,美的位列第57位。2005年9月,國家統計局中國行業企業信息發布中心公布的「2004年度中國最大500家大企業(集團)」中,美的榮列第59位。2005年,美的集團

第八章　餐飲企業倉儲管理信息技術

整體實現銷售收入 456 億元,同比增長 40%,其中出口額超過 17.6 美元,同比增長 65%。最近,美的電子制定了清晰的系統建設目標。

(1)建立一套高度自動化、集成化的企業網絡型倉儲管理系統,實現對公司倉儲網絡資源的合理控制和有機管理,有效提高倉儲工作效率和效益;

(2)與現有的銷售系統進行無縫集成,使整體運作效率得到有效提高;

(3)實現對倉庫的貨位管理,有效地提高庫存管理的準確性和發貨的及時性;

(4)為倉庫的收、發貨作業提供快速、準確的指導;

(5)保證倉庫的整體運作水平,有效地滿足生產和銷售的需求;

(6)隨時迅速地提供各類庫存報表。

這些目標通過系統成功實施,最終得以實現。

從 2005 年 7~10 月寰通商務項目組和美的電子股份有限公司合作完成了該項目。該系統基於 Internet 技術,實現了美的生活電器事業部倉庫的全面管理,並順利與美的電子股份有限公司的 Oracle 系統實現接口管理。目前美的電子所有的倉庫數據管理和業務流程都已經納入了 WMS 系統中。在功能應用上,美的電子存儲管理系統實現了以下業務管理:

(1)出庫管理;

(2)入庫管理;

(3)入庫策略;

(4)出庫策略;

(5)庫位轉移。

(資料來源:佚名.美的電子倉儲管理系統案例[EB/OL].[2008-08-29].http://wl.ev123.com/.)

分析與思考:

(1)你認為美的實施倉儲管理系統應該能夠收到哪些成效?

(2)美的在與寰通項目組合作過程中應該注意什麼問題?

實訓設計

[實訓項目]

認識 XX 餐飲企業倉庫出/入庫流程。

[實訓目的]

帶領學生參觀 XX 餐飲企業,使學生對餐飲企業的倉庫出/入庫流程有更直觀的認識。

[實訓內容]

(1)按照「錄入入庫憑證——生成入庫單——生成派上單——模擬入庫操作——反饋入庫單——反饋派工車單」的步驟來模擬一項具體的入庫操作。

(2)按照「錄入出庫憑證——生成出庫單——生成派工單——模擬出庫操作——反饋出庫單——反饋派工車單」的步驟來模擬一項具體的出庫

215

餐飲企業倉儲管理實務

[實訓要求]
(1)實訓時間為2課時。
(2)引導學生有序進入實驗室,做好相關軟件的基礎知識儲備。
(3)即時模擬餐飲企業倉庫出/入庫流程,總結、補充、完善課堂教學。

[實訓步驟]
(1)布置任務,讓學生提前瞭解所要操作的相關內容,同時收集餐飲企業的倉庫出/入庫流程,做好實驗的準備工作。
(2)帶領學生實地操作。
(3)與餐飲企業進行倉庫出/入庫流程方面的交流,引導學生提問。
(4)學生撰寫實訓報告。

思考與練習題

一、填空題

1. 信息技術是以_____和_____為主要手段實現信息的獲取、傳遞和利用等功能的技術總和。

2. 無線射頻識別技術原理為由_____發射某一特定頻率的無線電波能量給_____,用以驅動_____將內部的代碼送出,此時_____便接收此代碼。

3. 現代POS系統將_____、_____、_____等一系列科技手段融為一體,從而形成一個綜合性的信息資源管理系統。

4. 一個EOS系統包括_____,物品的製造者或供應者(生產商、批發商)_____,物品的銷售者或需求者;_____,用於傳輸訂貨信息(訂單發貨單、收貨單、發票等);_____,用於產生和處理訂貨信息。

5. 倉儲管理信息系統是由多功能軟件子系統組合而成的,包括_____、_____、_____和_____。

二、名詞解釋

倉儲信息　無線射頻識別　銷售時點　電子訂貨

三、簡答題

1. 什麼是信息?倉儲信息有何特點?
2. 條形碼技術在倉儲管理中是如何應用的?
3. 無線射頻識別技術在倉儲管理中是如何應用的?
4. 銷售時點技術在倉儲管理中是如何應用的?
5. 電子訂貨技術在倉儲管理中是如何應用的?

四、論述題

倉儲管理信息系統的組成是怎樣的?進行倉儲管理信息系統設計的時候要考慮哪些因素?

第九章　餐飲企業倉儲安全管理

學習目標

◆ 瞭解倉儲安全管理的含義和特性
◆ 掌握倉儲安全作業操作的基本要求
◆ 掌握倉庫消防管理中的基本火災知識
◆ 熟悉倉儲安全作業管理的內容
◆ 熟悉倉庫消防管理的防火滅火方法

引導案例

吉林省吉林市中百商廈倉庫發生火災

　　2004年2月15日11時許，吉林省吉林市中百商廈倉庫發生火災，公安消防部隊先後調集60臺消防車、320名指戰員趕赴現場。經過近4個小時的奮力撲救，於當日15時30分大火被撲滅。火災過火面積2,040平方米，造成多人傷亡，直接財產損失約426.4萬元。經國務院調查組勘察確定，火災是由中百商廈偉業電器行雇工於洪新，於當日9時許向3號庫房送包裝紙板時，將嘴上叼著的香菸掉落在倉庫中，引燃地面上的紙屑紙板等可燃物引發的。起火後，這個雇工也沒有報警，而是自己找了一個人救了一陣火。起火後半個小時左右，才有過路市民報警，貽誤了時機，等消防人員趕到時，大火已經不好控制。這麼一棟僅僅四層高的小樓，又坐落在臨近消防機構的市區，火災又發生在白天，人們不禁要深究，為什麼會造成這麼慘痛的損失？

餐飲企業倉儲管理實務

(資料來源:佚名.吉林省吉林市中百商廈倉庫發生火災[EB/OL].(2011-12-13)[2014-08-10].http://www.yn119.gov.cn/View.aspx? id=1264.)

引例分析:

一個菸頭引發了火情,假如報警器等消防設施能起作用,大家迅速撤離,也不會損失如此慘重。但是,自始至終報警器都沒有響。即使這些報警器失靈,假如有人能夠成功地組織人們疏散,也不會損失如此慘重。即使不能組織大家疏散,假如大家有消防知識,也不會損失如此慘重。在火災發生過程中,大多數人沒有消防知識,他們只顧拼命地向樓上逃,沒想到大量化纖衣物、皮革服裝及塑料製品等燃燒時產生了一氧化碳和有毒物質,很快就能把人嗆昏。

第一節 倉儲安全作業

一、倉儲安全作業的管理

安全對於現代餐飲企業倉庫來說具有特殊的重要意義。倉庫是餐飲企業原材料堆放重要的集散地,也是儲藏和保管原材料的場所,其中有大型設備用於原材料的保存,其價值和使用價值均很高,一旦發生火災或爆炸等嚴重災害,不僅倉庫的一切原材料可能被毀壞,而且設備設施也將全部變成一堆廢品,其損失之大。因此,應將安全工作放在一切管理工作的首位,必須長鳴警鐘,做好防範工作。

倉庫的安全管理是其他一切管理工作的基礎和前提,具有十分重要的意義。對於餐飲企業來講,現代餐飲行業倉庫的安全管理主要包括現代倉庫設施設備、倉庫商品等物質的安全管理和倉庫保管人員的人身安全管理兩大方面。現代餐飲行業的倉庫不安全的因素很多,如水災、火災、爆炸、盜竊、破壞等,會給企業造成巨大的經濟損失。要努力克服所有這些不安全的因素,才能保證企業倉庫的安全,也才能使餐飲企業經營活動得以正常進行。

(一)餐飲企業應樹立正確的倉儲安全作業管理思想觀念

倉庫安全管理是現代管理科學的分支,運用現代科學手段預測事故發生的可能,掌握事故發生的規律,給出定性、定量的標準,從而制定出保障安全的措施,防患於未然。怎樣認識倉庫安全管理,將直接關係到各項安全管理制度的制定和落實,因此,樹立正確的倉庫安全管理的思想觀念十分重要。

1. 倉儲安全管理是一門科學

過去人們常常以為安全管理是一種常識,其任務就是不斷總結這類常識,避免類似事故再度發生。而事故的發生各不相同,僅靠常識的簡單累積顯然無法認定事故發生的本質。所以安全管理不是一般性的常識累積,而是一門科學,倉庫安全管理必須從科學角度出發,綜合應用多門學科知識去解決。

第九章　餐飲企業倉儲安全管理

2. 倉儲安全管理是系統管理

如果把倉庫系統中某些事物的安全問題孤立起來看,往往難以全面分析事故的隱患。因此,應把倉庫系統看成一個有機整體,運用安全工程知識分析系統內存在的危險因素,進而採取相應的措施,使倉庫系統在效能上達到最佳安全狀態,這是傳統安全觀念的一個突破。其目的就是使分散的部門、組織有機聯繫起來,共同實現系統安全目標。

3. 倉儲安全管理重在預防

安全管理的目的是要預防事故發生,而不是事後補救或查處事故責任人。預防倉庫事故發生,一是找出倉庫系統的薄弱環節和危險所在,以便限期改正;二是對各種作業方案能否滿足系統安全要求進行評價。

4. 倉儲安全分析與評價要逐步定量化

過去的倉庫安全管理主要是定性分析、經驗管理,落實起來主觀因素影響大。將倉庫安全管理中的一些非定量化問題逐步採取定量方法研究,可以把安全管理從抽象的概念轉化為具體的數量標準,在數量變化規律中確定危險性的大小及可能導致損害的嚴重程度,進而選擇最優的安全管理措施。

(二) 倉儲安全作業管理的含義

倉儲安全作業,通常是指在商品進出倉庫裝卸、搬運、儲存、保管過程中,為了防止和消除傷亡事故,保障企業員工安全和減輕繁重的體力勞動而採取的措施。它直接關係到企業員工的人身安全和生產安全,也關係到倉庫的勞動生產率能否提高。

現代餐飲企業倉儲安全管理的對象是特定的系統安全,其基本程序為:①總結本企業倉儲的歷史經驗並吸取和借鑑其他倉儲安全管理的經驗,找出管理方面的差距及失誤;②從倉庫實際出發,分析現實的需要和可能,全面地研究,有選擇地吸收倉儲安全管理的制度和方法;③綜合研究應用各種管理的基本原則、方法及其實踐成果,確立必須遵循的基本原則和適用的方法;④運用現代科學技術提供的先進手段,為安全管理的決策提供科學的依據,並為安全管理的組織、實施提供可靠的保障。

(三) 餐飲企業倉儲安全作業管理的特性

1. 作業對象的多樣性

餐飲行業的特性決定了倉儲產出的貨物種類眾多、規格繁多,倉儲須面對多種多樣的貨物作業。為了降低物流成本,貨物的包裝及陳列都向著成組化、托盤化、集裝化方向發展。但由於餐飲行業的包裝標準化普及程度較低,各種貨物的包裝尺度、單量差別很大;並且由於餐飲行業原材料的儲藏對儲藏設備要求較高,往往導致對作業對象的操作更加複雜化。

2. 作業場地的多樣性

餐飲行業倉儲庫作業除了部分倉庫、精細原材料在確定的收發貨區進行裝卸外,大多數倉儲都是直接在倉庫門口或倉內、貨場貨位進行裝卸作業,而搬運作業則延伸至整個倉庫的每一個位置,因而倉庫作業的環境極不確定。

3. 機械作業和人力作業交叉

現代餐飲行業稍具規模的企業倉儲的發展方向主要是普及小型機械化作業，實現機械化，但倉庫作業的多樣和多變使得人力作業不可缺少，而且倉庫的機械作業也需要一定的人力協助。

4. 突發性和不均衡

餐飲企業倉儲作業由貨物出入庫而定。貨物到庫，倉庫組織卸車搬運、堆垛作業，生產加工過程中提貨則進行拆零。由於貨物出入庫的不均衡，倉儲作業也就具有階段性和突發性的特點，忙閒不均。

5. 任務的緊迫性

為了縮短貨運時間和滿足原材料對環境的要求，餐飲企業的倉儲作業需要迅速將貨物歸類儲藏，倉庫作業不能間斷。每次作業都要完成階段性作業，方可停止。

6. 不規範的貨物

隨著倉儲業興起提供增值服務的熱潮，越來越多的貨物以未包裝、內包裝、散件、混件的形式入庫，極易發生貨物損害。

（四）倉儲安全作業管理的重要性及實施

1. 倉儲安全作業管理的重要性

在現代餐飲企業的倉儲作業安全工作中，造成不安全的因素主要有兩大類：一類是管理人員認識上的局限性，如對某些易燃品性質不瞭解，對某些商品及原材料儲存的規律沒有完全掌握；另一類是管理人員素質不高，如有的倉儲管理人員失職，也有的管理人員貪圖小利而出賣倉庫利益。對於第一類因素，克服的方法是，應加強對倉儲作業安全管理人員的培訓，讓上崗的每一位操作員工都能較全面地掌握各類原材料及商品的特性及儲存、保管的方法。對於第二類因素，克服的方法是，努力提高倉儲管理人員的素質，增強倉儲管理人員的道德素養和工作責任感。總之，必須杜絕一切不安全的因素，確保倉庫的安全生產。

2. 倉儲安全作業的實施——安全目標管理

倉儲安全目標管理是目標管理方法在安全工作上的應用。安全目標管理是目標管理的重要組成部分，是圍繞實施安全目標開展安全管理的一種綜合性較強的管理方法。下面對安全目標管理的原理及事故樹分析法進行重點介紹。

安全作業目標管理的基本內容包括：安全目標體系的設定、安全目標的實施、安全目標的考核與評價。

（1）安全目標體系的設定。

安全目標體系的設定是安全目標管理的核心，目標設立是否恰當直接關係到安全管理的成效。目標設立過高，經努力也不可能達到，會傷害操作者的積極性；目標設立過低，不用努力就能達到，則調動不了操作者的積極性和創造性。二者均對組織的安全工作沒有推動作用，達不到目標管理的目的。目標體系設定之後，各級人員依據目標體系層層展開工作，從而保證安全工作總目標的實現。

第九章　餐飲企業倉儲安全管理

（2）安全目標的實施。

安全目標的實施是指在落實保障措施、促使安全目標實現的過程中所進行的管理活動。目標實施的效果如何,對目標管理的成效起決定性作用。該階段主要是各級目標責任者充分發揮主觀能動性和創造性,實行自我控制和自我管理,輔之以上級的控制與協調。

（3）安全目標的考核與評價。

為提高安全目標管理效能,目標在實施過程中和完成後都要進行考核、評價,並對有關人員進行獎勵或懲罰。考核是評價的前提,是有效實現目標的重要手段。目標考評是領導和群眾依據考評標準對目標的實施成果進行客觀測量的過程。這一過程避免了經驗型管理中領導說了算、缺乏群眾性的弱點,考評使管理工作科學化、民主化。通過目標考評獎優罰劣,避免「大鍋飯」,對調動工人參與安全管理的積極性起到激勵作用,為下一個目標的實施打下良好基礎,從而推動安全管理工作不斷前進。

（4）做好安全目標管理工作應注意的問題。

①加強各級人員對安全目標管理的認識。

部門領導對安全目標管理要有深刻的認識,要深入調查研究,結合本單位實際情況,制定企業的總目標,並參加全過程的管理,負責對目標實施進行指揮、協調;加強對中層和基層幹部的思想教育,提高他們對安全目標管理重要性的認識和組織協調能力,這是總目標實現的重要保證;還要加強對職工的宣傳教育,普及安全目標管理的基本知識與方法,充分發揮職工在目標管理中的作用。

②要有完善的、系統的安全基礎工作。

安全基礎工作的水平,直接關係著安全目標制定的科學性、先進性和客觀性。如:要制定可行的傷亡事故頻率指標和保證措施,需要有完善的工傷事故管理資料和管理制度;控製作業點塵毒達標率,需要有毒、有害作業的監測數據。只有建立和健全了安全基礎工作,才能建立科學的、可行的安全目標。

③安全目標管理需要全員參與。

安全目標管理是以目標責任者為主的自主管理,是通過目標的層層分解、措施的層層落實來實現的。將目標落實到每個人身上,滲透到每個環節,使每個操作者在安全管理上都承擔一定目標責任。因此,必須充分發動群眾,將全體人員科學地組織起來,實行全員、全過程參與,才能保證安全目標的有效實施。

④安全目標管理需要責、權、利相結合。

實施安全目標管理時要明確操作者在目標管理中的職責,沒有職責的責任制只是流於形式。同時,要賦予他們在日常管理上的權力。權限的大小,應根據目標責任大小和完成任務的需要來確定。還要給他們應得的利益,責、權、利的有機結合才能調動廣大人員的積極性和持久性。

⑤安全目標管理要與其他安全管理方法相結合。

安全目標管理是綜合性很強的科學管理方法。它是安全管理的「綱」,是一定時

期內安全管理的集中體現。在實現安全目標過程中,要依靠和發揮各種安全管理方法的作用,如建立安全生產責任制、制定安全技術措施計劃、開展安全教育和安全檢查等。只有兩者有機結合,才能使安全管理工作做得更好。

二、倉儲安全作業管理的內容及安全操作的基本要求

(一)冷藏庫安全作業操作的基本要求

由於在低溫的環境中,細菌等微生物的繁殖速度大大降低,生物新陳代謝速度降低,能夠延長有機體的保鮮時間,因而對魚、肉、水果、蔬菜及其他易腐爛物品等都採用冷藏的方式倉儲。

冷庫雖然不發生火災、爆炸等事故,但冷庫內的低溫卻會給人的生命造成威脅,因此也需要引起足夠的重視。冷藏倉庫安全作業操作的基本要求如下:

1. 防止凍傷

冷庫的人員,必須保溫防護,穿戴手套、工作鞋,身體裸露部位不得接觸冷凍室內的物品,包括貨物、排管、貨架、作業工具等。

2. 防止人員缺氧窒息

由於冷庫特別是冷藏室內的氧氣不足,會造成人員窒息,所以人員在進入庫房尤其是長期封閉的庫房以前,需進行通風換氣,避免氧氣不足。

3. 避免人員被封閉庫內

庫門應設專人看管,限制無關人員出入。人員出入庫時,管理人員應核查人數,特別是出庫時,應確保全部出庫,才能封閉庫門。

4. 設備使用

庫內作業應使用抗冷設備,並需要進行必要的保暖防護,否則低溫會損害設備和人員。

(二)油庫安全作業操作的基本要求

油庫倉儲作業的一般防火操作要求為:

(1)油庫內外應設置防火須知板。在油庫內外明顯設立「嚴禁菸火」的標誌。

(2)入庫人員不得攜帶火柴、打火機和易燃易爆物品入庫。如攜帶上述火種和物品應留在門衛處保管。

(3)油庫實行消防安全責任人制度和崗位消防安全責任制。制定油庫消防安全規章制度,並督促落實制度。

(4)庫內各部位,特別是儲存區和裝卸區應保持清潔,清除場地干草和雜物。

(5)臨時照明不得使用明火,應使用移動式防爆燈具或防爆安全手電筒。工作完畢後,所有機械設備的電源應切斷。

(6)所有作業場所的機器設備和容器應保持完整和清潔。使用前和使用中應經常檢查,發生故障應及時修復。要消除設備和容器的跑冒滴漏現象。

第九章　餐飲企業倉儲安全管理

（7）各種設備和容器應有專人負責操作、檢查和保養。各種儀器儀表應由管理部門定期校驗，保證靈敏有效。

（8）定期檢查下述安全設備狀況和性能：管道密閉性能是否良好；呼吸閥工作是否正常，冬季時閥門是否凍結；液壓安全閥的液面是否保持規定的高度，封液是否清潔；阻火器是否有損壞和變形；量油孔口有色金屬襯墊是否完好；接地裝置是否完好；泡沫滅火系統是否完整、好用等。

（三）糧食倉儲安全作業操作的基本要求

1. 乾淨無污染

糧倉必須保持清潔乾淨。糧倉為了達到倉儲糧食的清潔衛生條件，要盡可能用專用的糧筒倉；通用倉庫擬用於糧食倉庫，應是能封閉的，倉內地面、牆面要進行硬化處理，不起灰揚塵、不脫落剝離，必要時使用木板、防火合成板固定鋪墊和鑲襯；作業通道進行防塵鋪墊。金屬筒倉應進行除銹處理，如進行電鍍、噴漆、內層襯墊等，在確保無污染物、無異味時才能夠使用。

在糧食入庫前，應對糧倉進行徹底清潔，清除異物、異味，待倉庫內干燥、無異味時，糧食才能入庫。對不滿足要求的地面，應採用合適的襯墊，如用帆布、膠合板嚴密鋪墊。使用兼用倉庫儲藏糧食時，筒倉內不能儲存非糧食的其他貨物。

2. 保持干燥，控制水分

保持干燥是糧食倉儲的基本要求。糧倉內不能安裝日用水源，消防水源應妥善關閉，糧倉水源應離倉庫有一定的距離，並在排水溝的下方。倉庫旁的排水溝應保持暢通，確保無堵塞，特別是在糧倉作業後，要徹底清除哪怕是極少量的散漏入溝的糧食。

應該隨時監控糧倉內濕度，將其嚴格控制在合適的範圍之內。倉內濕度升高時，要檢查糧食的含水量。當含水量超過要求時，須及時採取除濕措施。糧倉通風時，要採取措施避免將空氣中的水分帶入倉內。

3. 控制溫度，防止火源

糧食本身具有自熱現象，溫度、濕度越高，自熱能力也越強。在氣溫高、濕度大時需要控制糧倉溫度，採取降溫措施。每日要測試糧食溫度，特別是內層溫度，及時發現自熱升溫情況。當發現糧食自熱升溫時，須及時降溫，採取加大通風，進行貨堆內層通風降溫，內層放干冰等措施，必要時進行翻倉、倒垛散熱。

糧食具有易燃特性，飛揚的粉塵遇火源還會爆炸燃燒。糧倉對防火工作有較高的要求。在糧食進行出入庫、翻倉作業時，更應避免一切火源出現，特別是要注意消除作業設備運轉的靜電以及糧食與倉壁、輸送帶的摩擦靜電，加強吸塵措施，排除揚塵。

4. 防霉變

糧食除了因為細菌、酵母菌、霉菌等微生物的污染分解而霉變外，還會因為自身的呼吸作用、自熱而霉爛。微生物的生長繁殖需要較適宜的溫度、濕度和氧氣含量，在溫度為25℃~37℃、濕度75%~90%時，其生長繁殖最快。霉菌和大部分細菌需要足夠的氧氣，酵母菌則是可以進行有氧呼吸和無氧呼吸的兼性厭氧微生物。

糧倉防霉變以防為主。要嚴把入口關,防止已霉變的糧食入庫;避開潮濕的環境,如通風口、倉庫排水口,遠離會淋濕的外牆,地面採用襯墊隔離;加強倉庫溫、濕度的控制和管理,保持低溫和干燥;經常清潔倉庫,特別是潮濕的地角,清除隨空氣飛揚入庫的霉菌;清潔倉庫外環境,消除霉菌源。經常檢查糧食和糧倉,若發現霉變,應立即清除霉變的糧食,進行除霉、單獨存放或另行處理,並有針對性地在倉庫內採取防止霉變擴大的措施。

應充分使用現代防霉技術和設備,如使用過濾空氣通風法、紫外線等照射、施放食用防霉藥物等,其中使用藥物時需避免使用對人體有毒害的藥物。

5. 防蟲鼠害

糧食的蟲鼠害主要表現在直接對糧食的耗損、蟲鼠排泄物和屍體對糧食的污染、攜帶外界污染物入倉、破壞糧倉設備、降低保管條件、破壞包裝物造成泄漏、昆蟲活動對糧食的損害等。

危害糧倉的昆蟲種類很多,如甲蟲、蜘蛛、米蟲、白蟻等,它們往往繁殖力很強,危害嚴重,能在很短時間內造成大量的損害。

糧倉防治蟲鼠害的方法如下:

(1)保持良好的倉庫狀態,及時用水泥等高強度塗料堵塞建築破損之處、孔洞、裂痕,防止蟲鼠在倉內隱藏。應保持庫房各種開口隔柵完好,保持門窗密封。

(2)防止蟲鼠隨貨入倉,對入庫糧食進行檢查,確定無害時方可入倉。

(3)經常檢查,及時發現蟲害鼠跡。

(4)使用藥物滅殺,使用高效低毒的藥物,不直接釋放在糧食中進行驅避、誘食滅殺,或者使用無毒藥物直接噴灑、熏蒸除殺。

(5)使用誘殺燈、高壓電滅殺,合理利用高溫、低溫、缺氧等手段滅殺。

第二節　餐飲企業倉儲治安和消防

一、倉庫治安保衛管理

倉庫的法定代表人或主要負責人為倉庫的治安保衛責任人,為治安保衛管理工作的領導。同時,治安保衛管理工作還要由倉庫最高層領導中的一員分管負責,由其領導建立起倉庫治安保衛的完整組織。治安保衛的管理機構由倉庫的整個管理機構組成,高層領導負責整個倉庫的治安保衛管理工作;各部門機構的領導是本部門的治安責任人,負責本部門的治安保衛管理工作,對於本部門的治安保衛工作,負責倉庫治安保衛執行的機構採取專職保衛機構和兼職安全員相結合的組織方式。

(一)倉庫治安保衛管理的組織

治安保衛組織,通常分為保衛組織、警衛組織和群眾性治安保衛組織。為了順利

第九章　餐飲企業倉儲安全管理

開展治安保衛工作,倉儲部門應當根據實際情況,按照精干高效、運轉靈活的原則設立保衛機構,或者配備專職、兼職保衛工作人員,從而形成倉儲安全網。下面對三種保衛組織形式作簡要介紹。

1. 保衛組織

倉庫保衛機構是在倉庫黨政的領導下進行工作,業務上受到當地公安機關和上級保衛部門的指導。其主要任務,是對本庫的商品、設備和人員的安全全面負責。保衛機構要與公安、勞動、供電、交通運輸、防汛、防震、衛生等部門加強聯繫,及時交換安全信息,接受他們的指導;對警衛守護人員進行經常性的業務技術教育;對員工進行安全方面的講座和業務技術訓練;定期或不定期地舉行安全操作表演;調查、登記、處理、上報有關案件等。

2. 警衛組織

倉庫警衛工作的重點是負責倉庫日常的警戒防衛。其任務是:掌握出入倉庫的人員情況;禁止攜帶易燃、易爆等危險物品入庫;核對出庫物資;日夜輪流守衛,謹防盜竊與破壞等事故的發生;在倉庫發生人為或自然災害事故時,要負責倉庫的防護、警戒工作。

3. 群眾性治安保衛組織

群眾性治安保衛組織是指在倉庫黨政領導及保衛部門的指導下的治安保衛委員會或治安保衛小組;其成員既有倉庫領導,也有職工群眾,並在各班、組設立安全保衛員。它的基本任務是:利用各種方式對倉庫職工和四鄰居民進行治安保衛宣傳教育,協同警衛人員做好保衛和防火工作,協助維護單位的治安秩序和保衛要害的安全,勸阻和制止違反治安管理法規的行為。

(二)倉庫治安保衛管理的制度

倉庫需要依據國家法律、法規,結合倉庫治安保衛的實際需要,以保證倉儲生產高效率進行、實現安全倉儲、防止治安事故的發生為目的,遵循以人為本的思想,科學地制定治安保衛規章制度。倉庫所訂立的規章制度不得違反法律規定,不能侵害人身權利或者其他合法權益,避免或者最大限度地減少對社會秩序的妨礙,有利於促進安全生產。

倉庫治安保衛的規章制度既有獨立的規章制度,如安全防火責任制度、安全設施設備保管使用制度、門衛值班制度、車輛和人員進出倉庫管理制度、保衛人員值班巡查制度等,也有合併在其他制度之中的內容,如倉庫管理員職責、辦公室管理制度、車間管理制度、設備管理制度等規定的治安保衛事項。它一般包括如下內容:

1. 安全崗位責任制度

明確安全管理責任一直是安全生產管理的重點,也是保障安全生產的基礎。倉儲部門或企業應根據收發、保管、養護等具體業務特點,確定每個崗位的安全責任,並與獎懲掛勾。通過認真貫徹執行安全崗位責任制度來加強職工的責任感,堵塞工作中的漏洞,保證倉儲工作秩序有條不紊,確保倉庫安全。

2. 門衛、值班、巡邏、守護制度

門衛是倉庫的咽喉,必須嚴格人員、貨物的出入管理。傳達人員及值班警衛人員要堅守崗位,盡職盡責,對外來人員必須進行驗證、登記,及時報告可疑情況,以防意外發生。

3. 倉儲設施管理制度

倉儲設施是進行倉儲工作的必要條件。完善的倉儲設施管理制度,能保證倉儲業務活動的正常進行,避免意外事故的發生,也有利於倉儲經營取得最大的經濟效益。

4. 重要物品安全管理制度

根據 ABC 管理法的觀點,倉儲物資可根據一定的指標分為 A、B、C 三類,而對 A 類物資應重點對待。從安全角度看,危險品、價值極高等物資應重點防護、認真對待,以免造成人身傷亡和巨大的經濟損失。

5. 要害部位安全保衛制度

要害部位是安全防護的重點。因此,必須建立健全要害部位安全保衛制度。在要害部位設置安全技術防範設施。要害部門或者要害崗位,不得錄用和接受有犯罪記錄的人員。

6. 防火安全管理制度

在安全管理工作中,防火是重點,保證商品安全又是防火的中心。為此,必須熟悉各種倉儲物品的性能、引起火災的原因以及各種防火和滅火方法,並採取各種防範措施,從而保證倉庫的安全。

7. 機動車輛安全管理制度

機動車輛管理也是治安保衛管理的一個重要方面。外單位的車輛不得隨意進入。因業務需要必須進入的,必須履行必要的手續,且必須做好防火、防爆等保護措施。嚴格倉庫自有車輛的使用制度,做到安全用車,避免災害事故的發生。

8. 外來務工人員管理制度

目前大量企業的從業人員是外來務工人員,不同程度地存在著安全素質偏低的問題。倉儲部門或企業在賦予這些外來務工人員安全生產權利的同時,必須讓他們明確安全崗位責任,即他們應嚴格遵守安全規程和規章制度,服從管理,接受培訓,提高安全技能,及時發現、處理和報告事故、隱患和不安全因素。只有充分重視和發揮人在倉儲活動中的主觀能動性,最大限度地提高從業人員的安全素質,才能把不安全因素和事故隱患降到最低限度,預防和減少人身傷亡。

9. 治安防範的獎懲制度

認真落實治安防範的獎懲工作直接關係到安全崗位責任制度能否有效運行。因此,必須對治安防範工作搞得好的給予表揚、獎勵,對工作不負責任而發生事故和問題的給予批評或處罰,並及時向上級有關部門報告獎懲情況。

(三)倉庫治安保衛管理的工作內容

倉庫的治安保衛工作主要有防火、防盜、防破壞、防搶、防騙、保護員工人身安全、

第九章　餐飲企業倉儲安全管理

保密等工作。治安保衛工作不僅有專職保安員承擔的工作,如門衛管理、治安巡查、安全值班等,還有由相應崗位的員工承擔的工作,如辦公室防火防盜、財務防騙、商務保密、倉庫員防火、鎖門關窗等。

倉庫主要的治安保衛工作及要求如下:

(1)守衛大門和要害部位。倉庫需要通過圍牆或其他物理設施隔離,設置一至兩個大門。倉庫大門是倉庫與外界的連接點,是倉庫地域範圍的象徵,也是倉儲承擔貨物保管責任的分界線。大門守衛是維持倉庫治安的第一道防線。大門守衛負責開關大門,限制無關人員、車輛進入,接待入庫辦事人員並實施身分核查和登記,禁止入庫人員攜帶火源、易燃易爆物品入庫,檢查入庫車輛的防火條件,指揮車輛安全行使、停放,登記入庫車輛,檢查出庫車輛,核對出庫貨物和物品放行條和實物並收留放行條,查問和登記出庫人員攜帶的物品,特殊情況下查扣物品、封閉大門、封鎖通道。

對於危險品倉、貴重物品倉、特殊品儲存倉等要害部位,需要安排專職守衛看守,限制人員接近、防止危害、防止破壞和失竊。

(2)巡邏檢查。根據倉庫地形和庫房、貨場分佈情況,劃定崗哨和巡邏範圍,在劃定地段內,明確守護員之間以及守護員與保管員之間的安全交接責任。由專職保安員不定時、不定線、經常地巡視整個倉庫區的每一個位置的安全保衛工作。巡邏檢查一般安排兩名保安員同時進行。他們攜帶保安器械和強力手電筒,查問可疑人員,檢查各部門的防衛工作,關閉確實無人的辦公室、倉庫門窗、電源,制止消防器材挪作他用,檢查倉庫內有無發生異常現象,檢查停留在倉庫內過夜的車輛是否符合規定等。對於巡邏檢查中發現不符合治安保衛制度要求的情況,採取相應的措施處理或者通知相應部門處理。例如,守護員在保管員下班後,應檢查所負責地段內的庫房的門窗是否關閉落鎖,電源是否切斷,庫房周圍的雜物是否清除;保管員上班開倉前,應檢查門窗鎖封有無異狀;警衛員換班時要交清情況,在非工作時段,尤其是夜間,除警衛員之外的一切人員,非經倉庫主管批准,不得私自進入倉庫存貨區。

(3)防盜設施、設備的使用。對於倉庫的防盜設施,大至圍牆、大門,小到門鎖、防盜門窗,應根據法規規定和治安保管的需要設置和安裝。倉庫具有的防盜設施如果不加以有效使用,不能實現防盜的目的。承擔安全設施操作的倉庫員工應該按照制度要求,有效使用配置的防盜設施。

倉庫使用的防盜設備除了專職保安員的警械外,主要有視頻監控設備、自動警報設備。倉庫管理人員應按照規定使用所配置的設備,確保設備的有效運作。

(4)治安檢查。治安責任人應經常檢查治安保衛工作,督促照章辦事。治安檢查實行定期檢查與不定期檢查相結合的制度,班組每日檢查、部門每週檢查、倉庫每月檢查,一旦發現治安保衛漏洞、安全隱患,及時採取有效措施予以消除。

(5)治安應急。治安應急是倉庫發生治安事件時,採取緊急措施,防止和減少事件所造成的損失的措施。治安應急需要通過制定應急方案,明確應急人員的職位,確定發生事件時的信息(信號)發布和傳遞規定,以及經常的演練來保證實施。

6. 開展社會主義法制和治安保衛工作的宣傳教育,增強職工群眾的法制觀念和自覺維護本企業治安秩序的意識;同時,加強警衛人員的人格、業務學習,邀請當地公安部門派員講授有關專業知識和協助軍事訓練,以提高其軍事素質。

7. 應當按照公安機關的規定和技術標準,在要害部位設置安全技術防範設施。專職警衛人員,均應駐守倉庫。有事外出須經批准,並按時返庫,倉庫可採取輪休制,以保證人員必要的休息。

8. 倉庫警衛組織應與公安部門建立經常性的聯繫制度,及時交換情報和經驗;並應與四鄰單位密切聯繫,瞭解周圍動態,做到心中有數。

二、倉庫的消防管理

(一)倉庫消防管理中的基本火災知識

1. 常見的火災隱患

(1)倉庫火災的主要火源。

①明火與明火星。

生產、生活活動中所使用的燈火、爐火、氣焊氣割的乙炔火、打火機、火柴火焰,未熄滅的菸頭、內燃機械、車輛的排菸管火星,以及飄落的未熄火的爆竹火星等,均屬此類火源。

②自燃。

自燃是指物資自身的溫度升高,在達到一定條件時,即使沒有外界火源也能發生燃燒的現象。容易發生自燃的物資有糧食穀物、煤炭、化纖、棉花、部分化肥、油污的棉紗等。

③雷電與靜電。

雷電是因帶有不同電荷的雲團接近時瞬間發生放電現象而形成的電弧,而電弧的高能量能造成易燃物的燃燒。靜電則是因為感應、摩擦使物體表面集結大量電子,向外以電弧的方式傳導的現象,同樣也能使易燃物燃燒。液體容器、傳輸液體的管道、工作的電器、高壓電氣、運轉的輸送帶、強無線電波等都會發生靜電現象。

④電火。

由於用電超負荷、電線短路或漏電引起的電路電火花、設備的電火花以及電氣設備升溫等都會引起燃燒。

⑤化學火和爆炸性火災。

由於一些化學反應會釋放較多的熱,有時甚至直接燃燒,從而引起火災,如活潑輕金屬遇水的反應和燃燒、硫化亞鐵鹼化燃燒、高錳酸鉀與甘油混合燃燒等引起的火災;爆炸性的物品在遇到衝擊、撞擊發生爆炸而引起的火災;一定濃度的易燃氣體、易燃物的粉塵,遇到火源也有可能引發爆炸。

第九章　餐飲企業倉儲安全管理

(2)聚光。

太陽光的直接照射會使物體表面溫度升高,如果將太陽光聚合,強烈的光束會導致溫度升高而引起易燃物燃燒。鏡面的反射、玻璃的折射光都可能造成聚光現象。

(3)撞擊和摩擦。

金屬或者其他堅硬的非金屬,在撞擊時會引發火花,引起接近的易燃物品的燃燒。物體長時間摩擦也可能升溫導致燃燒。

(4)人為破壞。

人為惡意引火是指人為惡意將火源引入倉庫而引起火災。它是一種犯罪行為,縱火人要受到刑事懲罰。

(5)常見的火災隱患的分類。

對常見的火災隱患進行分類是為了有效地防止火災和滅火。防火工作中對火源的分類非常重視,一般將火源分為直接火源和間接火源兩種,如明火源、化學火源、電火源、自燃等。也可從滅火的方法角度對火災進行分類:

①普通火災。

它是指普通可燃固體所發生的火災,如木料、化纖、棉花、煤炭等。普通火雖然燃燒擴散較慢,但會深入燃燒物內部,滅火後重燃的可能性極高,普通火災應使用水進行滅火。

②電氣火災。

它是指電器、供電系統漏電所引起的火災,以及具有供電的倉庫發生的火災,其特徵是在火場中還有供電存在,有可能使員工觸電。另外,由於供電系統的傳導,還會在電路的其他地方產生電火源。因此在發生火災時,要迅速切斷供電,採用其他安全方式照明。

③油類火災。

它是指各種油類、油脂發生燃燒而引起的火災。因油類屬於易燃品,且具有流動性,所以燃著火的油會迅速擴大著火範圍。油類輕於水,會漂浮在水面,隨水流動,因此不能用水滅火,只能採用干粉、泡沫等滅火物質。

④爆炸性火災。

爆炸性火災的火源主要是容易引發爆炸的貨物,或者火場內有爆炸性物品,如可發生化學爆炸的危險品、物理爆的密閉容器等。爆炸不僅會加劇火勢,擴大燃燒範圍,更危險的是直接造成人身安全的危害。發生這類火災首要的工作是保證人身安全,迅速撤離人員。

(6)火災的蔓延。

火災蔓延包括:

①可燃物質的燃燒過程。

氣體最容易燃燒,其燃燒所需要的熱量只用於自身的氧化分解,並使其達到燃點而燃燒。

餐飲企業倉儲管理實務

　　液體在熱作用下，先蒸發成蒸汽，然後被氧化、分解，而後在氣體狀態下燃燒。此後與氣體的燃燒過程相似。

　　固體可燃物質與其周圍相接觸的空氣達到該可燃物的點燃溫度時，可燃固體部分首先熔融、蒸發或分解，析出可燃氣體或蒸汽，然後與空氣混合而燃燒。但如焦炭一類的可燃物，不能成為氣態物質燃燒，只是在表面上進行燃燒，在燃燒時則呈熾熱狀態，燃燒過程釋放的熱量又加熱燃燒邊緣的下一層，待達到點燃溫度時，燃燒過程就持續下去。

　　②熱傳播。

　　熱傳播是火災蔓延的重要因素。熱傳播有三種形式：

　　第一，熱傳導。即熱量從物體的一端傳到另一端的現象，靠物質彼此接觸的微粒間能量交換得以實現熱量傳遞。

　　第二，輻射。即以熱射線傳播熱量的現象，以電磁波的形式向四周傳播熱能。

　　第三，對流。即依靠熱微粒的流動來傳播熱能的現象。

　　2. 倉庫火災的特點

　　(1) 易發生，損失大。倉庫物資儲存集中，大部分是易燃易爆物品，一旦遇到著火源，極易發生火災。倉庫發生火災不僅造成庫存物資付之一炬，而且還會對倉庫建築、設備、設施等造成破壞，引起人身傷亡。

　　(2) 易蔓延擴大。儲存可燃物的倉庫，由於儲存物資多，火勢發展較快，著火後火勢會迅速蔓延擴大，產生很高的溫度。一般倉庫物資燃燒中心溫度往往在1,000℃以上，而化學危險物品（如汽油等）著火的溫度更高。高溫不僅使火勢蔓延速度加快，還會造成庫房、油罐的倒塌，在庫外風力影響下，形成一片火海。爆炸品倉庫、化學危險物品倉庫等還易引起爆炸。

　　(3) 撲救困難。由於庫內物資堆放數量大，發生火災後，物資燃燒時間長，加之許多倉庫遠離城區，供水和道路條件較差，倉庫消防設備設施不足，消防力量有限，這就增加了撲救的難度。庫房平時門窗關閉，空氣流通較差，發生不完全燃燒時，大量菸霧產生，影響消防人員的視線和正常呼吸，且發生火災後庫房內堆垛物資倒塌，通道受阻，也給補救造成困難。

　　(二) 倉庫消防管理的防火滅火方法

　　1. 倉庫消防管理的滅火方法

　　(1) 滅火的基本方法。

　　①隔離法。

　　針對可燃物，將在火場周圍的可燃物與燃燒物分隔開來不使火勢蔓延，並使燃燒因缺乏可燃物而停止。如將燃燒物迅速轉移到安全地點或投入水中；移走火源附近的可燃物、易燃易爆物品；關閉可燃氣體或液體進入燃燒地點的開關等。

　　②窒息法。

　　窒息法是用一種不燃的物質覆蓋燃燒物表面使之與空氣隔絕，或者釋放某種惰性

第九章 餐飲企業倉儲安全管理

氣體衝淡空氣中的含氧量或關閉火場的通風筒、門窗,停止或減少氧氣的供給,使燃燒因得不到足夠的助燃物而熄滅的方法。常用的覆蓋物有:石棉毯、黃沙、泡沫等。常用於衝淡火場空氣中含氧量的不燃氣體有:二氧化碳、鹵代烴、水蒸氣和氮氣等。

③冷卻法。

冷卻法是將滅火劑噴灑到燃燒物上,迅速降低其溫度,當燃燒的溫度降低到燃點以下時,火就會熄滅。通常用水來冷卻降溫。另外用水灑在火場附近的建築物或燃燒物上,使之降溫可以阻止火災的蔓延。

④抑制法(中斷法)。

抑制法就是將滅火劑滲入燃燒反應當中,使助燃的遊離基消失,或產生穩定的或活動性很低的遊離基,使燃燒反應中止。如用鹵代烴滅火。

(2)滅火劑和滅火器材。

在撲救火災時,必須根據物資的性質,正確選用滅火藥劑和器材。常用的滅火劑和滅火器材有以下幾種:

①水。其滅火作用是水滴遇熱迅速氣化,在蒸發時吸收大量的熱量(539 kcal/kg),起到顯著的冷卻作用,以降低燃燒區溫度和隔斷火源,並在不溶於水的液體表面上形成不燃乳濁液,對能溶於水的液體起稀釋作用,從而撲滅火災。

但是水能導電,不適於撲救電氣裝置的火災。對和水能起化學反應放出可燃氣體和大量熱以及遇水分解產生有毒氣體的物品,如遇水燃燒物品、某些氧化劑以及某些毒品不能用水撲救。比重比水輕的易燃液體,如汽油、甲苯等,能浮在水面,可能形成噴濺、漂流、擴大火災,所以也不宜用水撲救。

用於滅火的水,主要有密集水流和霧狀水流兩種。密集水流是通過加壓的水,構成強有力的密集水流,才能噴射到較遠的地方去,能衝到燃燒表面的內部,摧毀正在燃燒分解的物質,使燃燒迅速停止,因而適用於撲救普通火災。霧狀水是用噴霧裝置或噴霧水槍,將水流分散成粗細不同的水霧。它的噴射面廣,吸熱量大,對撲救室內和近距火災最為合適。對於化學危險物品來講,霧狀水主要用來撲救可燃氣體、粉狀易燃固體和氧化劑(忌水物質除外)以及流散在地上、面積不大、厚度不超過 3~5 厘米的易燃液體火災。

②泡沫。它分為化學泡沫和空氣機械泡沫兩種。泡沫比重輕,且富有黏性,因此在噴射出去後,覆蓋在易燃液體的表面上,奪取液體的熱量,降低液體的溫度,形成隔絕層,使外面空氣進不來,從而燃燒就會停止。

化學泡沫,是硫酸鋁和碳酸氫鈉的水溶液與發泡劑相互作用,而形成的膜狀氣泡群。泡沫的質量,要求發泡倍數(即形成泡沫的容積與泡沫粉和水混合容積比)不低於 5.5 倍。泡沫持久性(即泡沫體積破壞 20%的時間)不少於 25 分鐘。泡沫滅火器材,有泡沫滅火機和泡沫發生器兩種。

空氣機械泡沫,是由一定比例的泡沫液、水和空氣,經過水流的機械作用,相互混合而成的。泡沫的比重為 0.11~0.16,泡沫體積微細、黏稠、穩定性好,能在著火的浪

面上迅速流散，組成濃厚的覆蓋層，達到滅火的作用。

泡沫滅火機是撲救油類火災有效的滅火劑。但是這類泡沫不能施救乙醇、丙酮、醋酸等能使泡沫消失的化學危險品，而必須使用「抗溶性泡沫劑」配製而成的滅火劑。

③二氧化碳。它是一種無色無嗅的不燃氣體，也不導電。二氧化碳與水相反，對火場的破壞很少，因此它是一種良好的滅火劑。二氧化碳滅火機的作用是冷卻燃燒物和衝淡燃燒區空氣中氧的含量，使燃燒停止。二氧化碳滅火機可撲救電器火災；小範圍的油類火災；某些忌水性物質（如電石）和氣體的燃燒。而在使用時，二氧化碳會逐漸散到空氣中代替維持生命所需的氧，故在使用時要注意空氣流通。二氧化碳不宜撲救金屬鈉、鉀、鎂粉、鋁粉等的火災，因為它和這些物質會起化學作用。

④化學干粉。化學干粉是一種固體粉末。將它裝在機筒內，使用時用壓縮的二氧化碳或氮氣這類惰性氣體推動噴射，會對燃燒起抑製作用，主要是干粉能對燃燒中的大量活性基因發生作用，使其成為不活性物質，從而中斷燃燒連鎖反應。干粉反應後分解出不燃氣體和粉霧，可以稀釋空氣中含氧量和阻礙熱輻射。

干粉滅火劑主要用於撲救液體、可燃氣體的火災和一般帶電設備的火災，液化氣船上則廣泛使用干粉滅火劑。由於干粉無多大冷卻作用，故撲救熾熱物後，容易引起復燃。另外，干粉對蛋白泡沫和一般泡沫有較大的破壞作用，因此干粉不能與上述兩種泡沫聯用。干粉使用時，粉末飛揚，會影響救火人員呼吸，須加以注意。

對輕金屬火災，普通干粉沒有效果，應採用金屬型干粉，如7150干粉。

⑤砂土。黃沙、干土也常被用作滅火劑，主要用於初期小火。火災初始時常是一個火點，面積不大，產生熱量不多。如沒有其他滅火機在附近，隨手使用黃沙、干土等去覆蓋，也能起到隔絕空氣，阻止氧氣進入，達到滅火效果。

對於鎂粉、鋁粉、閃光粉等易燃固體引起的火災，使用砂土撲救是很適宜的。應該注意的是，砂土不能用來撲救爆炸品的火災。

（3）特殊物品火災的撲救方法。

有的特殊物品倉庫的消防工作有特殊的要求，其火災的撲救工作也有其特殊的方法。

①爆炸品引起的火災主要用水撲救，氧化劑起火大多數可用霧狀水撲救，也可以分別用二氧化碳滅火器、泡沫滅火器和砂土進行撲救。

②易燃液體引起的火災用泡沫滅火器撲救最有效，也可用於干粉滅火器、砂土和二氧化碳滅火器撲救。由於絕大多數易燃液體都比水輕，且不溶於水，故不能用水撲救。

③易燃固體，一般可用水、砂土、泡沫滅火器和二氧化碳滅火器等進行撲救。

④有毒物品失火，一般可用大量的水撲救；液體有毒物品的失火宜用霧狀水砂土或二氧化碳滅火器進行撲救。但如氰化物著火，絕不能使用酸鹼滅火器和泡沫滅火器，因為酸與氰化物作用能產生極毒的氰化氫氣體，危害性極大。

⑤腐蝕性物品中，鹼類和酸類的水溶液著火可用霧狀水撲救，但遇水分解的多鹵

第九章　餐飲企業倉儲安全管理

化合物和氯磺酸等,絕不能用水撲救,只能用二氧化碳滅火器撲救,也可用黃沙滅火。

⑥另外,遇水燃燒的物品,只能用干土和二氧化碳滅火器滅火。自燃性物品起火,可用大量的水或其他滅火器材。壓縮氣體起火,可用砂土、二氧化碳滅火器和泡沫滅火器撲救。放射性物品著火,可用大量水或其他滅火劑撲救。

2. 倉庫消防管理的防火方法

(1)防火方法。

燃燒三要素中的可燃物、助燃物、著火源(溫度)共同作用才能燃燒,缺少一個要素都不能形成火災。防火工作就是使三者分離,不會相互發生作用。

①控制可燃物。

通過減少、不使用可燃物或將可燃物質進行難燃處理來防止火災。如倉庫建築採用不燃材料建設,使用難燃電氣材料等;易燃貨物使用難燃材料包裝,用難燃材料覆蓋可燃物等;通過通風的方式使可燃氣體及時排除,灑水減少可燃物揚塵等措施。

②隔絕助燃物。

對於易燃品採取封閉、抽真空、充惰性氣體、浸泡的方法,用不燃塗料噴易燃品的方式使易燃物不與空氣直接接觸來防止燃燒。

③消除著火源。

通過保證發生火災的著火源不在倉庫內出現來實現防火的目的。由於倉庫不可避免地會儲藏可燃物,而隔絕空氣的操作需要較高的成本,因此倉庫防火的核心就是防止著火源。消除著火源也是滅火的基本方法。

(2)防火設施。

防火設施一般是指一些固定的、特殊的建築物或構築物。當倉庫的某一部分由於不慎引起火災,這些特殊的建築物或構築物可將火勢限制在一定的範圍內,不使其蔓延危及整個倉庫。防火設施主要有以下幾種:

①防火牆。

防火牆是在建造倉庫庫房時設計的。防火牆直接建築在房屋的基礎上,其厚度一般要考慮到發生火災時的烘烤時間,其高度應超出屋頂。如果頂棚是採用可燃材料構建的,則防火牆高出頂棚的高度應不少於70厘米,若頂棚是難燃材料或不燃材料構建的,則防火牆只需高出頂棚40厘米。

②防火隔離帶。

倉庫的防火隔離帶有兩種。一種是在建築時就考慮的,比如在用可燃材料構建的屋頂中間,建築寬度不小於5米的有耐火屋頂的地段,其高度略高出屋頂;另一種是在庫房、料棚和貨場內以及它們之間留出足夠的防火隔離帶,尤其是儲存可燃性材料和設備,其防火隔離帶必須保證。

③防火門。

防火門是用耐火材料製成的。萬一庫房起火,撲救不及,可以關閉防火密封門,可阻止火勢蔓延到另一間庫房。

案例分析

玉州倉庫火災撲救

2007年6月18日中午12時30分左右,廣西玉林市玉州區亨通街附近一倉庫發生大火。首先趕到火場的消防官兵採取兩邊各出水槍、全部控制火勢蔓延的戰術,等待增援。支隊指揮中心果斷拉響增援警鈴,派出名山中隊3臺水罐消防車。

著火的倉庫與對面的居民房屋相隔大約8米,但滾滾濃菸和長長的火舌產生的熱輻射將著火倉庫對面的居民樓窗戶的玻璃烤碎了及部分牆面的瓷磚烤裂了。

增援力量達到後,中午1時整,6臺消防車70餘名消防官兵,幾乎是玉林城區全部消防力量都被調到了火場。午後的玉城格外炎熱,地表溫度極高,火場熱輻射一浪高過一浪,撲面而來。根據火場情況,支隊參謀長立即召集各戰鬥段指揮員進行分組和布置總攻戰鬥任務。兩個中隊被分成南北兩個戰鬥段,兩個戰鬥段各一臺車作為主戰車,出兩支水槍向火場不間斷密集射水。由於水源較遠,名山中隊兩臺車負責運水供水,城站兩臺車共連接了23盤水帶接力供水,保證火場不間斷供水。火場一線消防官兵根據火場內部的不同情況,採用了臥式、肩扛式、站立式的射姿射水,對被牆和鐵門封堵的地方採取冷卻、破拆、跟進射水等方式,1時30分大火被成功控制住。隨後消防官兵深入火場對各個火點射水,各個擊破消滅火點;2時30分大火基本被撲滅,成功保住了相連的4間倉庫及物品。由於所燒倉庫大量堆積塑料製品、日常用品、電器元件等,消防官兵在基本消滅火勢後,又利用火鉤逐一檢查,消滅陰燃火。

直至下午4時30分參加滅火的消防官兵才全部撤離火場。

(資料來源:佚名.玉州倉庫火災撲救[EB/OL].(2013-06-03)[2014-08-10].http://www.yldt.com/Details/21335_all.aspx.)

分析與思考:試分析該火災事故的處理程序?

實訓設計

[實訓項目]

倉儲安全設備管理。

[實訓目的]

通過訓練,學生能學會管理倉儲安全設備,並能對滅火器等重點設備進行選配、檢修和維護等操作。帶著問題學習倉庫防火的相關知識。以組為單位進行考核,考核形式靈活多樣。

[實訓內容]

某餐飲企業倉儲間食用油等原材料堆放貨架起火。由於倉庫中的滅火器過期,原

第九章　餐飲企業倉儲安全管理

本不起眼的小火竟蔓延成一片火海，眼看倉庫燒成一堆廢墟，倉儲經理非常後悔沒有及時更換滅火器。

（1）讓學生瞭解各種倉庫安全設備的用途，重點掌握滅火器的例行保養和檢修。
（2）結合周圍環境的實際情況，進一步深入討論倉庫防火的各種措施。
（3）討論並確定餐飲企業倉庫防火的具體措施。

［實訓要求］
（1）結合學院或宿舍的滅火器管理情況，說一說應該如何管理倉庫的滅火器。
（2）對滅火器等重點設備進行選配、檢修和維護等操作。
（3）能為學生提供實際演練的環境，例如，備有專用實訓室等。
（4）教師要指導學生完成實訓內容，但要以學生為主，教師為輔。
（5）注意培養學生的實際操作能力。
（6）要求學生參看1990年國家發布的《倉庫防火安全管理規則》《中華人民共和國消防法》等。

［實訓步驟］
（1）分組。每組5人為宜。
（2）滅火器的管理。定期檢修、維護保養滅火器。
（3）對學生訓練成果進行考核。考核評分表如下表所示：

訓練考核評分表

考評人		被考評人	
考評內容		安全檢查訓練	
考評標準	內容	分值/分	實際得分
	選配倉庫滅火器	40	
	定期檢修滅火器	40	
	能積極參與團隊的工作任務	20	
	合計	100	

註：考評滿分為100分，60分以下為不及格；60~70分為及格；70~80分為中；80~90分為良；90~100分為優。

思考與練習題

一、單項選擇
1. 安全檢查的內容包括(　　)。
　　A.檢查思想　　　　　　　　B.檢查隱患
　　C.檢查管理　　　　　　　　D.檢查設備
2. 安全檢查的形式不包括(　　)。

A.季節性安全檢查　　　　　B.非季節性安全檢查
C.非專業性安全檢查　　　　D.專業性安全檢查
3. 倉庫安全設備例行保養的要求不包括(　　)。
　　A.安全　　　　　　　　　B.潤滑
　　C.整齊　　　　　　　　　D.清潔
4. 火災自動報警系統一般由火災探測、報警控制、(　　)和現場布線組成。
　　A.揚聲喇叭　　　　　　　B.保險栓
　　C.聯動控制　　　　　　　D.傳動組織

二、思考題

1. 倉庫內防護欄杆的高度應為多少？
2. 實施安全檢查有哪些步驟？
3. 什麼是倉儲安全事故？
4. 倉庫火災事故的處理程序是什麼？
5. 倉庫火災的主要火源有哪些？
6. 常見火災隱患的分類有哪些？
7. 倉儲的防火注意事項是什麼？

第十章 餐飲企業倉儲成本與績效管理

學習目標

- ◆ 瞭解倉儲成本管理的內容和作用
- ◆ 重點掌握倉儲成本的構成與核算
- ◆ 掌握倉儲成本分析和控制的方法和措施
- ◆ 掌握倉儲績效指標管理體系中的各項指標的內涵和計算
- ◆ 瞭解倉儲績效分析的常用方法

引導案例

某大型餐飲連鎖企業的倉庫經理最近聯繫了一項倉儲業務，想為一家同行企業提供倉儲服務，因為最近本倉庫的倉儲能力有多餘。但是競爭激烈，因此，倉庫經理要求倉儲管理員在滿足客戶要求的情況下，分析倉儲成本的構成，並遵循合理的倉儲成本管理原則，使倉儲成本費用降至最低，以獲得最大效益。

引例分析：

倉儲成本管理的目的就是使倉儲成本費用最小。因此，應在滿足客戶需求的條件下，分析倉儲成本的構成，遵循倉儲成本管理原則，運用科學的方法，使成本最低，效益最高。

第一節　倉儲成本管理

一、倉儲成本管理概述

(一)倉儲成本及倉儲成本管理

1. 倉儲成本

倉儲成本是指餐飲企業在開展倉儲活動中各種投入要素以貨幣計算的總和。主要是指貨物保管的各種支出，其中一部分為倉儲設施和設備的投資，另一部分則為倉儲保管作業中的活勞動或者物化勞動的消耗，主要包括工資和能源消耗等。倉儲成本是物流成本的重要組成部分，對物流成本的高低有直接影響。因此，倉儲成本管理成為倉儲管理的重要內容。

2. 倉儲成本管理

倉儲成本管理是指餐飲企業在倉儲管理方面對任何必要的倉儲作業方法所採取的控制手段。目的是以最低的儲存成本達到預先規定的儲存數量和質量，即在保證儲存功能實現的前提下，如何盡量減少投入。倉儲成本管理的任務是對企業物流運作進行經濟分析，瞭解物流過程中的經濟現象，以期以最低的物流成本創造最大的物流效益。在餐飲企業中，倉儲成本是其經營總成本的一個重要組成部分，對經營成本的高低有很大的影響，同時餐飲企業保持一定的庫存水平對於其提高生產和服務的水平起著重要作用，倉儲成本管理要以保證服務水平為前提。

(二)倉儲成本管理的內容

倉儲成本管理的實質，是在保證儲存功能實現的前提下，盡量減少投入。但是，任何企業的倉儲業務都涉及物流活動中一個普遍存在的規律——效益背反性。餐飲企業要增加顧客滿意度，提高服務水平，或者降低採購和運輸成本，就需要增加庫存水平，這會引起倉庫建設、管理、倉庫工作人員工資、存貨等費用開支增加，加大倉儲成本；為了消減倉儲成本而降低存貨或減少倉庫的數目，就會增加採購、運輸成本或者降低服務水平。因此倉儲作為一種必要活動，由其自身特點決定，經常有衝減物流系統效益、惡化物流系統運行的趨勢，有對社會經濟活動起「逆」作用的方面。這種作用主要是由不合理儲存和被儲存貨物在儲存期間所發生的質量變化和價值損失造成的。

1. 不合理儲存

不合理儲存主要表現在兩方面：一是儲存技術不合理，造成了物品的損失；二是儲存管理不合理，不能充分發揮儲存的作用。其表現形式主要為：(1)儲存時間過長；(2)儲存數量過多或過少；(3)儲存條件不足或過剩；(4)儲存結構失衡。

2. 貨物在儲存期間可能發生的質量變化

貨物在儲存期間可能發生的質量變化主要是由以下因素引起：

第十章　餐飲企業倉儲成本與績效管理

(1)儲存時間;(2)儲存環境;(3)儲存操作。

質量變化的形式主要有以下幾種:

(1)物理和機械變化:①物理存在狀態的變化;②滲漏變化;③串味變化;④破損變化;⑤變形。

(2)化學變化:①分解和水解;②水化;③鏽蝕;④老化;⑤化合;⑥聚合。

(3)生化變化、各種生物侵入(鼠類、害蟲、蟻類等)。

3. 貨物在儲存期間可能發生的價值損失

它包括呆滯損失和時間價值損失兩種。

這些不合理儲存和被儲物在儲存期間所發生的質量變化和價值損失,必然造成倉儲成本的升高,企業管理人員必須從各方面加強倉儲的成本管理。

(三)倉儲成本管理的作用

存貨是一項重要的流動資產,它會占用企業大量的流動資金。在傳統的餐飲企業中,存貨有時會占到企業總資產的30%左右,其管理、利用情況如何,直接關係到企業的資金占用水平以及資產運作效率。倉儲成本管理,就是通過倉儲成本分析,把庫存控制到最佳數量,在利用盡可能少的人力、物力、財力的條件下獲得最大的供給保障。倉儲成本管理對於企業來說意義重大,主要有以下幾個方面:

1. 庫存成本達到最低

通過成本分析和成本管理可以及時發現不合理儲存現象,進一步分析不合理儲存原因是儲存技術不合理,造成了物品的損失,還是儲存管理不合理,不能充分發揮儲存的作用。在此基礎上,採用適當的方法,例如按照 ABC 分類法加以處理,使儲存合理化,從而降低庫存成本,提高儲存效益和倉儲資源的利用率。這是企業增加經濟效益、提高企業競爭力的最有效的手段之一。

2. 保證實現供給程度最高的目標

通過倉儲成本的管理可以將有限的資金投入最需要的作業流程中,通過提高企業的儲存作業效率的方法來保證供給的同時降低成本,而不是一味地通過降低庫存的辦法來降低成本。因為一味的壓低庫存會使供給得不到保證。保證供給最大化目標使企業有更多的銷售機會,會帶來一定的經濟效益,這就特別強調庫存對其他經營、生產活動的保證,而不強調庫存本身的成本。在企業通過增加生產以擴大經營時,常常選擇這種控制目標。

3. 限定資金

通常企業必須在限定資金的前提下實現供給,這就需要以此為前提進行庫存。通過倉儲成本管理的預算和核算工作,可以幫助管理者做好有限資金的使用管理,盡可能地用最小的成本達到滿足顧客需求的服務水平,真正發揮物流作為第三利潤源的功效。

4. 快速反應

庫存系統是物流系統的一個組成部分,不能只以自身的經濟性為主要目標,往往

是以最快的速度進出貨物為目標。通過成本分析,可以及時瞭解庫存狀況,從而制定進出貨物的方案,適應整個物流系統的目標。

5. 為企業制定倉儲經營管理計劃提供依據

倉儲經營管理計劃是企業為適應經營環境的變化,通過決策程序和方案選擇,對倉儲經營活動的內容、方法和步驟明確化、具體化。在制定經營管理計劃時,必須考慮自身的經營能力,倉儲成本是倉儲經營能力的重要指標,因此通過倉儲成本的分析,能幫助企業對不同經營方案進行比較,選擇成本最低、收益最大的方案制訂經營計劃,開展經營。

6. 為企業產品定價提供依據

餐飲企業的倉儲成本,是企業產品和服務成本的重要組成部分,企業在對其產品和服務定價時,需要明確其產品和服務成本中包含的倉儲成本。因此,倉儲成本是企業產品定價的主要依據之一。

總之,通過倉儲成本管理,可以降低倉儲活動中的各種浪費,有利於提高企業的經濟效益。所以,加強倉儲成本的管理意義重大。

二、倉儲成本的構成

不同企業的倉儲活動的服務範圍和運作模式是不同的,其倉儲成本包含的內容也各不相同,餐飲企業的倉儲活動與生產型企業相似,其與倉儲活動有關的成本主要包括兩大部分:一部分是倉儲成本,另一部分是庫存持有成本。

倉儲成本是由倉儲作業(裝卸搬運、存儲保管、養護維護、流通加工、出入庫操作等)帶來的成本和建造、購置倉庫等設施設備所帶來的成本構成的。它只與倉儲作業有關,與庫存水平無關。

庫存持有成本是指持有一定的庫存所產生的成本,它與庫存水平有關,與倉儲作業無關。

(一)倉儲成本的構成

倉儲成本的構成內容通常包括倉儲過程中的物品損耗,如人力物力消耗、包裝材料消耗、固定資產磨損、修理費等;倉庫人員的工資、獎金及各種形式的補貼;存儲保管、流通加工、裝卸搬運等的費用支出;物品在保管過程中的合理損耗以及在組織倉儲活動中發生的其他費用,如辦公費等。倉儲費用主要分為以下幾類:

1. 固定資產折舊費

固定資產折舊主要包括庫房、堆場等基礎設施建設的折舊以及倉儲設施設備的折舊。企業根據自己的業務特點和策略,可以選擇適宜的折舊方法。一般的餐飲企業採用平均年限法折舊,有的設備可採用工作量法折舊。不同的設施設備折舊年限不完全相同,一般國家有相應的標準,基礎設施的折舊為30年,而設備的折舊一般為5~20年。為了使倉庫技術水平更具有競爭力,有的企業也採用加速折舊等方法,以求盡快

第十章　餐飲企業倉儲成本與績效管理

收回投資,進行倉儲設施的更新和改造。

2. 工資和福利費

工資和福利費是指從業人員的工資、獎金和各種補貼以及由企業繳納的國家規定的各種保險基金和住房基金等。

3. 倉儲設施、大型設備的大修基金

倉儲設施、大型設備的大修基金主要用於設施的維修、大型設備的修理,每年從經營收入中提取,提取額度一般為投資額的3%~5%。

4. 保管費

保管費是指為存儲貨物支出的貨物養護、保管等費用,包括用於貨物保管的貨架、托盤等費用的分攤,為保管貨物消耗的相應材料的費用、倉庫堆場的房地產稅等。

5. 貨物搬運費

貨物搬運費是指貨物在庫場內移動產生的成本。

6. 流通加工費

流通加工費是指貨物包裝、選擇、整理、成組等業務發生的費用。

7. 電力、燃料、水費

電力、燃料、水費是指倉庫、堆場的照明及機械設備電力、燃料、潤滑材料和倉庫用水等消耗的費用。作為動力用的電力和燃料費用一般按貨物的噸數(有時也可按件數)來分攤,照明用電則根據照明面積和規定的倉庫照明亮度確定;用於設備潤滑的材料可按設備的要求計算。

8. 保險費

保險費是企業對意外事故或者自然災害造成的倉儲物品損害所要承擔的損失進行保險所支付的費用。為了避免意外事故或自然災害給企業造成經濟損失,對存儲的貨物按其價值和存儲期限進行投保是十分必要的,它是倉儲成本的一個組成部分。

9. 管理費用

管理費用是指倉儲企業為組織和管理倉儲生產經營所發生的費用,包括行政辦公費用、公司經費、工會經費、職工教育經費、勞動保險費、諮詢費、審計費、排污費、綠化費、土地使用費、業務招待費、壞帳損失、存貨盤虧、毀損和報廢(減盤盈)以及其他管理費用等。

10. 財務費用

財務費用是指倉儲企業為籌集資金而發生的各項費用,包括占用資金的利息、匯兌淨損失、調劑外匯手續費、金融機構手續費以及籌資發生的其他財務費用等。

11. 外協費

外協費是由其他企業提供倉儲服務所支付的費用,包括業務外包,如配送業務外包;租用倉庫、鐵路線、碼頭等的租用費等。這部分費用應按協議規定來支付。

倉儲成本是企業倉儲活動過程中以上各項費用的總和。企業必須重視倉儲成本的核算,瞭解企業倉儲成本的構成,為制定合理的倉儲計劃、制定合理的倉儲費用率、

控制企業的經營成本提供依據。

(二)庫存持有成本的構成

庫存持有成本是指和庫存數量相關的成本,它由許多不同的部分組成,是餐飲企業物流環節成本中較大的一部分。

1. 存貨持有成本

存貨持有成本包括資金占用成本、儲存空間成本、庫存服務成本和存貨風險成本。

(1)資金佔有成本。

資金佔有成本也叫資本成本,有時也叫利息或機會成本,是指庫存物資占用了可以用於其他投資的資金。不管這種資金是從企業內部籌集還是從外部籌集(比如銷售股票或從銀行貸款等),對於企業而言,都因為保持庫存而喪失了其他投資的機會,因此,應以使用資金的機會成本來計算存貨持有成本中的資金占用成本。資金占用成本通常用持有庫存的貨幣價值的百分比表示,也有用確定企業新投資最低回報率來計算資金占用成本的。從投資的角度來說,庫存決策與做廣告、建新廠、增加機器設備等投資決策是一樣的。為了核算上的方便,一般情況下,資金占用成本是指占用資金能夠獲得的銀行利息,因此通常用占用資金所支付的銀行利息來計算。事實上,資金占用成本往往占存貨持有成本的大部分。

(2)儲存空間成本。

儲存空間成本不同於倉儲成本,它只包括那些隨庫存數量變動的成本。儲存空間成本包括倉儲運作成本和倉儲維護成本。倉儲運作成本是指與貨物出入倉庫相關的裝卸搬運等活動所產生的機械和人工成本,即通常說的裝卸搬運成本。倉儲維護成本是指當租用倉庫時的租金以及取暖和照明等倉庫成本。儲存空間成本是否隨庫存水平的變化而變化,要看使用倉庫的具體情況而定:如果企業是租用公共倉庫,則所有的倉儲運作和維護成本都直接隨著儲存貨物數量的變化而變化,因此這些成本是和庫存決策相關的,其費用通常是基於移入和移出倉庫的產品數量(搬運費用)以及儲存的貨物數量(儲存費用)來計算的;如果企業使用自己的倉庫,則大部分儲存的空間成本都是固定的,其成本和庫存的持有成本無關,因此倉儲空間成本可以忽略不計。

(3)庫存服務成本。

庫存服務成本由按貨物金額計算的稅金和為維持庫存而產生的保險費用組成。根據產品的價值和類型,產品丟失或損壞的風險高,就需要較高的保險費用。同時,許多國家將庫存列入應稅財產,高水平庫存導致高稅費。保險費用和稅金將隨著產品不同而有很大變化,在計算庫存持有成本時,必須加以考慮。

(4)庫存風險成本。

庫存風險成本反應了一些可能的情況,即企業無法控制的原因,造成庫存商品貶值、損壞、丟失、變質等損失。

庫存風險成本一般包括廢棄成本、損壞成本、損耗成本和移倉成本四項。廢棄成本是指由於再也不能以正常的價格出售而必須處理掉的成本;損壞成本是指倉儲過程

第十章　餐飲企業倉儲成本與績效管理

中發生的貨物損毀而喪失使用價值的那一部分貨物的成本;損耗成本多是因為盜竊造成的儲存貨物缺失而損失的那一部分貨物的成本;移倉成本是指為避免廢棄而將儲存的貨物從一個倉庫所在地運至另一個倉庫所在地時產生的成本。

2. 訂貨成本或生產準備成本

(1)訂貨成本。

訂貨成本是指企業為了實現一次訂貨而進行的各種活動的費用,包括處理訂貨的差旅費、辦公費等。訂貨成本中有一部分與訂貨次數無關,如常設機構的基本開支等,屬於固定成本;另一部分與訂貨次數有關,如差旅費、通信費等,屬於變動成本。訂貨成本隨訂貨規模的變化而呈 U 型變化,起初隨訂貨批量增加而下降,當達到某一臨界點時,又隨訂貨批量的增減而增加。

訂貨成本具體包括:檢查存貨費用、編製並提出訂貨申請等費用;選擇供應商的費用;填製訂單費用;填寫並核對收貨單費用;驗貨費;籌集並支付貨款。

(2)生產準備成本。

生產準備成本是指一批產品投產前需花費的準備成本。它包括固定成本與變動成本兩部分。

固定部分包括如調整機器設備、準備工具等項工作而發生的成本,這類成本是固定的,不以每批產量的多少為轉移。變動部分包括材料費、加工費、人工費等,屬於變動成本。

3. 缺貨成本

缺貨成本是指庫存供應中斷而造成的損失,包括原材料供應中斷造成的停工損失、產成品庫存缺貨造成的延遲發貨損失和喪失銷售機會的損失、企業因延期交貨而造成的信譽損失等。

具體包括以下三個方面:

(1)安全庫存的持有成本。

許多企業為解決需求方面的不確定性,會保持一定數量的安全庫存。但是,安全庫存會產生一定的庫存成本,並且安全庫存每一個追加的增量都遵循邊際效益遞減規律,超過期望需求量的第一個單位的安全庫存所提供的防止缺貨的預防效用的增值最大,第二個單位所提供的預防效用比第一個單位稍小,依此類推。對於安全庫存,儲存額外數量的存貨成本加期望缺貨成本會有一個最小值,這個水平就是最優水平。高於或低於這個水平,都將產生淨損失。

(2)延期交貨成本。

延期交貨有兩種形式:一種是缺貨貨品可以在下次訂貨時得到補充,另一種是利用快遞延期交貨。如果客戶願意等到下次訂貨,那麼企業實際上沒有什麼損失。如果缺貨貨品需要快速補足,那麼就發生特殊訂單處理和額外運輸費用,從而提高了物流成本。

(3)喪失銷售機會的損失。

有些客戶可以允許延期交貨,但是許多公司都有貨品的替代供應者,有些客戶在企業延期交貨時會轉向其他供應商。對於企業來說,直接損失就是這種貨品的利潤損失,可以通過計算這批貨品的利潤來確定直接損失。喪失銷售機會還會造成不可估量的間接損失,如業務員的精力損失,這次缺貨可能失去一個未來的大客戶。因此,要估計因發生缺貨而造成的損失,從而確定必要的庫存量。

4. 在途存貨持有成本

這是指已經採購但是還沒有入庫的貨物所占據的資金、保險費用。如果賣方承擔運費,那麼在貨物運達買方之前,物權仍然屬於賣方,所以算作是賣方的在途庫存,而如果是買方自運,則屬於買方的在途庫存。

三、倉儲成本的核算與控制

(一)倉儲成本的核算

倉儲成本的高低直接影響著企業利潤水平,由於倉儲成本包含的項目較多,倉儲成本的計算內容和範圍因企業運作模式不同而有所差別,在成本的計算上也存在著不同的計算方法。但總體來說,倉儲成本的計算主要是為了向企業各個層次的管理者提供管理所需要的成本資料,為編製成本預算和控制計劃提供成本資料,為分析倉儲管理水平和確定服務項目價格提供資料等。

在倉儲成本的計算上,現簡單列舉三種成本計算方法:

(1)按倉儲成本支付的形式計算。即將倉儲成本分別按照支付倉儲搬運費、支付保管費、支付材料消耗費、支付人工費、支付利息費等形式進行計算,得出倉儲總成本。這種計算方式可以瞭解花費最多的項目,便於確定成本管理的重點。

(2)按倉儲活動項目計算。即將倉庫中各個環節發生的成本按入庫費用、出庫費用、分揀費用、保管費用、盤點費用等進行統計匯總,得出倉儲總成本。這種計算方法有利於在各倉庫間進行比較,達到有效管理成本的目的。

(3)按適用對象計算。即可以按產品、地區的不同分別計算倉儲成本。

(二)倉儲成本的控制

1. 倉儲成本的控制原則

餐飲企業在對倉儲成本進行控制時應遵循以下原則:

(1)處理好倉儲成本與服務質量的關係。

倉儲管理的目的是降低倉儲成本,增加收益,提高競爭力,而倉儲服務是實現收益的一種有效手段。但倉儲服務隨著服務水平的提高,其發生的費用也會相應增加,降低服務成本就會影響服務水平。因此,不能為片面追求倉儲成本的降低而忽視對儲存貨物的保管要求和保管質量,應做到降低倉儲成本與提高倉儲質量相結合。

第十章　餐飲企業倉儲成本與績效管理

（2）保證生產的連續性。

不能為盲目追求倉儲成本最小化而忽視庫存，必須以保證生產的連續性為前提。在現代社會中，企業的生產、進出貨都是在很短的時間內完成，需要隨時提供原材料保證生產的節奏。一方面，由於生產與需求、供應與消費在時間、空間和數量上的不一致，經常出現供大於求而造成積壓的現象；另一方面，庫存不足發生缺貨，妨礙正常生產和銷售，也會帶來經濟損失。因此，客觀上需要廠商建立合理化的庫存，使其在數量上既是足夠的，又是最少的。在實現生產連續的同時，維持一定量的庫存，一方面確保不會因缺貨而帶來不必要的損失；另一方面也不會因庫存過多而帶來資金短缺。

（3）講求經濟性。

在倉儲成本管理中，為了建立某項嚴格的倉儲成本控制制度，需要發生一定的支出，只有當建立該項控制所節約的成本或獲得的收益大於其支出時才是有意義的。經濟性原則強調倉儲成本控制應能起到降低成本、糾正偏差的作用，並且將精力集中在非正常的、金額較大的例外事項上。

（4）重視全面管理。

在倉儲成本控制中實行全面性原則，主要有以下兩方面的含義。

①全員的成本管理。成本是綜合性很強的經濟指標，它涉及企業的所有部門和全體職工的工作實績。要想降低成本、提高效益，必須充分調動每個部門和每位職工關注控制成本的主動性和積極性。當然，發動群眾參加成本管理，並不是要取消或削弱管理成本的專職機構和專業人員，而是在專業成本管理的基礎上，要求人人、事事、時時都要按照定額標準或預算進行成本管理，只有這樣，才能從各方面堵塞漏洞，杜絕浪費。

②全過程的成本管理。在現代社會中，應充分發揮物流的整合作用，在涉及倉儲及其他各環節中都要加強成本管理。換句話說，成本管理的範圍應貫穿成本形成的全過程。實踐證明，只有當產品的整個壽命週期成本得到有效控制，成本才會顯著降低，而且從整個社會的角度來說，只有這樣才是真正的節約成本。

（5）責、權、利相結合的原則。

要使倉儲成本控制真正發揮效益，必須嚴格按照經濟責任制的要求，貫徹責、權、利相結合的原則。應該指出，在經濟責任制中，控制責任成本是每個成員應盡的職責，同時也是一種權力。很明顯，如果責任單位沒有這種權力，就無法進行控制。譬如任何一個成本責任中心都制訂有一定的標準或預算，若要求他們完成控制成本的職責，就必須賦予他們在規定範圍內有權決定某項費用是否能開支的權力。如果沒有這種權力，當然就談不上什麼成本控制。此外，為了充分調動各個成本責任中心在成本控制方面的主動性和積極性，還必須定期對他們的實績進行評價與考核，並同職工本身的經濟利益緊密掛勾，做到獎罰分明。

2. 降低倉儲成本的途徑

倉儲成本管理是倉儲企業管理的基礎,對提高整體管理水平、經濟效益有重大影響,但是由於倉儲成本與物流成本的其他構成要素,如運輸成本、配送成本以及服務質量之間存在二律背反的現象,因此,降低倉儲成本要在保證物流總成本最低和不降低企業的總體服務質量和目標水平的前提下進行,常見的措施如下。

(1) 分類管理。

進行儲存物的 ABC 分析,確定重點管理和一般管理的分類。ABC 分析是實施儲存合理化的基礎分析,在此基礎上可以進一步解決各類的結構關係、儲存量、重點管理、技術措施等合理化問題。在 ABC 分析基礎上實施重點管理,分別決定各種物資的合理庫存儲備數量及經濟地採用合理儲備的辦法,分門別類地進行倉儲成本控制。

(2) 追求經濟規模,適當集中儲存。

適度集中儲存是合理化的重要內容。適度集中儲存是利用儲存規模優勢,以適度集中儲存代替分散的小規模儲存來實現合理化。集中儲存要面對兩個制約因素,即儲存費和運輸費。過分分散,每一處的儲存保證的對象有限,互相難以調度調劑,則需分別按其用戶要求確定庫存存量。而集中儲存易於調度調劑,集中儲存的總量可大大低於分散儲存的總量。過分集中儲存,雖降低了儲存總量,但儲存點與用戶之間距離拉長,運輸距離拉長,運費支出加大,在途時間延長,又迫使週轉儲備增加。所以,適度集中的含義是主要在這兩方面取得最優的集中程度。適度集中儲存除在總儲存費及運輸費之間取得最優之外,還有其他優點:

① 對單個用戶的保證能力提高;
② 有利於採用機械化、自動化方式;
③ 有利於形成一定批量的干線運輸;
④ 有利於成為支線運輸的始發站。

(3) 採用「先進先出」方式,減少倉儲物的保管風險。

「先進先出」是儲存管理的準則之一,它能保證每個被儲物的儲存期不至於過長,減少倉儲物的保管風險。有效的先進先出方式主要有:

① 貫通式(重力式)貨架系統。利用貨架的每層形成貫通的通道,從一端存入物品,另一端取出物品,物品在通道中自行按先後順序排隊,不會出現越位等現象。貫通式(重力式)貨架系統能非常有效地保證先進先出。

②「雙倉法」儲存。給每種被儲物都準備兩個倉位或貨位,輪換進行存取,再配以必須在一個貨位中出清後才可以補充的規定,則可以保證實現「先進先出」。

③ 計算機存取系統。採用計算機管理,在存貨時向計算機輸入時間記錄,編入一個按時間順序輸出的簡單程序,取貨時計算機就能按時間給予指示,以保證「先進先出」。這種計算機存取系統還能將不做超長時間的儲存和快進快出結合起來,即在保證一定先進先出的前提下,將週轉快的物資隨機存放在便於存儲之處,以加快週轉,減少勞動消耗。

第十章　餐飲企業倉儲成本與績效管理

（4）提高儲存密度，提高倉容利用率。

這樣做的主要目的是減少儲存設施的投資，提高單位存儲面積的利用率，以降低成本、減少土地占用。具體有下列三種方法：

① 採取高垛的方法，增加儲存的高度。具體方法有採用高層貨架倉庫、集裝箱等，都可比一般堆存方法大大增加儲存高度。

② 縮小庫內通道寬度以增加儲存有效面積。具體方法有採用窄巷道式通道，配以軌道式裝卸車輛，以減少車輛運行寬度要求，採用側叉車、推拉式叉車，以減少叉車轉彎所需的寬度。

③ 減少庫內通道數量以增加有效儲存面積。具體方法有採用密集型貨架，採用不依靠通道可進車的可卸式貨架，採用各種貫通式貨架，採用不依靠通道的橋式起重機裝卸技術等。

（5）採用有效的儲存定位系統，提高倉儲作業效率。

儲存定位的含義是被儲存物位置的確定。如果定位系統有效，能大大節約尋找、存放、取出的時間，節約不少物化勞動及活勞動，而且能防止差錯，便於清點及實行訂貨點等的管理方式。儲存定位系統可採取先進的計算機管理，也可採取一般人工管理。行之有效的方式主要有：

①「四號定位」方式。「四號定位」是用一組四位數字來確定存取位置的固定貨位方法，是中國手工管理中採用的科學方法。這四個號碼是：庫號、架號、層號、位號。這就使每一個貨位都有一個組號，在物資入庫時，按規劃要求，對物資編號，記錄在帳卡上，提貨時按四位數字的指示，很容易將貨物揀選出來。這種定位方式可對倉庫存貨區事先做出規劃，並能很快地存取貨物，有利於提高速度，減少差錯。

② 電子計算機定位系統。電子計算機定位系統是利用電子計算機儲存容量大、檢索迅速的優勢，在入庫時，將存放貨位輸入計算機。出庫時向計算機發出指令，並按計算機的指示人工或自動尋址，找到存放貨、揀選取貨的方式。一般採取自由貨位方式，計算機指示入庫貨物存放在就近易於存取之處，或根據入庫貨物的存放時間和特點，指示合適的貨位，取貨時也可就近就便。這種方式可以充分利用每一個貨位，而不需要專位待貨，有利於提高倉庫的儲存能力，當吞吐量相同時，可比一般倉庫減少建築面積。

（6）採用有效的監測清點方式，提高倉儲作業的準確程度。

對儲存物資數量和質量的監測有利於掌握倉儲的基本情況，也有利於科學控制庫存。在實際工作中稍有差錯，就會使帳物不符，因此，必須及時且準確地掌握實際儲存情況，經常與帳卡核對，確保倉儲物資的完好無損，這是人工管理或計算機管理必不可少的。此外，經常的監測也是掌握被存物資數量狀況的重要工作。監測清點的有效方式主要有：

①「五五化」堆碼。「五五化」堆碼是中國手工管理中採用的一種科學方法。儲存物堆垛時，以「五」為基本計數單位，堆成總量為「五」的倍數的垛形，如梅花五、重疊

五等。堆碼後,有經驗者可過目成數,大大加快了人工點數的速度,而且很少出現差錯。

②光電識別系統。在貨位上設置光電識別裝置,通過該裝置對被存物的條形碼或其他識別裝置(如芯片等)掃描,並將準確數目自動顯示出來。這種方式不需人工清點就能準確掌握庫存的實有數量。

③電子計算機監控系統。用電子計算機指示存取,可以避免人工存取容易出現差錯的弊端。如果在儲存物上採用條形碼技術,使識別計數和計算機聯結,每次存、取一件物品時,識別裝置自動將條形碼識別並將其輸入計算機,計算機會自動進行存取記錄。這樣只需通過計算機查詢,就可瞭解所存物品的準確情況,因而無需再建立一套監測系統,減少查貨、清點工作。

(7)加速週轉,提高單位倉容產出。

儲存現代化的重要課題是將靜態儲存變為動態儲存,週轉速度一快,會帶來一系列的好處:資金週轉快,資本效益高,貨損貨差小、倉庫吞吐能力增加、成本下降等。具體做法諸如採用單元集裝存儲,建立快速分揀系統,都有利於實現快進快出,大進大出。

(8)採取多種經營,盤活資產。

倉儲設施和設備的巨大投入,只有在充分利用的情況下才能獲得收益,如果不能投入使用或者只是低效率使用,只會造成成本的加大。倉儲企業應及時決策,採取出租、借用、出售等多種經營方式盤活這些資產,提高資產設備的利用率。

(9)加強勞動管理。

工資是倉儲成本的重要組成部分,勞動力的合理使用,是控制人員工資的基本原則。中國是具有勞動力優勢的國家,工資較為低廉,較多使用勞動力是合理的選擇。但是對勞動進行有效管理,避免人浮於事、出工不出力或者效率低下也是成本管理的重要方面。

(10)降低經營管理成本。

經營管理成本是企業經營活動和管理活動的費用和成本支出,包括管理費、業務費、交易成本等。加強該類成本管理,減少不必要支出,也能降低成本。當然,經營管理成本費用的支出時常不能產生直接的收益和回報,但也不能完全取消,加強管理是很有必要的。

第二節　倉儲績效管理

在餐飲企業的物流系統中,倉庫擔負著企業生產經營所需的各種物品的收發、儲存、保管保養、控制、監督和保證及時供應生產和銷售需要等多種職能。這些活動對於

第十章　餐飲企業倉儲成本與績效管理

企業是否能夠及時得到原材料的供給、按計劃完成生產經營目標、控制倉儲成本和經營總成本至關重要。因此倉庫有必要建立起系統、科學的倉儲績效考核指標體系，對倉儲績效進行考核管理。利用指標考核倉儲運作績效的意義在於對內加強管理，降低倉儲成本;對外進行市場開發，接受客戶評價。

一、倉儲績效管理概述

(一)倉儲績效管理的意義

利用倉儲績效考核指標考核倉庫各個環節的計劃執行情況，糾正運作過程中出現的偏差。具體意義如下:

1. 有利於提高倉庫管理水平

倉庫績效指標管理體現在很多不同的方面，對倉庫管理績效的考核需要利用一系列指標。每一個指標都反應倉庫管理某部分工作或全部工作的一個側面，通過對指標的對比和分析，能發現工作中存在的問題。特別是對幾個指標的綜合分析，能發現彼此的聯繫，找出問題的關鍵所在，從而為計劃的制定、修改以及倉儲運作過程的控制提供依據。通過指標的對比分析，能激發倉庫管理人員自覺地鑽研業務，提高業務能力以及管理工作水平。

2. 有利於落實倉庫管理的經濟責任制

倉庫管理績效考核的各項指標是實行經濟核算的根據，也是衡量倉庫工作好壞的尺度。要推行倉庫管理的經濟責任制，實行按勞取酬和各種獎勵的評定，都離不開指標的考核。

3、有利於推動倉庫裝備的現代化改造

倉儲活動必須依靠技術設備才能正常進行，而在倉庫裡，如果倉庫裝備落後，利用率低，則通過對指標的考核，就會找出倉庫作業的薄弱環節，對消耗高、效率低、質量差的設備，進行挖潛、革新、改造，並有計劃、有步驟地採用先進技術，提高倉庫機械化水平。

4、有利於提高倉庫的經濟效益

經濟效益是衡量倉儲工作的重要指標，通過指標的考核，可以對倉庫的各項活動進行全面的測定、比較、分析，選擇合理的儲備定額、倉庫設備、最優的勞動組合、先進的作業定額，提高儲存能力、作業速度和收發保養工作質量，降低費用開支，加速資金週轉，以盡可能少的勞動消耗獲取盡可能大的經濟效益。

(二)倉儲管理績效評價的標準

倉儲管理績效評價是將實際管理績效與目標管理績效進行對比，這就涉及目標績效的選擇依據問題，通常有如下四種情形:

1. 計劃(預算)標準

計劃(預算)標準即以本企業事先制定的倉儲績效計劃指標為標準。使用計劃標

準時一定要注意計劃本身的質量和客觀性,如果計劃工作本身具有重大的缺陷或者缺乏科學性,那麼就不能把計劃作為實際倉儲績效的評價標準。

2. 歷史標準

歷史標準即以本企業歷史倉儲績效狀況作為評價當期倉儲績效的標準。一般選取企業正常狀況下或是較好狀況下的歷史數據。需要注意的是,歷史績效跟過去企業的經營環境有密切的聯繫,如果現在的經營環境有了較大的變化,就不能採用歷史績效對現在的倉儲績效進行評判。

3. 客觀標準

客觀標準即以行業平均水平或行業內先進企業的績效數據作為評判標準。選取時也應該注意客觀性問題。

4. 客戶標準

所謂客戶標準,是指以客戶對倉儲環節的滿意度作為評判倉儲活動績效的標準。由於倉儲管理只是整個物流管理活動中的一個環節,而且倉儲管理的成本績效跟企業整體的成本績效並不完全成正比關係,因此,單純對倉儲績效進行評判可能會導致企業管理重局部而輕整體。為了避免這一現象發生,採用客戶滿意度標準在很多時候是一個值得考慮的選擇。

(三)倉儲管理績效指標的制定原則

為了保證倉儲管理考核工作的順利進行,使指標能起到應有的作用,在制定評價指標時必須遵循如下原則:

1. 客觀性原則

客觀性原則要求設計的指標體系應客觀、如實地反應倉儲管理的實際水平。倉儲績效考核指標應建立在客觀實際的基礎上,避免主觀臆斷,利用科學的方法,評價優劣得失,真實地反應倉儲管理的實際水平。

2. 可行性原則

可行性原則要求指標簡單易行,數據容易得到,便於統計計算、分析比較,使現有人員很快能夠靈活掌握和運用。

3. 協調性原則

協調性原則要求各項指標之間相互協調、互為補充,不能使指標相互矛盾或彼此重複。

4. 可比性原則

在進行績效評價時,需要將反應倉儲的運行和經濟狀況的指標同過去、計劃、同行業水準、國際水平等數據進行比較,才能鑑別其優劣,這就要求在制定評價指標時必須滿足可比性。

5. 穩定性原則

穩定性原則是指指標體系一旦確定後,應在一定時間內保持相對穩定,不宜經常變動、頻繁修改。在執行一段時間之後,通過總結,可以不斷進行改進和完善。

第十章　餐飲企業倉儲成本與績效管理

（四）倉儲管理績效指標的管理

制定了倉儲管理績效指標體系之後，倉庫還要做好倉儲管理績效指標的管理工作，以充分發揮指標在倉儲管理中的作用。倉儲管理績效指標的管理工作應做到以下三項：

1. 倉儲指標的歸口管理

倉儲管理的各項主要指標的完成情況與每個員工的工作情況有直接關係。倉庫管理人員和領導對指標重視與否是問題的關鍵，如果倉庫管理人員和領導懂得指標的意義和重要性，掌握了指標管理的方法，就能自覺地按照客觀經濟規律的要求，充分利用經濟指標這一重要手段，來提高倉庫管理水平。同時，要充分發揮各職能管理機構的作用，將各項指標按職能管理機構歸口。實行指標歸口管理、分工負責，使每項指標從上到下都有人負責，形成一個完整的指標管理體系，保證指標的全面完成。

2. 指標的分解和分級管理

在現代化倉儲管理中，應將反應倉儲綜合管理水平的綜合指標進行層層分解，層層落實。這些指標在倉庫各部門、各班組直至每個職工都可以表現為一些具體的指標。為了確保指標的完成，並使每個職工明確自己的責任，應做好指標分解，層層落實到各部門、班組和個人，使每級部門、每個職工都有自己明確的職責和奮鬥目標，將指標管理建立在廣泛的群眾基礎之上。

3. 開展指標分析，實施獎懲措施

在現代化倉儲管理中，應定期開展指標執行情況的分析工作，這也是改善倉儲管理、促進倉庫技術改造、提高倉庫經濟效果的主要手段。只有通過指標分析，才能對倉庫的作業活動進行全面評價，透過現象揭示本質，找出問題的原因，提出解決方法，提高倉庫管理水平。另外，應定期組織對指標分析結果的獎懲，把指標完成情況的好壞與每個部門、員工的利益密切結合起來。

二、倉儲管理績效考核指標體系的建立

（一）資源利用程度方面的指標

1. 倉庫面積利用率

倉庫面積利用率是衡量和考核倉庫平面利用程度的指標，一方面與倉庫規劃有關；另一方面也與貨品的儲位規劃和堆放方式有關。倉庫的面積利用率越大，表明倉庫面積的有效使用情況越好。倉庫面積利用率的計算公式為：

$$倉庫（或貨場）面積利用率 = \frac{倉庫可利用面積}{倉庫建築面積} \times 100\%$$

2. 倉容利用率

倉容利用率是指一定時期內，存儲貨品的實際空間占用與整個倉庫的實際可用空間的比率，反應倉庫立體空間的利用效率。倉容利用率的計算公式為：

$$倉容利用率 = \frac{倉儲貨品實際占用的空間}{整個倉庫實際可用的空間} \times 100\%$$

倉容利用率是倉庫管理重要的績效指標,它可以反應倉庫空間的利用是否合理,也可以為挖潛多儲、提高倉容的有效利用提供依據。倉容利用率越高,說明實際用於儲存貨品所占倉庫的面積越大,空間利用率越好。

3. 設備完好率

設備完好率是在一定時期內,倉庫設備處於完好狀態,並能隨時投入使用的臺數與倉庫所擁有的設備臺數的比率。它反應了倉庫設備所處的狀態。設備完好率的計算公式為:

$$設備完好率 = \frac{期內完好設備臺時數}{同期設備總臺時數} \times 100\%$$

完好設備臺時數是指設備處於良好狀態的累計臺時數,其中不包括正在修理或待修理設備的臺時數。

4. 設備利用率

設備利用率是指在一定時期內,設備實際使用臺時數與制度臺時數的比率,反應了運輸、裝卸搬運、加工、分揀等倉庫設備的利用和節約的程度。設備利用率的計算公式為:

$$設備利用率 = \frac{設備實際使用臺時數}{制度臺時數} \times 100\%$$

5. 資金利潤率

資金利潤率是指一定時期內倉庫利潤與同期全部資金占用的比率。它是反應倉庫資金利用效果的指標。資金利潤率的計算公式為:

$$資金利潤率 = \frac{利潤總額}{固定資產平均占用額 + 流動資金平均占用額} \times 100\%$$

6. 全員勞動生產率

全員勞動生產率是指一定時期內,倉庫全體員工平均每人完成的出入庫貨品的數量,一般以年為單位。全員勞動生產率的計算公式為:

$$全員勞動生產率 = \frac{倉庫全年吞吐量}{年平均員工人數} \times 100\%$$

式中,年平均員工人數等於12個月的月平均人數之和除以12。

(二)服務水平方面的指標

1. 客戶滿意程度

客戶滿意程度是衡量企業競爭力的重要指標,客戶滿意與否不僅影響企業經營業績,而且影響企業的形象。客戶滿意程度的計算公式為:

$$客戶滿意程度 = \frac{滿足客戶要求數}{客戶要求數量} \times 100\%$$

第十章 餐飲企業倉儲成本與績效管理

2. 缺貨率

缺貨率是對物流配送中心貨品可得性的衡量尺度。將全部貨品所發生的缺貨次數匯總起來,就可以反應一個企業滿足客戶需求的程度及實現其服務承諾的狀況。缺貨率的計算公式為:

$$缺貨率 = \frac{缺貨次數}{客戶訂貨次數} \times 100\%$$

通過這項指標的考核,可以衡量倉庫部門進行庫存分析的能力和企業及時補貨的能力。

3. 準時交貨率

準時交貨率是滿足客戶需求的考核指標。準時交貨率的計算公式為:

$$準時交貨率 = \frac{準時交貨次數}{總交貨次數} \times 100\%$$

4. 貨損貨差賠償費率

貨損貨差賠償費率是反應倉庫在整個收發保管作業過程中作業質量的綜合指標。貨損貨差賠償費率的計算公式為:

$$貨損貨差賠償費率 = \frac{貨損貨差賠償費總額}{同期業務收入總額} \times 100\%$$

5. 平均收發貨時間

平均收發貨時間是指倉庫收發每筆貨品(即每張出入貨單據上的貨品)平均所用的時間,收發時間總和一般按天計算。它既能反應倉庫服務質量,同時也能反應倉庫的勞動效率。平均收發貨時間的計算公式為:

$$平均收發貨時間 = \frac{收發時間總額}{收發貨總筆數} \times 100\%$$

收發貨時間的一般界定標準為:收貨時間是指自單證和貨品到齊後開始計算,到驗收入庫後,把入庫單送交會計入帳為止;發貨時間是指自倉庫接到發貨單(調撥單)開始計算,經備貨、包裝、填單等,到辦完出庫手續為止。

(三)能力與質量方面的指標

1. 計劃期貨品吞吐量

貨品吞吐量又叫貨品週轉量,指計劃期內進出庫存貨的業務總量,一般以噸表示。貨品吞吐量指標常以一個經營期間(月、季、年)的時間範圍為計算口徑。計劃期貨品吞吐量的計算公式為:

計劃期貨品吞吐量=計劃期貨品總進庫量+計劃期貨品總出庫量+計劃期貨品直撥量

上式中,總進庫量是指驗收入庫後的貨品總量,總出庫量是指倉庫按正規手續發出的貨品總量,直撥量是指從港口、車站直接撥給客戶或貨到專用線未經卸載直接撥給客戶的貨品數量。

有了倉儲業務量計劃指標,就有了現代物流市場營銷。倉儲業要補償投入,就必須在競爭中去爭取更多的市場機會。擴大業務量就是擴大倉儲服務收入,就是為市場提供(產出)更多的倉儲服務產品。因此,制定和考核貨品吞吐量等指標,是倉儲企業的重要工作手段。

2. 帳貨相符率

帳貨相符率是指在貨品盤點時,倉庫貨品保管帳面上的貨品儲存數量與相應庫存實有數量的相互符合程度。一般在對倉庫貨品進行盤點時,要求逐筆與保管帳面數字相核對。帳貨相符率是考核員工責任、制定賠償標準的依據。帳貨相符率的計算公式為:

$$帳貨相符率 = \frac{帳貨相符單數}{儲存貨品總單數} \times 100\%$$

或

$$帳貨相符率 = \frac{帳貨相符件數(重量)}{帳面儲存總件數(重量)} \times 100\%$$

這兩種算法結果有一定差異,若一單件數較大,按單算相符率就低,而按件算相符率就高,因而按件算較真實。通過此項指標的核算,可以衡量倉庫帳面貨品的真實程度,反應保管工作的管理水平。

3. 收發貨差錯率(原進、發貨準確率)

收發貨差錯率是以收發貨所發生差錯的累計單數占收發貨累計總單數的比率來計算的,它反應了收發貨作業的準確度。收發貨差錯率的計算公式為:

$$收發貨差錯率 = \frac{收發貨差錯累計單數}{收發貨累計總單數} \times 100\%$$

或

$$收發貨差錯率 = \frac{帳貨差錯件數(重量)}{期間儲存總件數(重量)} \times 100\%$$

這兩種算法結果有一定差異,若一單件數較大,按單算差異率就低,而按件算差異率就高,因而按件算較真實。

4. 貨品缺損率

貨品缺損主要由兩種原因造成:一是保管損失,因保管養護不善造成貨品霉變、殘損、變質、丟失、超定額損耗等所導致的損失;二是自然損耗,因貨品易揮發、失重或破碎造成的損耗。

貨品缺損率是指在倉庫保管期中的貨品損耗總量或總額與帳面庫存總量或總額的比率。也可以按每一筆貨品來計算,即某貨品自然減量的數量占原來入庫的數量的比率。該指標可用於反應貨品保管與養護的實際狀況。倉庫中因存貨人的原因長期積壓超過保管期限的貨品或合理範圍內的損耗所造成的損失,不應計算在貨品損耗總量中。貨品缺損率的計算公式為:

第十章　餐飲企業倉儲成本與績效管理

$$貨品缺損率 = \frac{期間貨品缺損額}{同期貨品保管總額} \times 100\%$$

或

$$貨品缺損率 = \frac{期間貨品缺損量}{同期貨品庫存總量} \times 100\%$$

對於那些易揮發、易破碎的貨品，可事先制定一個相應的損耗標準，通過損耗率與貨品損耗標準相比較，凡是超過限度的均屬於超限損耗。

5. 平均儲存費用

平均儲存費用是指保管每噸貨品一個月平均所需的費用開支。貨品保管過程中消耗的一定數量的活勞動和物化勞動的貨幣形式即為各項倉儲費用，包括貨品出入庫、驗收、存儲和搬運過程中消耗的材料、燃料、人工工資和福利費、固定資產折舊、修理費、照明費、租賃費以及應分攤的管理費等，這些費用的總和構成倉庫總的費用。

平均儲存費用是倉庫經濟核算的主要經濟指標之一。它可以綜合地反應倉庫的經濟成果、勞動生產率、技術設備利用率、材料和燃料節約情況和管理水平等。平均儲存費用的計算公式為：

$$平均儲存費用 = \frac{每月儲存費用總額}{月平均儲存量}$$

（四）儲存效率指標

儲存效率指標主要是指庫存週轉率。庫存週轉率又叫庫存貨品的週轉速度，是反應倉庫工作水平的重要效率指標。在貨品的總需求量一定的情況下，降低倉庫的貨品儲備量，貨品週轉速度就加快。從降低流動資金占用和提高倉庫利用效率的要求出發，應當減少倉庫貨品儲備量。但是，一味地減少庫存，就有可能影響貨品的供應。因此，倉庫應該按照核定的定額保持庫存量，發生庫存量不足時就要啟動採購業務補足庫存定額，這樣才能保證供應，使企業的生產銷售順利實現。對於獨立核算的倉儲業來說，每一批存貨入庫、出庫都產生相應的收入，因此，加快庫存週轉，是企業管理的重要內容。倉庫的貨品儲備量應建立在保證供應需求的前提下，盡量地降低庫存量，從而加快貨品週轉速度，提高資金和倉庫效率。

庫存週轉率可以用週轉次數和週轉天數兩個指標來反應。

1. 庫存週轉天數

其計算公式為：

$$貨品週轉天數 = \frac{全年貨品平均儲存量 \times 360}{全年消耗貨品總量}$$

或

$$貨品週轉天數 = \frac{全年貨品平均儲存量}{貨品平均日消耗量}$$

2. 庫存週轉次數

其計算公式為：

$$\text{貨品週轉次數} = \frac{\text{全年貨品消耗總量}}{\text{全年貨品平均儲存量}}$$

或

$$\text{貨品週轉次數} = \frac{360}{\text{貨品週轉天數}}$$

式中，全年貨品消耗總量是指年度倉庫實際發出貨品的總量；全年貨品平均儲存量為每月初貨品儲存量的平均數。

關於庫存週轉率，應該具體問題具體分析，不能一概而論地認為庫存週轉率高，庫存績效就一定好；庫存週轉率低，庫存績效就一定差。例如，銷售量超過標準庫存水平，使得缺貨率遠遠超過了允許的範圍，這樣會使得企業喪失大量的銷售機會，影響企業經營績效。

三、倉儲績效管理指標的分析方法

倉儲工作的各項指標是從不同角度反應某一方面的情況，如果僅憑某一項指標很難反應事物的總體情況，也不容易發現問題，更難找到產生問題的原因。因此，要全面、準確、深刻地認識倉儲工作的現狀和規律，把握其發展的趨勢，必須對各個指標進行系統而周密的分析，以便發現問題，並透過現象，認識內在規律，採取相應措施，使倉庫各項工作得到改進，從而提高企業經濟效益。

指標分析的方法有很多，常用的有比較分析法、因素分析法和程序分析法等。

（一）對比分析法

對比分析法是將兩個或兩個以上有內在聯繫的、可比的指標（或數量）進行對比，從對比中尋差距、查原因。比較分析法是指標分析法中使用最普遍、最簡單和最有效的方法。

常用的對比方法有以下幾種：

1. 計劃完成情況的對比分析

計劃完成情況的對比分析，是將同類指標的實際完成數或預計完成數與計劃數進行對比分析，從而反應計劃完成的絕對數和程度，然後可以通過帕累托圖法、工序圖法等進一步分析計劃完成或未完成的具體原因。

2. 縱向動態對比分析

縱向動態對比分析是將倉儲的同類有關指標在不同時間上對比，如本期與基期（或上期）比、與歷史平均水平比、與歷史最高水平比等。這種對比，反應事物的發展方向和速度，表明增長或降低，然後再進一步分析產生這一結果的原因，提出改進措施。

第十章　餐飲企業倉儲成本與績效管理

3. 橫向類比分析

橫向類比分析是將倉儲的有關指標在同一時期相同類型的不同空間條件下進行對比分析。類比單位的選擇一般是同類企業中的先進企業，它可以是國內的，也可以是國外的。通過橫向對比，能夠找出差距，採取措施，趕超先進。

4. 結構對比分析

結構對比分析是將總體分為不同性質的各部分，然後以部分數值與總體數值之比，來反應事物內部構成的情況，一般用百分數表示。例如，在貨品保管損失中，可以計算分析因霉變殘損、丟失短少以及不按規定驗收、錯收錯付而發生的損失等各占的比例為多少。

應用對比分析法進行對比分析時，需要注意以下幾點：

（1）要注意所對比的指標或現象之間的可比性。在進行縱向對比時，主要是要考慮指標所包括的範圍、內容、計算方法、計量單位、所屬時間等是否相互適應、彼此協調；在進行橫向對比時，要考慮對比的單位之間經濟職能或經濟活動性質、經營規模是否基本相同，否則就缺乏可比性。

（2）要結合使用各種對比分析方法。每個對比指標只能從一個側面來反應情況，只進行單項指標的對比，會出現片面、甚至是誤導性的分析結果。把有聯繫的對比指標結合運用，有利於全面、深入地研究分析問題。

（3）要正確選擇對比的基數。對比基數的選擇，應根據不同的分析和目的進行，一般應選擇具有代表性的基數，如在進行指標的縱向動態對比分析時，應選擇企業發展比較穩定的年份作為基數，這樣的對比分析才更具有現實意義，否則與發展不穩定的年份進行比較，都達不到預期的目的和效果。

（二）因素分析法

因素分析法是指依據分析指標和影響因素的關係，從數量上確定各因素對指標的影響程度。因素分析法的基本做法是，假定影響指標變化的諸因素之中，在分析某一因素變動對總指標變動的影響時，只有這一個因素在變動，而其餘因素都必須是同度量因素（固定因素），然後逐個進行替代，使某一項因素單獨變化，從而得到每項因素對該指標的影響程度。

在採用因素分析法時，應注意將各因素按合理的順序排列，並注意前後因素按合乎邏輯的銜接原則處理。如果順序改變，各因素變動影響程度之積（或之和）雖仍等於總指標的變動數，但各因素的影響值就會發生變化，從而得出不同答案。

在進行兩因素分析時，一般是數量因素在前，質量因素在後。在分析數量指標時，另一質量指標的同度量因素固定在基期（或計劃期）指標，在分析質量指標時，另一數量指標的同度量因素固定在報告期（或實際）指標。在進行多因素分析時，同度量因素的選擇，要按順序依次進行。即當分析第一個因素時，其他因素均以基期（或計劃期）指標作為同度量因素，而在分析第二個因素時，則是在第一個因素已經改變的基礎上進行，即第一個因素以報告期（或實際）指標作為同度量因素，其他類推。指標的

餐飲企業倉儲管理實務

計算公式為：

$$K = \frac{A}{B}$$

從公式中可以看出 K 指標的變化，受 A、B 兩因素的影響，現在用單因素變化分析法來分析兩因素對 K 指標的影響程度。

確定 A 因素變化，B 因素不變化，對 K 的影響值為：$K_A = \frac{A_{實際} - A_{計劃}}{B_{計劃}}$

再假定 B 因素變化時，A 因素不變化，對 K 指標的影響值為：$K_B = \frac{A_{實際}}{B_{實際} - B_{計劃}}$

兩因素分別變化綜合影響的結果 ΔK 為：$\Delta K = \Delta K_A + \Delta K_B$

[例]

某餐飲企業倉庫 5 月份的燃油消耗情況如下表所示：

表 10-1　　　　某餐飲企業倉庫 5 月份的燃油消耗情況分析表

指標	單位	計劃	實際	增長量
裝卸搬運作業量	噸	50	55	5
單位燃油消耗量	升/噸	0.8	0.75	-0.05
燃油單價	元/升	2.9	3.2	0.3
燃油費	元	116	132	16

採用因素分析法，可知：

裝卸搬運作業量變化使燃油費增加：5×0.8×2.9＝11.6(元)

單位燃油消耗量變化使燃油費增加：(-0.05)×55×2.9＝-7.98(元)

燃油單價變化使燃油費增加：0.3×55×0.75＝12.38(元)

合計：11.6-7.98+12.38＝16(元)

(三)程序分析法

程序分析使人們懂得流程中工作是如何開展的，以便找出改進的方法。倉儲作業就是一個比較典型的流程控制過程，所以，這種方法非常適合在倉儲績效管理中使用。具體包括以下兩種方法：

(1)工序圖法。工序圖法是一種通過產品或服務的形成過程來幫助理解工序的分析方法，用工序流程圖標示出各步驟以及各步驟之間的關係。倉庫可以在指標對比分析的基礎上，運用這種方法進行整個倉儲流程或某個作業環節的分析，將其中的主要問題分離出來，並進一步分析。

(2)因果分析法。因果分析法也叫石川圖法或魚刺圖法，每根魚刺代表一個可能的差錯原因，一張魚刺圖可以反應企業或倉儲部質量管理的所有問題。因果分析圖可以從物料(Material)、機器設備(Machinery)、人員(Manpower)和方法(Methods)四個方

第十章 餐飲企業倉儲成本與績效管理

面進行,這四個 M 即為原因。

案例分析

月山啤酒集團的倉儲成本管理

月山啤酒集團在幾年前就借鑑國內外物流公司的先進經驗,結合自身的優勢,制定了自己的倉儲物流改革方案。首先,成立了倉儲調度中心,對全國市場區域的倉儲活動進行重新規劃,對產品的倉儲、轉庫實行統一管理和控制。由提供單一的倉儲服務,到對產成品的市場區域分佈、流通時間等進行全面的調整、平衡和控制,倉儲調度成為銷售過程中降低成本、增加效益的重要一環。其次,以運輸公司為基礎,月山啤酒集團註冊成立具有獨立法人資格的物流有限公司,引進並完全按照市場機制運作。作為提供運輸服務的「賣方」,物流公司能夠確保按照要求,以最短的時間、最少的投入和最經濟的運送方式,將產品送至目的地。最後,籌建了月山啤酒集團技術中心。月山啤酒集團建立了在 Internet 信息傳基礎上的 ERP 系統,籌建了月山啤酒集團技術中心,將物流、信息流、資金流全面統一在計算機網絡的智能化管理之下,建立起各分公司與總公司之間的快速信息通道,及時掌握各地最新的市場庫存、貨物和資金流動情況,為制定市場策提供準確的依據,並且簡化了業務運行程序,提高了銷售系統工作效率,增強了企業的應變能力。通過這一系列的改革,月山啤酒集團獲得了很大的直接和間接經濟效益:第一,集團的倉庫面積由 7 萬多平方米下降到不足 3 萬平方米,產成品平均庫存量由 12,000 噸降到 6,000 噸。第二,產品物流實現了環環相扣,銷售部門根據各地銷售網絡的要貨計劃和市場預測,制訂銷售計劃;倉儲部門根據銷售計劃和庫存及時向生產部門傳遞要貨信息;生產部門有針對性地組織生產,物流公司則及時地調度運力,確保交貨質量和交貨期。第三,銷售代理商在有了穩定的貨源供應後,可以從人、財、物等方面進一步降低銷售成本,增加效益,經過一年多的運轉,月山啤酒物流網取得了階段性成果。實踐證明,現代物流管理體系的建立,使月山集團的整體營銷水平和市場競爭能力大大提高。

(資料來源:佚名.月山啤酒集團的倉儲成本管理[EB/OL].(2014-03-28)[2014-08-11].http: //www.doc88.com/p_0167152285195.html.)

思考題:

(1)結合案例分析倉儲成本分析的意義何在?

(2)分析月山啤酒集團是如何控制倉儲成本的?

(3)分析月山集團是怎樣通過控制倉儲成本,獲得經濟效益的?

參考分析:

(1)以上案例說明倉儲成本分析具有重要意義。通過倉儲成本分析開發出的信息資料,是正確核算倉儲成本、制定倉儲服務收費價格等策略的依據。本案例中,月山

啤酒集團正是對倉儲成本進行了充分的分析,制定出最經濟合理的倉儲物流改革方案,節約了大量倉儲管理費用,增加了資金週轉率,同時提高了月山集團的整體營銷水平和市場競爭能力。

(2)月山啤酒集團控制倉儲成本的途徑如下:第一,成立倉儲調度中心。實行對庫存和調度進行統一控制,服務上由原來的單一倉儲管理變為多元化倉儲調度服務。第二,以合理運輸配合倉儲調度。用最經濟的成本提供最快、最完善的運輸服務。第三,倉儲管理的信息化。月山集團建立了在Internet信息傳輸基礎上的ERP系統,用計算機智能劃管理和控制各種流向,及時掌握各地最新的市場庫存、貨物和資金流動情況,為制定市場策略提供準確的依據,並且簡化了業務運行程序,提高了銷售系統工作效率,增強了企業的應變能力。

(3)通過控制倉儲成本,月山集團獲得了巨大的經濟效益。建立倉儲調度中心後,月山集團倉庫面積大大下降,節約了庫存管理費用。而信息化倉儲管理又使物流活動緊密相扣,提高了物流服務質量和效率,從而增加了資金週轉率。倉儲服務的全面化使得代理商貨源的供應變得穩定,可降低銷售成本。這一系列的變化使月山啤酒集團在市場具有充分的競爭能力,給其帶來了巨大的經濟效益。

實訓設計

[實訓項目]
如何管理倉儲成本。

[實訓目的]
(1)能在實際工作中運用倉儲成本分析與控制的方法。
(2)提高倉儲成本與績效管理的能力。

[實訓內容]
(1)案例引入:分組介紹各組所選取的餐飲企業的倉儲成本與績效管理的實際情況。
(2)案例講解:分組講解所調研企業倉儲成本與績效管理的模式、降低倉儲成本的基本操作方法和市場業績成效以及存在的問題等。
(3)實訓知識總結:分組討論倉儲成本分析與控制的方法、倉儲成本的動態管理方法、倉庫庫存數量的決策的方法等。

[實訓要求]
(1)實訓準備:學生分組,課前收集並閱讀倉儲成本與績效管理的相關資料。
(2)實訓資料:要求選取兩家大中型餐飲企業,對其倉儲活動情況進行考察調研,收集其倉儲經營成本與績效管理的資料。
(3)要求所有學生都要參與調研、思考、討論發言並完成實訓報告。

第十章　餐飲企業倉儲成本與績效管理

[實訓步驟]

(1)檢查各組實訓的準備情況,介紹實訓目的和實訓方式等。

(2)分組介紹所調查企業倉儲成本與績效管理的情況。

(3)分組討論所調研企業倉儲成本管理的模式、降低倉儲成本的基本操作方法、成本管理策略、市場業績成效以及存在的問題等。

(4)分組針對性地提出改進意見,包括倉儲成本計算、分析、控制的思路和基本方法。

(5)教師點評各組討論的要點,指出各組觸及了哪些倉儲成本管理、分析工作的關鍵,並指出未來工作中倉儲成本與績效管理的方法;鼓勵學生積極參與討論。

(6)實訓總結。總結實訓的收穫,表揚實訓活動中表現優秀的學生,指出進步學生的收穫,評定學生的實訓成績等。

思考與練習題

一、名詞解釋

倉儲成本　倉儲成本管理　庫存持有成本　缺貨成本　倉儲績效管理　績效管理指標體系　成本控制　因素分析法　對比分析法

二、單項選擇

1. 倉儲成本不包括以下哪項(　　)?

　　A.存貨持有成本　　　　　　　B.分揀費用
　　C.訂貨或生產準備成本　　　　D.缺貨成本
　　E.在途存貨持有成本

2. 一般來講,貨物的價值越大,其所需要的儲存條件也越高,倉儲和庫存成本也將隨著貨物價值的(　　)。

　　A.增加而減少　　　　　　　　B.增加而增減
　　C.增加而不變　　　　　　　　D.減少而增加

3. 主要反應倉庫倉儲生產的經濟效益的指標是(　　)。

　　A.業務賠償費率　　　　　　　B.全員勞動生產率
　　C.人均利稅率　　　　　　　　D.倉容利用率

4. 在反應倉儲績效成果數量的指標中,(　　)更能體現倉庫空間的利用程度和流動資金的週轉速度。

　　A.存貨週轉率　　　　　　　　B.吞吐量
　　C.庫存量　　　　　　　　　　D.庫存品種

5. 績效管理指標分析法中使用最普遍、最簡單、最有效的方法是(　　)。

　　A.因素分析法　　　　　　　　B.平衡分析法
　　C.對比分析法　　　　　　　　D.程序分析法

6. 倉庫租賃費屬於(　　)成本。
   A.倉儲　　　　　　　　　　B.運輸
   C.流通加工　　　　　　　　D.包裝
7. 企業由於缺貨帶來的損失屬於(　　)。
   A.訂貨成本　　　　　　　　B.生產準備成本
   C.缺貨成本　　　　　　　　D.庫存持有成本
8. 利息費用屬於(　　)成本。
   A.倉儲維護　　　　　　　　B.資金占用
   C.倉儲運作　　　　　　　　D.倉儲風險
9. 主要反應倉庫保管和維護質量和水平的指標是(　　)。
   A.收發正確率　　　　　　　B.業務賠償費率
   C.物品損耗率　　　　　　　D.帳實相符率
10. 倉庫績效管理的突破點主要包括服務質量、倉庫生產率和(　　)。
    A.程序效率　　　　　　　　B.倉庫利用率
    C.吞吐量　　　　　　　　　D.收發正確率

三、判斷

1. 在許多企業中，倉儲成本是物流總成本的一個重要組成部分，物流成本的高低常常取決於倉儲管理成本的大小。(　　)
2. 存貨的成本減少，也可以減少缺貨成本，即缺貨成本與存貨持有成本成正比。(　　)
3. 倉儲成本是企業物流活動中所消耗的物化勞動和活勞動的貨幣表現。(　　)
4. 倉庫生產績效考核的意義在於對內加強管理、降低倉儲成本，對外接受客戶定期評價。(　　)
5. 吞吐量是指計劃期內倉庫中週轉供應物品的總量，包括入庫量和出庫量兩部分。(　　)
6. 保險儲備量越大，企業的倉儲成本越高，因此，保險儲備量應越低越好。(　　)
7. 提高倉庫生產率的主要措施有三方面：重新設計程序、更好地利用現有資源和致力改進問題突出的工作環節。(　　)
8. 庫存量是指倉庫內所有納入倉庫經濟技術管理範圍的本單位和代存單位的物品數量，也包括待處理、待驗收的物品數量。(　　)

四、計算題

有一個10,000平方米的倉庫，其貨架區含通道面積為8,000平方米，不含通道面積為7,000平方米，倉庫全年出貨量為3.4億元，年初庫存2,000萬元，年末庫存1,400萬元，全年的倉儲費用為300萬元，每月平均庫存約10萬件。請計算以下三個指標：

第十章 餐飲企業倉儲成本與績效管理

(1) 倉庫面積利用率;
(2) 貨物年週轉次數;
(3) 平均存貨費用。

五、思考題
1. 簡述倉儲成本管理的作用。
2. 倉儲成本的構成有哪些項目?
3. 簡述降低倉儲成本的途徑。
4. 簡述倉儲績效指標管理的意義。
5. 倉儲管理績效指標體系包括哪些部分?
6. 倉儲績效管理指標的分析方法有哪些?

國家圖書館出版品預行編目(CIP)資料

餐飲企業倉儲管理實務 / 楊晗, 高潔 編著. -- 第一版.
-- 臺北市：崧博出版：財經錢線文化發行，2018.11

　面；　公分

ISBN 978-957-735-627-7(平裝)

1.餐飲業管理 2.倉儲管理

483.8　　　　　107017405

書　名：餐飲企業倉儲管理實務
作　者：楊晗、高潔 編著
發行人：黃振庭
出版者：崧博出版事業有限公司
發行者：財經錢線文化事業有限公司
E-mail：sonbookservice@gmail.com
粉絲頁　　　　　　網　址：
地　址：台北市中正區延平南路六十一號五樓一室
8F.-815, No.61, Sec. 1, Chongqing S. Rd., Zhongzheng Dist., Taipei City 100, Taiwan (R.O.C.)
電　話：(02)2370-3310　傳　真：(02) 2370-3210
總經銷：紅螞蟻圖書有限公司
地　址：台北市內湖區舊宗路二段 121 巷 19 號
電　話：02-2795-3656　傳真：02-2795-4100　網址：
印　刷 ：京峯彩色印刷有限公司（京峰數位）

　　本書版權為西南財經大學出版社所有授權崧博出版事業有限公司獨家發行電子書及繁體書繁體版。若有其他相關權利及授權需求請與本公司聯繫。

定價：450元

發行日期：2018 年 11 月第一版

◎ 本書以POD印製發行